建筑结构基础与识图

主　编　蔡跃东　魏国安
主　审　时　萍

浙江大学出版社
ZHEJIANG UNIVERSITY PRESS

图书在版编目(CIP)数据

建筑结构基础与识图 / 蔡跃东，魏国安主编. —杭州：浙江大学出版社，2012.8

ISBN 978-7-308-09578-5

Ⅰ. ①建… Ⅱ. ①蔡… ②魏… Ⅲ. ①建筑结构 — 高等学校 — 教材②建筑结构 — 建筑制图 — 识别 — 高等学校 — 教材 Ⅳ. ①TU3②TU204

中国版本图书馆 CIP 数据核字(2012)第011625号

建筑结构基础与识图

主　编　蔡跃东　魏国安
主　审　时　萍

责任编辑　王元新
封面设计　续设计
出版发行　浙江大学出版社
（杭州天目山路 148 号　邮政编码 310007）
（网址：http://www.zjupress.com）
排　　版　杭州彩地电脑图文有限公司
印　　刷　浙江省邮电印刷股份有限公司
开　　本　787mm × 1092mm　1/16
印　　张　15
字　　数　356千
版 印 次　2012 年8月第1版　2012 年8月第1次印刷
书　　号　ISBN 978-7-308-09578-5
定　　价　33.00元

浙江大学出版社发行部邮购电话　(0571)88925591

前 言

本书主要针对高等职业教育工程造价与建筑管理类专业的特点，并按照国家颁布的《混凝土结构设计规范》(GB50010-2010)、《钢结构设计规范》（GB50017-2003）、《建筑地基基础设计规范》（GB50007-2002）、《建筑抗震设计规范》（GB50011-2010）、《高层建筑混凝土结构技术规程》(JGJ3-2010)、《建筑结构制图标准》(GB/T50105-2010)、《混凝土结构施工图平面整体表示方法制图规则和构造详图》(11G101-1、11G101-2、11G101-3）等新规范、新标准编写的。

本书力争体现“实用、适用、够用”的编写原则和“通俗、精炼、可操作”的编写风格。在适度的基础知识与理论体系覆盖下，致力于结构施工图识读能力的培养，尽力做到与专业岗位的需要紧密结合，适应企业技术发展，突出教学内容的先进性和前瞻性，并力求反映高等职业技术教育的特点。

本书由河南建筑职业技术学院蔡跃东、魏国安任主编，河南建筑职业技术学院赵晓燕任副主编。参加本书编写工作的有蔡跃东（第一、二章）、魏国安（第五、六章）、赵晓燕（第七、九、十章）、王灵云（第三章）、曾福英（第八章）、李伟（第四章）。

陕西华瑞勘察设计有限责任公司时萍主审了全书，并提出了许多宝贵意见；在编写过程中，我们借鉴和参考了有关书籍、论文和相关高职院校的教学资源，谨此一并致谢。

限于编者水平和经验，书中不妥之处在所难免，恳请广大读者和同行专家批评指正。

编　者

2012年4月

目 录

第 1 章 绪 论

1.1 建筑结构概述

建筑是供人们生产、生活和进行其他活动的房屋或场所。各类建筑都离不开梁、板、墙、柱、基础等构件，它们相互连接形成建筑的骨架。建筑中由若干构件连接而成的能承受作用的平面或空间体系称为建筑结构。这里所说的“作用”，是指能使结构或构件产生效应（内力、变形、裂缝等）的各种原因的总称。作用可分为直接作用和间接作用。直接作用即习惯上所说的荷载，是指施加在结构上的集中力或分布力系，如结构自重、家具及人群荷载、风荷载等。间接作用是指引起结构外加变形或约束变形的原因，如地震、基础沉降、温度变化等。

建筑结构由水平构件、竖向构件和基础组成。水平构件包括梁、板等，用以承受竖向荷载；竖向构件包括柱、墙等，其作用是支承水平构件或承受水平荷载；基础的作用是将建筑物承受的荷载传至地基。

建筑结构有多种分类方法，其中按照承重结构所用的材料不同，可分为混凝土结构、砌体结构、钢结构、木结构和混合结构五种类型。

1.1.1 混凝土结构

混凝土结构是钢筋混凝土结构、预应力混凝土结构和素混凝土结构的总称。钢筋混凝土结构是指由配置受力的普通钢筋、钢筋网或钢筋骨架的混凝土制成的结构。预应力混凝土结构是指在结构或构件中配置了预应力钢筋并施加了预应力的结构。素混凝土结构是指由无筋或不配置受力钢筋的混凝土制成的结构，在建筑工程中一般只用作基础垫层或室外地坪。钢筋混凝土结构是混凝土结构中应用最多的一种，也是应用最广泛的建筑结构形式之一。它不但被广泛应用于多层与高层的工业与民用建筑中，而且水塔、烟囱等特种结构也多采用钢筋混凝土结构。

钢混凝土结构之所以应用如此广泛，是因为它具有强度高、耐久性好、整体性好、可模性好、耐火性好、易于就地取材等优点。但不足之处是自重大、抗裂性能差，一旦损坏

修复较困难。

随着科学技术的不断发展，这些缺点可以逐渐克服。例如采用轻质、高强的混凝土，可克服自重大的缺点；采用预应力混凝土，可克服容易开裂的缺点；掺入纤维做成纤维混凝土可降低混凝土的脆性；采用预制构件，可减小模板用量，缩短工期。

1.1.2 砌体结构

由块体（砖、石材、砌块）和砂浆砌筑而成的墙、柱作为建筑物主要受力构件的结构称为砌体结构。

砌体结构的主要优点是：取材方便，造价低廉，具有良好的耐火性、耐久性，以及良好的保温、隔热、隔音性能，节能效果好，施工简单。砌体结构的主要缺点是：自重大、强度低、整体性差、砌筑劳动强度大。砌体结构在多层建筑中应用非常广泛，特别是在多层民用建筑中，砌体结构占绝大多数。其发展方向应考虑“节土”、“节能”的基本国策，发展黏土砖的替代产品；采用新工艺、新技术减轻体力劳动；提高抗震性能。

1.1.3 钢结构

钢结构系指以钢材为主制作的结构。

钢结构的主要优点是：材料强度高、自重轻、材质均匀、施工工期短，具有优越的抗震性能。但钢结构也存在易腐蚀、耐火性差、造价高等缺点。钢结构的应用正日益增多，尤其是在高层建筑及大跨度结构（如屋架、网架、悬索等结构）中。其将来的发展方向是高强度钢材和不断革新结构形式。

1.1.4 木结构

木结构是指全部或大部分用木材制作的结构。这种结构易于就地取材，制作简单，但易燃、易腐蚀、变形大，而且木材使用受到国家严格限制，因此已很少采用。

1.1.5 混合结构

由两种及两种以上材料作为主要承重结构的房屋称为混合结构。

混合结构包含的内容较多。其中以砖砌体为竖向承重构件，钢筋混凝土结构为水平承重构件的结构体系称为砖混结构，其造价低但抗震性能较差。高层混合结构一般是钢—混凝土混合结构，即由钢框架或型钢混凝土框架与钢筋混凝土筒体所组成的共同承受竖向和水平作用的结构。钢—混凝土混合结构体系是近年来在我国迅速发展的一种结构体系。它不仅具有钢结构建筑自重轻、截面尺寸小、施工进度快、抗震性能好的特点，还兼有钢筋混凝土结构刚度大、防火性能好、成本低的优点。我国大陆地区已经建成的最高的混合结构高层建筑为88层、高420m的金茂大厦。

1.2 建筑结构抗震简介

1.2.1 基本概念

地震如同风、霜、雨、雪一样是一种自然现象，从成因来分，可分为构造地震、火山地震、塌陷地震，此外水库可能诱发地震，核爆炸也可能在场地激发地震。地震危害性极大，会造成惨重的人员伤亡和巨大的经济损失，这主要是由于建筑物的破坏所引起的。抗震就是和地震这种自然灾害进行斗争。在建筑结构抗震设计中，所指的地震为构造地震，是由于地壳构造状态的变动，使岩层处于复杂的应力作用状态之下，当应力积聚超过岩石的强度极限时，地下岩层就会发生突然的断裂和强烈的错动，岩层中所积聚的能量大量释放，从而引起剧烈震动，并以波的形式传到地面形成地震。

在地下某一深度处发生断裂、错动的区域称为震源。震源正上方的地面位置称为震中。震中附近地面振动最强烈，一般也就是建筑物破坏最严重的地区，称为震中区。震源和震中之间的距离称为震源深度。一般把震源深度小于60km的地震称为浅源地震；60~300km的地震称为中源地震；大于300km的地震称为深源地震。其中浅源地震造成的危害最为严重。

地震的震级是衡量一次地震大小的等级，与震源释放的能量大小有关，目前国际上通用的是里氏震级，用符号M表示。一般来说，$M<2$的地震人们感觉不到，称为微震；$2\leqslant M\leqslant 5$的地震称为有感地震；$M>5$的地震会对建筑物引起不同程度的破坏，称为破坏地震；$7\leqslant M\leqslant 8$的地震称为强烈地震或大地震；$M>8$的地震称为特大地震。

地震烈度是指地震对一定地点震动的强烈程度。对于一次地震，表示地震大小的震级只有一个，但它对不同地点的影响程度是不同的。一般来说，震中区的地震烈度最高，随距离震中区的远近不同，地震烈度就有差异。我国使用的是12度烈度表。

抗震设防烈度是指国家规定的权限批准作为一个地区抗震设防依据的地震烈度。必须按国家规定的权限审批、颁发的文件确定。一般情况下，我国主要城镇抗震设防烈度按《建筑抗震设计规范》GB50011—2011(以下简称《抗震规范》)规定采用。对抗震设防烈度为6度及以上地区的建筑，必须进行抗震设计。

1.2.2 建筑抗震设防分类、标准与设防目标

1．抗震设防分类

根据使用功能的重要性不同，《建筑工程抗震设防分类标准》GB50223将建筑物按其使用功能的重要性分为甲、乙、丙、丁四个抗震设防类别：

甲类建筑(特殊设防类)——重大建筑工程和地震时可能发生严重次生灾害的建筑（如

放射性物质的污染、剧毒气体的扩散、爆炸等）。

乙类建筑(重点设防类)——地震时使用功能不能中断或需尽快恢复的建筑（如通讯、医疗、供水、供电等）。

丙类建筑(标准设防类)——除甲、乙、丁类以外的一般建筑（如公共建筑、住宅、旅馆、厂房等）。

丁类建筑(适度设防类)——抗震次要建筑（如一般库房、人员较少的辅助性建筑等）。

2．抗震设防标准

抗震设防标准的依据是设防烈度，各类建筑抗震设计时，应符合下列要求：

（1）甲类建筑，地震作用应高于本地区抗震设防烈度的要求，其值应按批准的地震安全性评价结果确定；抗震措施：当抗震设防烈度为6~8度时，应符合本地区抗震设防烈度提高1度的要求，当为9度时，应符合比9度抗震设防更高的要求。

（2）乙类建筑，地震作用应符合本地区抗震设防烈度的要求；抗震措施：一般情况下，当抗震设防烈度为6~8度时，应符合本地区抗震设防烈度提高1度的要求，当为9度时，应符合比9度抗震设防更高的要求。地基基础的抗震措施，应符合有关规定。

对较小的乙类建筑，当其结构改用抗震性能较好的结构类型时，应允许仍按本地区抗震设防烈度的要求采取抗震措施。

（3）丙类建筑，地震作用和抗震措施均应符合本地区抗震设防烈度的要求。

（4）丁类建筑，一般情况下，地震作用仍应符合本地区抗震设防烈度的要求；抗震措施应允许比本地区抗震设防烈度的要求适当降低，但抗震设防烈度为6度时不应降低。

3．抗震设防目标

由于地震的随机性和多发性，建筑物在设计使用年限期间有可能遭受多次不同烈度的地震。从概率的角度来看，遭受较多的是低于该地区设防烈度的地震（即小震），但也不排除遭受高于该地区设防烈度的地震（即大震）。对多发的小震，要求防止结构破坏，这在技术上、经济上是可以做到的。对于发生机率较小的大震，要求做到结构完全不损坏，这在经济上是不合理的。比较合理的做法是，允许结构损坏，但在任何情况下，不应导致建筑物倒塌。为此，《抗震规范》提出了“三水准”的抗震设防目标。

第一水准：当遭受低于本地区抗震设防烈度的多遇地震影响时，建筑物一般不受损坏或不需修理可继续使用。

第二水准：当遭受相当于本地区抗震设防烈度的地震影响时，可能损坏，经一般修理或不需修理仍可继续使用。

第三水准：当遭受高于本地区抗震设防烈度的罕遇地震影响时，不致倒塌或发生危及生命的严重破坏。

上述抗震设防目标可概括为“小震不坏、中震可修、大震不倒”。在进行建筑抗震设计时，原则上应满足上述三水准的抗震设防要求。

1.2.3 抗震等级

抗震等级是结构构件抗震设防的标准。钢筋混凝土房屋应根据烈度、结构类型和房屋高度采用不同的抗震等级，并应符合相应的计算和构造措施要求。抗震等级共分为四级，它体现了不同的抗震要求，一级抗震要求最高。丙类建筑的抗震等级应按《抗震规范》表6-1-2确定。

其他建筑采取的抗震措施应按有关规定和《抗震规范》表6-1-2确定对应的抗震等级。在同等设防烈度和房屋高度的情况下，对于不同的结构类型，其次要抗侧力构件抗震要求可低于主要抗侧力构件，即抗震等级可低些。

1.3 本课程的内容、学习目标及学习要求

本课程包括混凝土结构、砌体结构、钢结构、建筑结构抗震基本知识等内容。通过学习，应了解建筑结构的设计方法，掌握钢筋混凝土结构、砌体结构和钢结构基本构件的构造要求，能正确识读建筑结构施工图，并能处理建筑工程中的一般结构问题。学习本课程，应注意以下几方面：

1.理论联系实际。本课程的理论本身就来源于生产实践，它是前人大量工程实践的经验总结。因此，应通过实习、参观等各种渠道向工程实践学习，真正做到理论联系实际。

2.注意同力学课的联系和区别。结构是建筑物的骨架，要承受建筑物受到的各种力的作用，所以和力学有密切的联系。但除钢结构外都不符合匀质弹性材料的条件，因此力学公式多数不能直接应用，但从通过几何、物理和平衡关系来建立基本方程来说，两者是相同的。所以，在应用力学原理和方法时，必须考虑材料性能上的特点，切不可照搬照抄。

3.重视各种构造措施。所谓构造措施，就是对结构计算中未能详细考虑或难以定量计算的因素所采取的技术措施，它和结构计算是结构设计中相辅相成的两个方面。因此，学习时不但要重视基本原理、基本概念的学习，还要重视构造措施，但除常识性构造规定外，不能死记硬背，而应该着眼于理解。

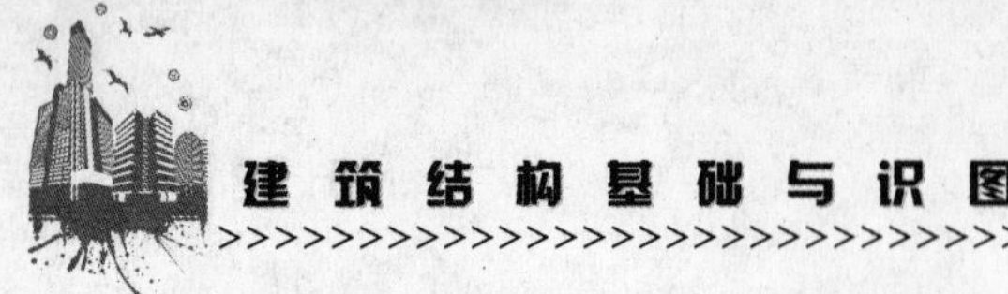

4.识读结构图是从事相关专业的最基本要求之一。因此，要熟悉结构施工图的表示方法。在教学过程中，最好结合实际准备几套不同类型的施工图（包括有关标准图），进行识图训练。

思考题

1.按承重结构所用材料不同，可分为哪几类？

2.震级、烈度、设防烈度的定义各是什么？

3.简述抗震设防目标。

第 2 章　建筑结构设计方法及设计指标

2.1 荷载分类及荷载代表

建筑结构在施工与使用期间要承受各种作用，如人群、风、雪及结构构件自重等直接作用在结构上的外力；还有温度变化、地基不均匀沉降等间接作用在结构上的外力。我们称直接作用在结构上的外力为荷载。

2.1.1 荷载的分类

荷载按作用时间的长短和性质，可分为永久荷载、可变荷载和偶然荷载三类。

（1）永久荷载是指在结构设计使用期间，其值不随时间而变化，或其变化与平均值相比可以忽略不计，或其变化是单调的并能趋于限值的荷载。例如结构的自重、土压力、预应力等荷载，永久荷载又称恒荷载。

（2）可变荷载是指在结构设计使用期内其值随时间而变化，其变化与平均值相比是不可忽略的荷载。例如楼面活荷载、吊车荷载、风荷载、雪荷载等，可变荷载又称活荷载。

（3）偶然荷载是指在结构设计使用期内不一定出现，一旦出现，其值很大且持续时间很短的荷载。例如爆炸力、撞击力等。

2.2.2 荷载的代表值

在进行结构设计时，对荷载应赋予一个规定的量值，该量值即所谓荷载代表值。永久荷载采用标准值为代表值，可变荷载采用标准值、组合值、频遇值或准永久值为代表值。

1．荷载标准值

荷载标准值是荷载的基本代表值，为设计基准期内（一般为50年）最大荷载统计分布的特征值，是指其在结构使用期间可能出现的最大荷载值。

（1）永久荷载标准值（G_k）

对于结构自重可以根据结构的设计尺寸和材料的重力密度确定，《建筑结构荷载规范》中列出了常用材料和构件自重。部分常用材料的自重见本章后附表1。

（2）可变荷载标准值（Q_{kc}）

《建筑结构荷载规范》对于楼(屋)面活荷载、雪荷载、风荷载、吊车荷载等可变荷载标准值，规定了具体的数值，设计时可直接查用。部分民用建筑楼面均布活荷载标准值见本章后附表2。

2．可变荷载组合值（Q_c）

当结构上同时作用有两种或两种以上可变荷载时，由于各种可变荷载同时达到其最大值（标准值）的可能性极小，因此计算时采用可变荷载组合值。所谓荷载组合值，是将多种可变荷载中的第一个可变荷载（或称主导荷载，即产生最大荷载效应的荷载），仍以其标准值作为代表值外，其他均采用可变荷载的组合值进行计算，即将它们的标准值乘以小于1的荷载组合值系数作为代表值，称为可变荷载的组合值，用Q_c表示，即

$$Q_c=\psi_c Q_k \tag{2-1-1}$$

式中：Q_c——可变荷载组合值；

Q_k——可变荷载标准值；

ψ_c——可变荷载组合值系数，部分可变荷载组合值系数取值见附表2。

3．可变荷载频遇值（Q_f）

可变荷载频遇值是指结构上时而出现的较大荷载。对可变荷载，在设计基准期内，其超越的总时间为规定的较小比率或超越频率为规定频率的荷载值。可变荷载频遇值总是小于荷载标准值，其值取可变荷载标准值乘以小于1的荷载频遇值系数，用Q_f表示，即

$$Q_f=\psi_f Q_k \tag{2-1-2}$$

式中：Q_f——可变荷载频遇值；

ψ_f——可变荷载频遇值系数，部分可变荷载频遇值系数见附表2。

4．可变荷载准永久值（Q_q）

可变荷载准永久值是指可变荷载中在设计基准期内经常作用（其超越的时间约为设计基准期一半）的可变荷载。在规定的期限内有较长的总持续时间，也就是经常作用于结构上的可变荷载。其值取可变荷载标准值乘以小于1的荷载准永久值系数，用Q_q表示，即

$$Q_q=\psi_q Q_k \tag{2-1-3}$$

式中：Q_q——可变荷载准永久值；

ψ_q——可变荷载准永久值系数，部分可变荷载准永久值系数见附表2。

2.1.3 荷载分项系数

荷载分项系数用于结构承载力极限状态设计中，目的是保证在各种可能的荷载组合出现时，结构均能维持在相同的可靠度水平上。荷载分项系数又分为永久荷载分项系数γ_G

和可变荷载分项系数 γ_Q，其值见表2-1-1。

表2-1-1 基本组合的荷载分项系数

<table>
<tr><th colspan="4">永久荷载分项系数 γ_G</th><th colspan="2" rowspan="2">可变荷载分项系数 γ_Q</th></tr>
<tr><th colspan="2">其效应对结构不利时</th><th colspan="2">其效应对结构有利时</th></tr>
<tr><td>由可变荷载效应控制的组合</td><td>1.2</td><td>一般情况</td><td>1.0</td><td>一般情况</td><td>1.4</td></tr>
<tr><td>由永久荷载效应控制的组合</td><td>1.35</td><td>对结构的倾覆、滑移或漂浮验算</td><td>0.9</td><td>对标准值大于4kN/m^{2}的工业房屋楼面结构的荷载</td><td>1.3</td></tr>
</table>

2.2 建筑结构概率极限状态设计法

2.2.1 结构的功能要求

不管采用何种结构形式，也不管采用什么材料建造，任何一种建筑结构都是为了满足所要求的功能而设计的。建筑结构在规定的设计使用年限内，应满足下列功能要求：

（1）安全性，即结构在正常施工和正常使用时能承受可能出现的各种作用，在设计规定的偶然事件发生时及发生后，仍能保持必需的整体稳定。

（2）适用性，即结构在正常使用条件下具有良好的工作性能。例如不发生过大的变形或振幅，以免影响使用，也不发生足以令用户不安的裂缝。

（3）耐久性，即结构在正常维护下具有足够的耐久性能。例如混凝土不发生严重脱落，钢筋不发生严重锈蚀，以免影响结构的使用寿命。

2.2.2 结构的可靠性

结构的可靠性是指结构在规定的时间内，规定的条件下，完成预定功能的能力。结构的安全性、适用性和耐久性总称为结构的可靠性。

结构可靠度是可靠性的定量指标，可靠度是指结构在规定的时间内，在规定的条件下，完成预定功能的概率。

2.2.3 极限状态的概念

整个结构或结构的一部分超过某一特定状态就不能满足设计规定的某一功能要求，此特定状态为该功能的极限状态。极限状态实质上是一种界限，是有效状态和失效状态的分界。极限状态共分以下两类。

1．承载能力极限状态

超过这一极限状态后，结构或构件就不能满足预定的安全性要求。当结构或构件出现下列状态之一时，即认为超过了承载能力的极限状态：

（1）整个结构或结构的一部分作为刚体失去平衡（如阳台、雨篷的倾覆等）。

（2）结构构件或连接因超过材料强度而破坏（包括疲劳破坏），或因过度变形而不适于继续承载。

（3）结构转变为机动体系（如构件发生三角共线而形成体系机动丧失承载力）。

（4）结构或结构构件丧失稳定（如长细杆的压屈失稳破坏等）。

（5）地基丧失承载能力而破坏（如失稳等）。

2．正常使用极限状态

超过这一极限状态，结构或构件就不能完成对其所提出的适用性或耐久性的要求。当结构或构件出现下列状态之一时，即认为超过了正常使用极限状态：

（1）影响正常使用或外观的变形（如过大的变形使房屋内部粉刷层脱落，填充墙开裂）。

（2）影响正常使用或耐久性能的局部损坏（如水池、油罐开裂引起渗漏，裂缝过宽导致钢筋锈蚀）。

（3）影响正常使用的振动。

（4）影响正常使用的其他特定状态（如沉降量过大等）。

由上述两类极限状态可以看出，结构或构件一旦超过承载能力极限状态，就可能发生严重破坏、倒塌，造成人身伤亡和重大经济损失。而结构或构件出现正常使用极限状态的危险性和损失要小得多。所以，结构设计时承载能力极限状态的可靠度水平应高于正常使用极限状态的可靠度水平。工程设计时，一般先按承载力极限状态设计结构构件，再按正常使用极限状态验算。

2.2.4 结构极限状态方程

结构和结构构件的工作状态，可以由该结构构件所承受的荷载效应S和结构抗力R两者的关系来描述，即

$$Z=R-S$$

上式称为结构的功能函数，用来表示结构的三种工作状态（见图2-2-1）：

当$Z>0$时（即$R>S$），结构处于可靠状态；

当$Z=0$时（即$R=S$），结构处于极限状态；

当$Z<0$时（即$R<S$），结构处于失效状态。

2.2.5 概率极限状态设计法的实用设计表达式

结构设计的原则是结构抗力R不小于荷载效应S，事实上，由于结构抗力与荷载效应都是随机变量，因此，在进行结构和结构构件设计时采用基于极限状态理论和概率论的计

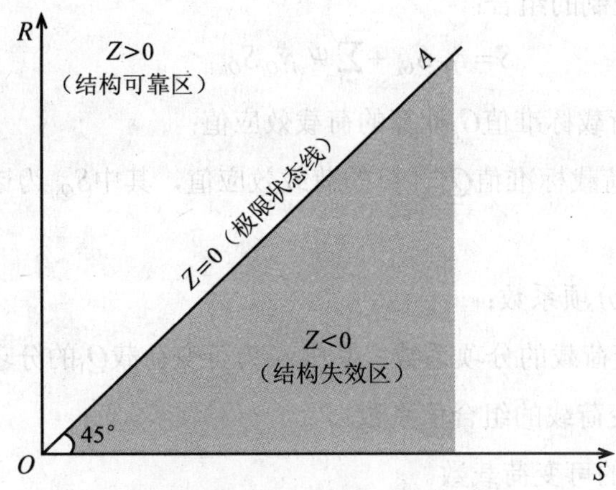

图2-2-1 结构的工作状态

算设计方法，即概率极限状态设计法。同时考虑到应用上的简便，我国《建筑结构设计统一标准》提出了一种便于实际使用的设计表达式，称为实用设计表达式。实用设计表达式采用了荷载和材料强度的标准值以及相应的分项系数来表示的方式。极限状态共分为两大类，即承载能力极限状态和正常使用极限状态，各极限状态下的实用设计表达式如下。

1. 承载能力极限状态设计表达式

对于承载能力极限状态，结构构件应按荷载效应（内力）的基本组合和偶然组合（必要时）进行，并以内力和承载力的设计值来表示，其设计表达式为

$$\gamma_0 S \leqslant R \tag{2-2-1}$$

式中：γ_0——结构重要性系数，安全等级一级或设计使用年限为100年以上的结构构件，不应小于1.1；安全等级为二级或设计使用年限为50年的结构构件，不应小于1.0；安全等级为三级或设计使用年限为5年以下的结构构件，不应小于0.9。

S——承载能力极限状态的荷载效应组合设计值，即内力（轴力、弯矩、剪力、扭矩）组合设计值。

R——结构构件承载力（抗力）设计值。

1. 荷载效应（内力）组合设计值S的计算

当结构上同时作用两种及两种以上可变荷载时，要考虑荷载效应（内力）的组合。荷载效应组合是指在所有可能同时出现的各种荷载组合中，确定对结构或构件产生的总效应，取其最不利值。承载能力极限状态的荷载效应组合分为基本组合（永久荷载+可变荷载）与偶然组合（永久荷载+可变荷载+偶然荷载）两种情况。

①基本组合。由可变荷载效应控制的组合：

$$S=\gamma_G S_{G_k}+\gamma_{Q_1} S_{Q_{1k}}+\sum_{i=2}^{n}\Psi_{ci}\gamma_{Q_i} S_{Q_{ik}} \tag{2-2-2}$$

由永久荷载效应控制的组合：

$$S=\gamma_G S_{G_k}+\sum_{i=1}^{n}\Psi_{ci}\gamma_{Q_i}S_{Q_{ik}} \tag{2-2-3}$$

式中：S_{G_k}——按永久荷载标准值G_k计算的荷载效应值；

$S_{Q_{ik}}$——按可变荷载标准值Q_{ik}计算的荷载效应值，其中$S_{Q_{1k}}$为诸可变荷载效应中起控制作用者；

γ_G——永久荷载分项系数；

γ_{Q_i}——第i个可变荷载的分项系数，其中γ_{Q_1}为可变荷载Q_1的分项系数；

Ψ_{ci}——第i个可变荷载的组合值系数；

n——参与组合的可变荷载数。

②偶然组合是指一个偶然作用与其他可变荷载相结合，这种偶然作用的特点是发生概率小，持续时间短，但对结构的危害大。由于不同的偶然作用（如爆炸、暴风雪等），其性质差别较大，目前尚难给出统一的设计表达式。

（2）结构构件承载力设计值R的计算

结构构件承载力设计值与材料的强度、材料用量、构件截面尺寸、形状等有关，根据结构构件类型的不同，承载力设计值R（即构件能够承受的轴力N、弯矩M、剪力V和扭矩T）的计算方法也不相同，具体计算公式将在以后的各章中进行研究。

2．正常使用极限状态设计表达式

对于正常使用极限状态，应根据不同的设计要求，采用荷载的标准组合、频遇组合或准永久组合，并按下列设计表达式进行设计，使变形、裂缝、振幅等计算值不超过相应的规定限值。

$$S\leqslant C \tag{2-2-4}$$

式中：C——结构或结构构件达到正常使用要求的规定限值，例如变形、裂缝、振幅、加速度、应力等的限值，应按各有关建筑结构设计规范的规定采用。

（1）标准组合

$$S=S_{G_k}+S_{Q_{1k}}+\sum_{i=2}^{n}\Psi_{ci}S_{Q_{ik}} \tag{2-2-5}$$

（2）频遇组合

$$S=S_{G_k}+\Psi_{f1}S_{Q_{1k}}+\sum_{i=2}^{n}\Psi_{qi}S_{Q_{ik}} \tag{2-2-6}$$

式中：Ψ_{f1}——可变荷载Q_1的频遇值系数；

Ψ_{qi}——可变荷载Q_i的准永久值系数。

（3）准永久组合

$$S=S_{G_k}+\sum_{i=1}^{n}\Psi_{qi}S_{Q_{ik}} \tag{2-2-7}$$

思考题

1.什么是结构上的“作用”？什么是荷载？

2.什么是永久荷载、可变荷载、偶然荷载？

3.何谓荷载代表值？永久荷载和可变荷载分别以什么为代表值？

4.建筑结构应满足哪些功能要求？

5.何谓结构功能的极限状态？承载力极限状态和正常使用极限状态的含义分别是什么？

6.作用效应和结构抗力的含义分别是什么？

7.永久荷载和可变荷载的分项系数分别是多少？

附表1 部分常用材料的自重

名　　称	自　重	备　　注
	1.砖及砖块　　kN/m^3	
普通砖	18	240mm×115mm×53mm（684块/m^3）
普通砖	19	机器制
缸砖	21～21.5	230mm×110mm×65mm（609块/m^3）
红缸砖	20.4	
耐火砖	19～22	230mm×110mm×65mm（609块/m^3）
耐酸瓷砖	23～25	230mm×113mm×65mm（590块/m^3）
灰砂砖	18	砂：白灰＝92：8
煤渣砖	17～18.5	
矿渣砖	18.5	硬矿渣：烟灰：石灰＝75：15：10
焦渣砖	12～14	
烟灰砖	14～15	炉渣：电石渣：烟灰＝30：40：30
黏土坯	12～15	
锯末砖	9	
焦渣空心砖	10	290mm×290mm×140mm（85块/m^3）
水泥空心砖	9.8	290mm×290mm×140mm（85块/m^3）
水泥空心砖	10.3	300mm×250mm×110mm（121块/m^3）
水泥空心砖	9.6	300mm×250mm×160mm（83块/m^3）
蒸压粉煤灰砖	14.0～16.0	干重度
陶粒空心砌块	5.0 6.0	长600、400mm，宽150、250mm，高250、200mm 390mm×290mm×190mm
粉煤灰轻渣空心砌志块	7.0～8.0	390mm×190mm×190mm、390mm×240mm×190mm

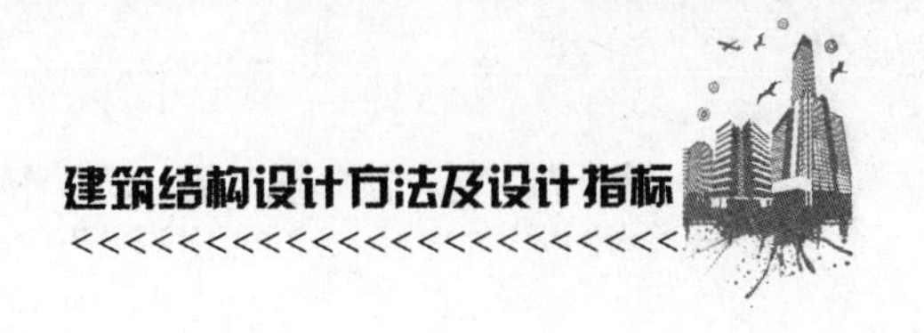

续表

名　称	自　重	备　注
蒸压粉煤灰加气混凝土砌块	5.5	
混凝土空心小砌块	11.8	390mm×190mm×190mm
碎砖	12	堆置
水泥花砖	19.8	200mm×200mm×24mm（1042块/m^3）
瓷面砖	19.8	150mm×150mm×8mm（5556块/m^3）
陶瓷锦砖	0.12kN/m^2	厚5mm
2.石灰、水泥、灰浆及混凝土　kN/m^3		
生石灰块	11	堆置，$\Phi=30°$
生石灰粉	12	堆置，$\Phi=35°$
熟石灰膏	13.5	
石灰砂浆、混合砂浆	17	
水泥石灰焦渣砂浆	14	
石灰炉渣	10～12	
水泥炉渣	12～14	
石灰焦渣砂浆	13	
灰土	17.5	石灰：土=3：7，夯实
稻草石灰泥	16	
纸筋石灰泥	16	
石灰锯末	3.4	石灰：锯末=1：3
石灰三合土	17.5	石灰、砂子、卵石
水泥	12.5	轻质松散，$\Phi=20°$
水泥	14.5	散装，$\Phi=30°$
水泥	16	袋装压实，$\Phi=40°$
矿渣水泥	14.5	
水泥砂浆	20	
水泥石至石砂浆	5～8	
石棉水泥浆	19	
膨胀珍珠岩砂浆	7～15	
石膏砂浆	12	
碎砖混凝土	18.5	
素混凝土	22～24	振捣或不振捣
矿渣混凝土	20	
焦渣混凝土	16～17	承重用

续表

名 称	自 重	备 注
焦渣混凝土	10～14	填充用
铁屑混凝土	28～65	
浮石混凝土	9～14	
沥青混凝土	20	
无砂大孔性混凝土	16～19	
泡沫混凝土	4～6	
加气混凝土	5.5～7.5	单块
钢筋混凝土	24～25	
碎砖钢筋混凝土	20	
钢丝网水泥	25	用于承重结构
水玻璃耐酸混凝土	20～23.5	
粉煤灰陶砾混凝土	19.5	

附表2 民用建筑楼面均布活荷载标准值及其组合值、频遇值和准永久值系数

项次	类 别	标准值 (kN/m^2)	组合值系数 ψ_c	频遇值系数 ψ_f	准永久值系数 ψ_q
1	（1）住宅、宿舍、旅馆、办公楼、医院病房、托儿所、幼儿园	2.0	0.7	0.5	0.4
	（2）教室、试验室、阅览室、会议室、医院门诊室			0.6	0.5
2	食堂、餐厅、一般资料档案室	2.5	0.7	0.6	0.5
3	（1）礼堂、剧场、电影院、有固定座位的看台	3.0	0.7	0.5	0.3
	（2）公共洗衣房	3.0	0.7	0.6	0.5
4	（1）商店、展览厅、车站、港口、机场大厅及其旅客等候室	3.5	0.7	0.6	0.5
	（2）无固定座位的看台	3.5	0.7	0.5	0.3
5	（1）健身房、演出舞台	4.0	0.7	0.6	0.5
	（2）舞厅	4.0	0.7	0.6	0.3
6	（1）书库、档案库、贮藏室	5.0	0.9	0.9	0.8
	（2）密集柜书库	12.0			
7	通风机房，电梯机房	7.0	0.9	0.9	0.8

续 表

项次	类　别	标准值 (kN/m²)	组合值系数 ψ_c	频遇值系数 ψ_f	准永久值系数 ψ_q
8	汽车通道及停车库：				
	（1）单向板楼盖（板跨不小于2m）				
	客车	4.0	0.7	0.7	0.6
	消防车	35.0	0.7	0.7	0.6
	（2）双向板楼盖(板跨不小于6m×6m）和无梁楼盖(柱网尺寸不小于6m×6m）				
	客车	2.5	0.7	0.7	0.6
	消防车	20.0	0.7	0.7	0.6
9	厨房（1）一般的	2.0	0.7	0.6	0.5
	（2）餐厅的	4.0	0.7	0.7	0.7
10	浴室、厕所、洗室：				
	（1）第1项中的民用建筑	2.0	0.7	0.5	0.4
	（2）其他民用建筑	2.5	0.7	0.6	0.5
11	走廊、门厅、楼梯：				
	（1）宿舍、旅馆、医院病房、托儿所、幼儿园、住宅	2.0	0.7	0.5	0.4
	（2）办公楼、教室、餐厅、医院门诊部	2.5	0.7	0.6	0.5
	（3）消防疏散楼梯，其他民用建筑	3.5	0.7	0.5	0.3
12	阳台：				
	（1）一般情况	2.5	0.7	0.6	0.5
	（2）当人群有可能密集时	3.5			

注：1. 本表所给各项活荷载适用于一般使用条件，当使用荷载较大时，应按实际情况采用。

2. 第6项书库活荷载当书架高度大于2m时，书库活荷载尚应按每书架高度不小于2.5kN/m²确定。

3. 第8项中的客车活荷载只适用于停放载人少于9人的客车；消防车活荷载是适用于满载总重为300kN的大型车辆；当不符合本表的要求时，应将车轮的局部荷载按结构效应的等效原则，换算为等效均布荷载。

4. 第11项楼梯活荷载，对预制楼梯踏步平板；尚应按1.5kN集中荷载验算。

5. 本表各项荷载不包括隔墙自重和二次装修荷载。对固定隔墙和自重应按恒荷载考虑，当隔墙位置可灵活自由布置时，非固定隔墙的自重应取每延墙重（kN/m）的1/3作为楼面活荷载的附加值（kN/m²）计入，附加不于1.0kN/m²。

设计楼面梁、墙、柱及基础时，附表2中的楼面活荷载标准值在下列情况下应乘以规定的折减系数。

1. 设计楼面梁时的折减系数

（1）第1（1）项当楼面梁从属面积超过25m²的，应取0.9。

（2）第1（2）及第2～7项当楼面梁从属面积超过50m²的，应取0.9。

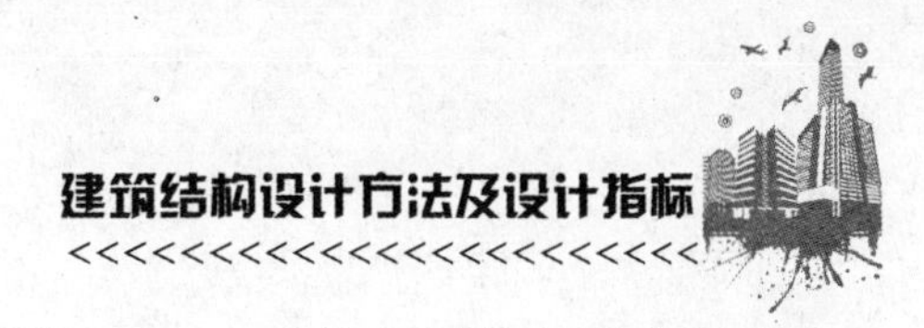

（3）第8项对单向板楼盖的次梁和槽形板的纵肋取0.8。对单向板楼盖的主梁应取0.6；对双向板楼盖的梁应取0.8。

（4）第9～12项采用与所属房屋类别相同的折减系数。

2. 设计墙、柱和基础时的折减系数

（1）第1（1）项按附表3规定采用。

（2）第1（2）及第3～7项采用与其楼面梁相同的折减系数。

（3）第8项对单向板楼盖应取0.5；对双向板楼盖和无梁楼盖应取0.8；

（4）第9～12项采用与所属房屋类别相同的折减系数。

注：楼面梁的从属面积是指向梁两侧各延伸1/2梁间距的范围内的实际面积确定。

附表3 活荷载按楼层的折减系数

墙、柱、基础计算截面以上的层数	1	2～3	4～5	6～8	9～20	>20
计算截面以上各楼层活荷载总和的折减系数	1.00 （0.90）	0.85	0.70	0.65	0.60	0.55

注：当楼面梁的从属面积超过25m^{2}时，应采用括号内的系数。

第 3 章 混凝土结构基本构件

3.1 钢筋混凝土基本知识

3.1.1 钢筋的基本知识

用于混凝土结构的钢筋，应具有较高的强度和良好的塑性，便于加工和焊接，并应与混凝土之间具有足够的黏接力。特别是用于预应力混凝土结构的预应力钢筋应具有很高的强度，只有如此，才能建立起较高的张拉应力，从而获得较好的预压效果。

按加工方法不同，我国用于混凝土结构的钢筋主要有热轧钢筋、中强度预应力钢丝、预应力螺纹钢筋、消除应力钢丝、钢绞线等几类；按在结构中是否施加预应力，可分为普通钢筋和预应力钢筋。

1．普通钢筋

普通钢筋是指用于钢筋混凝土结构中的钢筋和预应力混凝土结构中的非预应力钢筋，主要采用热轧钢筋。

热轧钢筋由低碳钢或低合金钢热轧而成。按屈服强度标准值的大小，用于钢筋混凝土结构的热轧钢筋分为HPB300、HRB335、HRBF335、HRB400、HRBF400、RRB400、HRB500、HRBF500几个级别。其中HPB300钢筋公称直径范围为6～22mm；其余热轧钢筋公称直径范围为6～50mm。《混凝土结构设计规范》GB50010-2010（以下简称《混凝土规范》）规定，纵向受力普通钢筋宜采用HRB400、HRB500、HRBF400、HRBF500级钢筋，也可采用HPB300、HRB335、HRBF335、RRB400级钢筋；梁、柱纵向受力普通钢筋应采用HRB400、HRB500、HRBF400、HRBF500级钢筋；箍筋宜采用HRB400、HRBF400、HPB300、HRB500、HRBF500级钢筋，也可采用HRB335、HRBF335级钢筋。

钢筋的外形分为光圆钢筋和变形钢筋（人字纹、螺旋纹、月牙纹）两种。其中HPB300钢筋为光圆钢筋，HRB335钢筋、HRB400钢筋和RRB400钢筋均为变形钢筋。

2．预应力钢筋

《混凝土规范》规定，预应力钢筋宜采用预应力钢丝、钢绞线和预应力螺纹钢筋。钢绞线是由多根高强钢丝绞织在一起而形成的，有3股和7股两种，多用于后张法大型构件。预应力钢丝主要是消除应力钢丝，其外形有光面、螺旋肋、三面刻痕三种。

3．钢筋的强度标准值和强度设计值

钢材的强度具有变异性。即使同一炉钢轧制的钢材，其强度也会有差异。因此，在结构设计中采用其强度标准值作为基本代表值。所谓强度标准值，是指正常情况下可能出现的最小材料强度值。强度标准值除以材料分项系数即为材料强度设计值。钢筋的材料分项系数为：热轧钢筋1.10，预应力钢筋1.20。

《混凝土规范》规定，钢筋的强度标准值应具有不小于95%的保证率。热轧钢筋的强度标准值系根据屈服强度确定；预应力钢绞线、钢丝和热处理钢筋的强度标准值系根据极限抗拉强度确定。普通钢筋的强度标准值、强度设计值按表3-1-1和表3-1-2采用；预应力钢筋的强度标准值、强度设计值见《混凝土规范》。

表3-1-1 普通钢筋强度标准值 单位：N/mm^2

牌 号	符 号	公称直径d（mm）	屈服强度标准值f_{yk}（N/mm^2）	极限强度标准值f_{stk}（N/mm^2）
HPB300	Φ	6~22	300	420
HRB335 HRBF335	Φ Φ^F	6~50	335	455
HRB400 HRBF400 RRB400	Φ Φ^F Φ^R	6~50	400	540
HRB500 HRBF500	Φ Φ^F	6~50	500	630

表3-1-2 普通钢筋强度设计值 单位：N/mm^2

牌 号	抗拉强度设计值f_y	抗压强度设计值f_y'
HPB300	270	270
HRB335、HRBF335	300	300
HRB400、HRBF400、RRB400	360	360
HRB500、HRBF500	435	435

3.1.2 混凝土的基本知识

混凝土强度是混凝土受力性能的一个基本标志。在工程中常用的混凝土强度有立方抗压强度、轴心抗压强度、轴心抗拉强度等。

1．混凝土的立方抗压强度f_{cu}及强度等级

立方抗压强度是衡量混凝土强度大小的基本指标，是评价混凝土等级的标准。

《混凝土规范》规定，用边长为150mm的标准立方体试件，在标准养护条件下（温

度20±3℃，相对湿度不小于90%）养护28天后，按照标准试验方法（试件的承压面不涂润滑剂，加荷速度约每秒0.15～0.3N/mm^2）测得的具有95%保证率的抗压强度，作为混凝土的立方抗压强度标准值，用符号 $f_{cu,k}$表示。根据立方体抗压强度标准值$f_{cu,k}$的大小，混凝土强度等级分C15、C20、C25、C30、C35、C40、C45、C50、C55、C60、C65、C70、C75、C80共14级。

《混凝土规范》规定，素混凝土结构的混凝土强度等级不应低于C15；钢筋混凝土强度等级不应低于C20；当采用400MPa及以上的钢筋时，混凝土强度等级不应低于C25。预应力混凝土结构的混凝土强度等级不宜低于C40，且不应低于C30。

2．混凝土的轴心抗压强度f_c

实际工程中，受压构件并非立方体而是棱柱体，工作条件与立方体试块的工作条件也有很大差别，采用棱柱体试件更能反映混凝土的实际抗压能力。所以，我国采用150mm×150mm×300mm棱柱体试件测得的强度作为混凝土的轴心抗压强度。轴心抗压强度是构件承载力计算的强度指标。

3．轴心抗拉强度f_t

轴心抗拉强度，即采用尺寸为100mm×100mm×500mm的柱体试件进行直接轴心受拉试验，但其准确性较差。故国内外多采用圆柱体或立方体的劈裂试验来间接测定。混凝土的抗拉强度远小于抗压强度，只有抗压强度的1/8～1/17。混凝土强度同钢筋相比，具有更大的变异性，混凝土的强度标准值应具有不小于95%的保证率。

混凝土强度设计值等于混凝土强度标准值除以混凝土材料分项系数1.4。各种强度等级的混凝土强度标准值、强度设计值列于表3-1-3和表3-1-4。

表3-1-3 混凝土强度标准值 单位：N/mm^2

强度	混凝土强度等级													
	C15	C20	C25	C30	C35	C40	C45	C50	C55	C60	C65	C70	C75	C80
f_{ck}	10.0	13.4	16.7	20.1	23.4	26.8	29.6	32.4	35.5	38.5	41.5	44.5	47.4	50.2
f_{tk}	1.27	1.54	1.78	2.01	1.20	2.40	2.51	2.64	2.74	2.85	2.99	3.00	3.05	3.11

表3-1-4 混凝土强度设计值 单位：N/mm^2

强度	混凝土强度等级													
	C15	C20	C25	C30	C35	C40	C45	C50	C55	C60	C65	C70	C75	C80
f_{ck}	7.2	9.6	11.9	14.3	16.7	19.1	21.2	23.1	25.3	27.5	29.7	31.8	33.8	35.9
f_{tk}	0.91	1.1	1.27	1.43	1.57	1.71	1.80	1.89	1.96	2.04	2.09	2.14	2.18	2.22

4．混凝土结构耐久性

混凝土结构应符合有关耐久性规定，以保证其达到预期的耐久年限。

结构的使用环境是影响混凝土结构耐久性的最重要的因素。使用环境类别按表3-1-5划分。影响混凝土结构耐久性的因素有受力筋保护层厚度、材料耐久性、定期检测和维修等。

表3-1-5 混凝土结构的使用环境类别

环境类别		说明
一		室内干燥环境：无侵蚀性静水浸没环境
二	a	室内潮湿环境；非严寒和非寒冷地区的露天环境、非严寒和非寒冷地区与无侵蚀性的水或土壤直接接触的环境、严寒和寒冷地区的冰冻线以下与无侵蚀性的水或土壤直接接触的环境
	b	干湿交替环境、水位频繁变动环境、严寒和寒冷地区的露天环境、严寒和寒冷地区的冰冻线以上与无侵蚀性的水或土壤直接接触的环境
三	a	严寒和寒冷地区冬季水位变动区环境、受除冰盐影响环境、海风环境
	b	盐渍土环境、受除冰盐作用环境、海岸环境
四		海水环境
五		受人为或自然的侵蚀性物质影响的环境

对于设计使用年限为50年的混凝土结构，最外层钢筋的保护层厚度应符合表3-1-6所示。

表3-1-6 混凝土保护层的最小厚度c 位：mm

环境类别	板、墙、壳	梁、柱、杆
一	15	20
二a	20	25
二b	25	35
三a	30	40
三b	40	50

注：1. 混凝土强度等级不大于C25时，表中保护层厚度数值应增加5mm。

2. 钢筋混凝土基础宜设置混凝土垫层，基础中钢筋的混凝土保护层厚度应从垫层顶面算起，且不应小于40mm。

3.2 受弯构件一般构造

截面上有弯矩和剪力共同作用，而轴力可以忽略不计的构件称为受弯构件。梁和板是建筑工程中典型的受弯构件，也是应用最广泛的构件。两者的区别仅在于，梁的截面高度一般大于截面宽度，而板的截面高度则远小于截面宽度。

与构件的计算轴线相垂直的截面称为正截面，由第2章知，结构和构件要满足承载能力极限状态和正常使用极限状态的要求。梁、板正截面受弯承载力计算就是从满足承载力极限状态出发的。这里我们先从梁、板的一般构造讲起。

3.2.1 截面形式及尺寸

1．截面形式

梁的截面形式主要有矩形、T形、倒T形、L形、I形、十字形、花篮形等（见图3-2-1）。其中，矩形截面由于构造简单、施工方便而被广泛应用。T形截面虽然构造较矩形截面复杂，但受力较合理，因而应用也较多。

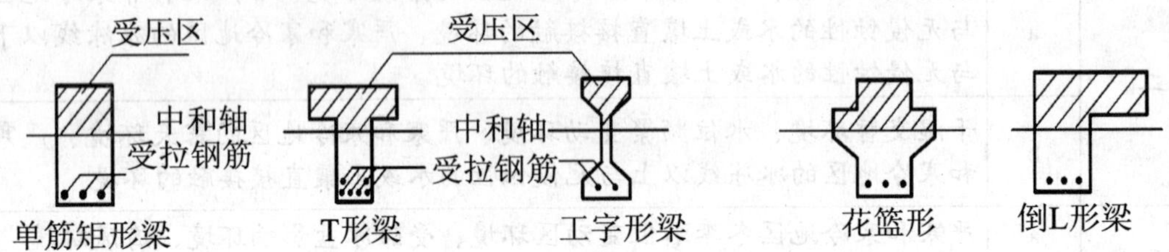

图3-2-1　梁的截面形式

板的截面形式一般为矩形板、空心板、槽形板等（见图3-2-2）。

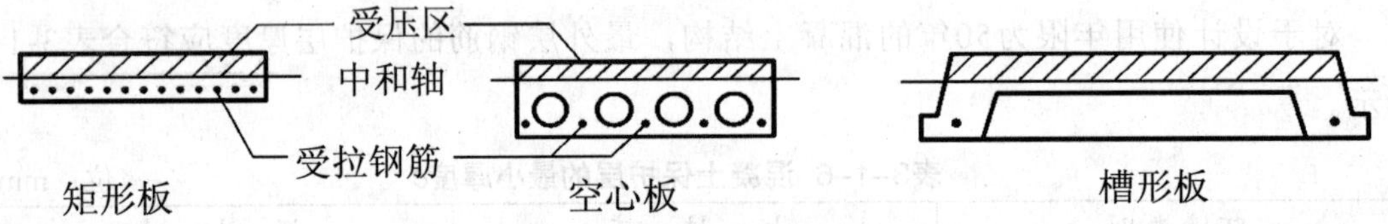

图3-2-2　板的截面形式

2．截面尺寸

矩形截面梁的高宽比h/b一般取2.0~3.5；T形截面梁的高宽比h/b一般取2.5~4.0（b为梁肋宽）。按模数要求，梁的截面高度h一般可取250mm、300mm、…、800mm、900mm、1000mm等，$h \leqslant 800$mm时以50mm为模数，$h > 800$mm时以100mm为模数；矩形梁的截面宽度和T形截面的肋宽b宜采用100mm、120mm、150mm、180mm、200mm、220mm、250mm和300mm。

现浇板的宽度一般较大，设计时可取单位宽度（b=1000mm）进行计算。现浇混凝土板的尺寸宜符合相关构造要求，详见第5章钢筋混凝土楼盖。

3.2.2 材料选择

钢筋混凝土结构的混凝土强度等级不应低于C20；采用强度级别400MPa级以上的钢筋时，混凝土强度等级不应低于C25。承受重复荷载的钢筋混凝土构件，强度等级不应低于C30；预应力混凝土结构的混凝土强度等级不宜低于C40，且不应低于C30，提高混凝土强度等级对增大受弯构件正截面受弯承载力作用不显著。

纵向受力普通钢筋宜采用HRB400、HRB500、HRBF400、HRBF500钢筋，也可采用

HRB335、HRBF335、HPB300、RRB400钢筋。

箍筋宜采用HRB400、HRBF400、HPB300、HRB500、HRBF500钢筋，也可采用HRB335、HRBF335钢筋。

3.2.3 梁、板的配筋

1．梁的配筋

梁中通常配置纵向受力钢筋、箍筋、架立钢筋等，构成钢筋骨架（见图3-2-3），有时还配置纵向构造钢筋及相应的拉筋等。

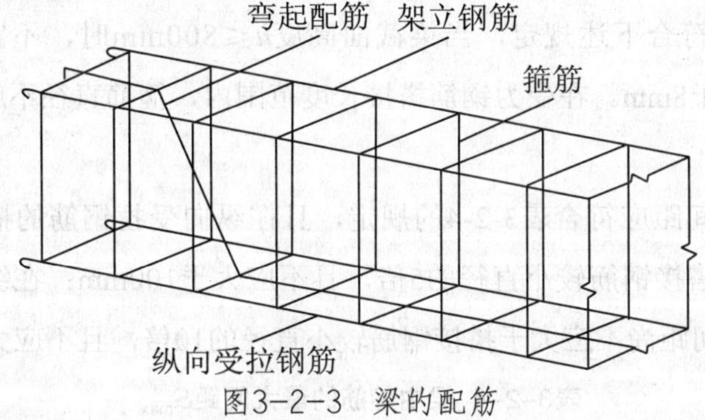

图3-2-3 梁的配筋

（1）纵向受力钢筋

梁的纵向受力钢筋应符合下列规定：

①伸入梁支座范围内的钢筋不应少于两根；

②当梁高h＜300mm时，d≥8mm；当h≥300mm时，d≥10mm。

③梁上部纵向钢筋水平方向的净间距不应小于30mm和1.5d；下部纵向钢筋水平方向的净间距不应小于25mm和d（d为钢筋的最大直径）；当下部钢筋多于两层时，两层以上钢筋水平方向的中距应比下面两层的中距增大一倍；各层钢筋之间的净间距不应小于25mm和d。

④在梁的配筋密集区域可采用并筋的配筋形式。

（2）架立钢筋

架立钢筋设置在受压区外缘两侧，并平行于纵向受力钢筋。其作用，一是固定箍筋位置以形成梁的钢筋骨架；二是承受因温度变化和混凝土收缩而产生的拉应力，防止发生裂缝。受压区配置的纵向受压钢筋可兼作架立钢筋。

梁的架立钢筋应符合下列规定：

①当梁端实际受到部分约束但按简支计算时，应在支座区上部设置纵向构造钢筋。其截面面积不应小于梁跨中下部纵向受力钢筋计算所需截面面积的1/4，且不应少于两根。该纵向构造钢筋自支座边缘向跨内伸出的长度不应小于$l_0/5$，l_0为梁的计算跨度。

②对于架立钢筋，当梁的跨度小于4m时，直径不宜小于8mm；当梁的跨度为4～6m时，直径不应小于10mm；当梁的跨度大于6m时，直径不宜小于12mm。

（3）箍筋

箍筋主要用来承受由剪力和弯矩在梁内引起的主拉应力，并通过绑扎或焊接把其他钢筋联系在一起，形成空间骨架。

梁的箍筋应符合下列规定：

①应沿梁全长设置箍筋，第一个箍筋应设置在距支座边缘50mm处。

②箍筋直径应符合下述规定，当梁截面高度$h \leqslant 800$mm时，不宜小于6mm；当$h >$ 800mm时，不宜小于8mm。在受力钢筋搭接长度范围内，箍筋直径不应小于搭接钢筋最大直径的0.25倍。

③箍筋的最大间距应符合表3-2-4的规定，且在纵向受拉钢筋的搭接长度范围内，箍筋间距尚不应大于搭接钢筋较小直径的5倍，且不应大于100mm；在纵向受压钢筋的搭接长度范围内，箍筋间距尚不应大于搭接钢筋较小直径的10倍，且不应大于200mm。

表3-2-4 梁中箍筋的最大间距S_{max} 单位：mm

梁高h	$V > 0.7f_tbh_0$	$V \leqslant 0.7f_tbh_0$
$150 < h \leqslant 300$	150	200
$300 < h \leqslant 500$	200	300
$500 < h \leqslant 800$	250	350
$h > 800$	300	400

④当梁中配有按计算需要的纵向受压钢筋时，箍筋应符合以下规定：

- 箍筋直径不应小于纵向受压钢筋最大直径的0.25倍，应做成封闭式，且弯钩直线段长度不应小于$5d$，d为箍筋直径。
- 箍筋的间距不应大于$15d$，并不应大于400mm。当一层内的纵向受压钢筋多于5根且直径大于18mm时，箍筋间距不应大于$10d$，d为纵向受压钢筋的最小直径。
- 当梁的宽度大于400mm且一层内的纵向受压钢筋多于3根，或当梁的宽度不大于400mm且一层内的纵向受压钢筋多于4根时，应设置复合箍筋。

（4）纵向构造钢筋及拉筋

当梁的截面高度较大时，为了防止在梁的侧面产生垂直于梁轴线的收缩裂缝，同时也是为了增强钢筋骨架的刚度，增强梁的抗扭作用。当梁的腹板高度$h_w \geqslant 450$mm时，应在梁的两个侧面沿高度配置纵向构造钢筋（亦称腰筋），每侧纵向构造钢筋（不包括梁的受力钢筋和架立钢筋）的截面面积不应小于腹板截面面积bh_w的0.1%，且其间距不宜大于200mm。此处h_w的取值为：矩形截面取截面有效高度，T形截面取有效高度减去翼缘高度，I形截面取腹板净高（见图3-2-4）。

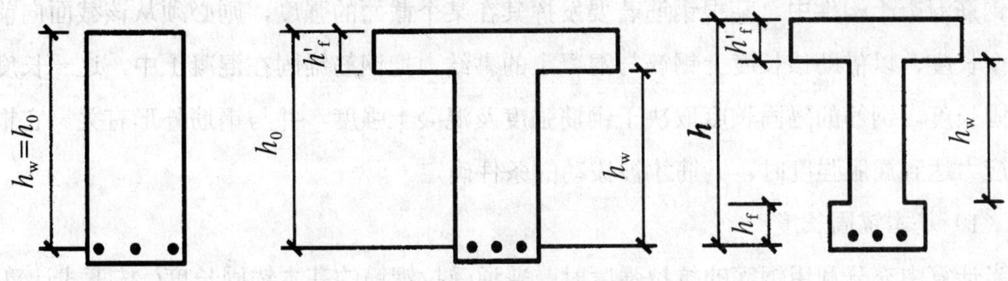

图3-2-4 截面有效高度

2．板的配筋

板通常只配置纵向受力钢筋和分布钢筋（见图3-2-5）。

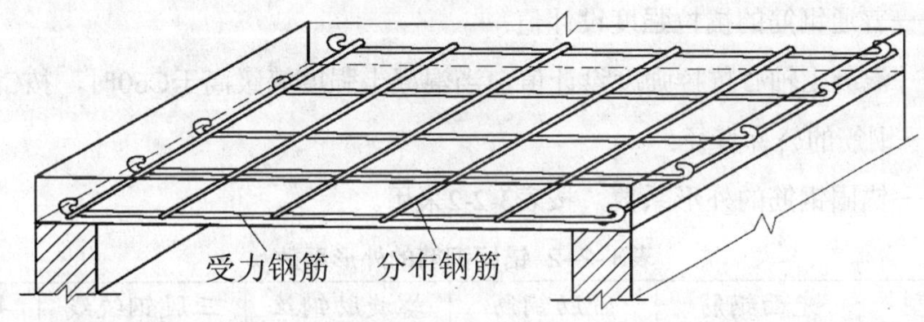

图3-2-5 板的配筋

（1）受力钢筋

为了正常地分担内力，板中受力钢筋的间距不宜过稀，但为了绑扎方便和保证浇捣质量，板的受力钢筋间距也不宜过密。当$h \leqslant 150$mm时，不宜大于200mm；当$h > 150$mm时，不宜大于1.5h，且不宜大于250mm。板的受力钢筋间距通常不宜小于70mm。

（2）分布钢筋

当按单向板设计时，应在垂直于受力的方向，在受力钢筋内侧按构造要求配置分布钢筋。分布钢筋的作用，一是固定受力钢筋的位置，形成钢筋网；二是将板上荷载有效地传到受力钢筋上去；三是防止温度或混凝土收缩等原因沿跨度方向的裂缝。其配筋率不宜小于受力钢筋的15%，且不宜小于0.15%；分布钢筋直径不宜小于6mm，间距不宜大于250mm；当集中荷载较大时，分布钢筋的配筋面积还应增加，且间距不宜大于200mm。

当有实践经验或可靠措施时，预制单向板的分布钢筋可不受本条的限制。

3.2.4 钢筋的锚固与连接

1．钢筋的锚固

钢筋混凝土构件中，某根钢筋若要发挥其在某个截面的强度，则必须从该截面向前延伸一个长度，以借助该长度上钢筋与混凝土的黏结力把钢筋锚固在混凝土中，这一长度称为锚固长度。钢筋的锚固长度取决于钢筋强度及混凝土强度，并与钢筋外形有关。它根据钢筋应力达到屈服强度时，钢筋才被拔动的条件确定。

（1）基本锚固长度

当计算中充分利用钢筋的抗拉强度时，普通受拉钢筋的基本锚固长度l_{ab}按下式计算：

$$l_{ab}=\alpha\frac{f_y}{f_t}d \tag{3-2-1}$$

式中：l_{ab}——受拉钢筋的基本锚固长度；

f_y——普通钢筋的抗拉强度设计值；

f_t——混凝土轴心抗拉强度设计值，当混凝土强度等级高于C60时，按C60取值；

d——钢筋的公称直径；

α——锚固钢筋的外形系数，按表3-2-2采用。

表3-2-2 锚固钢筋的外形系数α

钢筋类型	光面钢筋	带肋钢筋	螺旋肋钢丝	三股钢绞线	七股钢绞线
α	0.16	0.14	0.13	0.16	0.17

注：光圆钢筋末端应做180°弯钩，弯后平直段长度不应小于3d，但作受压钢筋时可不做弯钩。

（2）受拉钢筋的锚固长度

受拉钢筋的锚固长度应根据具体条件按下式进行修正，但不应小于200mm：

$$l_a=\xi l_{ab} \tag{3-2-2}$$

式中：l_a——受拉钢筋的锚固长度；

l_{ab}——受拉钢筋的基本锚固长度；

ξ——锚固长度修正系数，按下面规定采用，当多余一项时，可连乘，但不应小于0.6。

由于锚固条件的不同，锚固长度应分别乘以下列修正系数：

①当带肋钢筋的公称直径大于25mm时，修正系数取1.1；

②环氧树脂带肋钢筋，修正系数取1.25；

③当钢筋在混凝土施工中易受扰动（如滑模施工）时，修正系数取1.1；

④当纵向受力钢筋的实际配筋面积大于其设计计算面积时，修正系数取设计计算面积除以实际配筋面积的比值（有抗震设防要求及直接承受动力的构件除外）。

锚固区保护层厚度为3d时，修正系数取0.8；为5d时，修正系数取0.7，中间按内插取值。

当纵向受拉钢筋末端采用机械锚固措施时，包括弯钩或附加锚固端头在内的锚固长度可取基本锚固长度l_{ab}的0.6倍。

（3）受压钢筋的锚固长度

混凝土结构中的纵向受压钢筋，当计算中充分利用钢筋的抗压强度时，其锚固长度不应小于相应受拉锚固长度的0.7倍。

2．钢筋的连接

钢厂生产的热轧钢筋，直径较细时采用盘条供货，直径较粗时采用直条供货。盘条钢筋长度较长，连接较少，而直条钢筋长度有限（一般9~15m），施工中常需连接。当需要采用施工缝或后浇带等构造措施时，也需要连接。

钢筋的连接形式分为两类，绑扎搭接和机械连接或焊接。《混凝土规范》规定，混凝土结构中受力钢筋的连接接头宜设置在受力较小处。在同一根受力钢筋上宜少设接头。在结构的重要构件和关键传力部位，纵向受力钢筋不宜设置连接接头。轴心受拉及小偏心受拉杆件的纵向受力钢筋不得采用绑扎搭接；其他构件中的钢筋采用绑扎搭接时，受拉钢筋直径不宜大于25mm，受压钢筋直径不宜大于28mm。同一构件中相邻纵向受力钢筋的绑扎搭接接头宜互相错开。

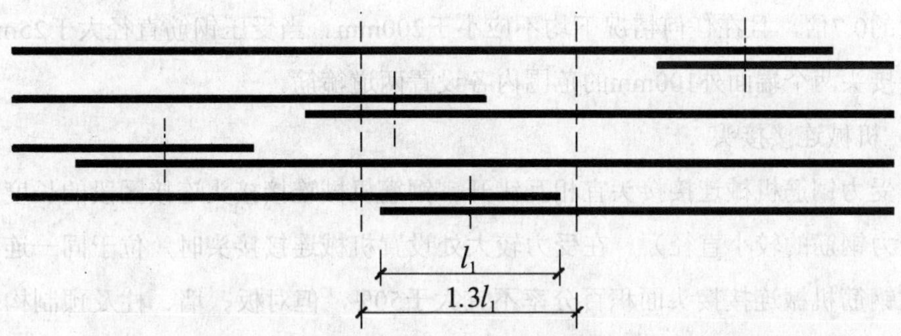

图3-2-6 同一连接区段内纵向受拉钢筋的绑扎搭接接头

注：同一连接区段内的搭接接头钢筋为两根，当钢筋直径相同时，钢筋搭接接头面积百分率为50%。

钢筋绑扎搭接接头连接区段的长度为1.3倍搭接长度，凡搭接接头中点位于该连接区段长度内的搭接接头均属于同一连接区段（见图3-2-6）。同一连接区段内纵向受力钢筋搭接接头面积百分率为该区段内有搭接接头的纵向受力钢筋与全部纵向受力钢筋截面面积的比值。当直径不同的钢筋搭接时，接直径较小的钢筋计算。

位于同一连接区段内的受拉钢筋搭接接头面积百分率：对梁类、板类及墙类构件，不宜大于25%；对柱类构件，不宜大于50%。当工程中确有必要增大受拉钢筋搭接接头面积百分率时，对梁类构件，不宜大于50%；对板、墙、柱及预制构件的拼接处，可根据实际情况放宽。并筋采用绑扎搭接连接时，应按每根单筋错开搭接的方式连接。接头面积百分率应按同一连接区段内所有的单根钢筋计算。并筋中钢筋的搭接长度应按单筋分别计算。

（1）绑扎搭接接头

纵向受拉钢筋绑扎搭接接头的搭接长度l_l应根据位于同一连接区段内的钢筋搭接接头面积百分率按下式计算，且在任何情况下均不应小于300mm：

$$l_1=\xi_1 l_a \tag{3-2-3}$$

式中：l_a——受拉钢筋的锚固长度；

ξ_1——受拉钢筋搭接长度修正系数，按表3-2-3采用。当纵向搭接钢筋接头面积百分率为表的中间值时，修正系数可按内插取值。

表3-2-3 受拉钢筋搭接长度修正系数

同一连接区段搭接钢筋面积百分率（%）	≤25	50	100
搭接长度修正系数ξ_1	1.2	1.4	1.6

纵向受压钢筋采用搭接连接时，其受压搭接长度不应小于按式（3-2-3）计算的受拉搭接长度的0.7倍，且在任何情况下均不应小于200mm。当受压钢筋直径大于25mm时，尚应在搭接接头两个端面外100mm的范围内各设置两道箍筋。

（2）机械连接接头

纵向受力钢筋机械连接接头宜相互错开。钢筋机械连接接头连接区段的长度为35*d*（*d*为纵向受力钢筋的较小直径）。在受力较大处设置机械连接接头时，位于同一连接区段内纵向受拉钢筋机械连接接头面积百分率不宜大于50%，但对板、墙、柱及预制构件的拼接处，可根据实际情况放宽，在直接承受动力荷载的结构构件中不应大于50%。纵向受压钢筋可不受限制。

机械连接套筒的保护层厚度宜满足有关钢筋最小保护层厚度的规定。机械连接套筒的横向净间距不宜小于25mm；套筒处箍筋的间距仍应满足构造要求。直接承受动力荷载结构构件中的机械连接接头，除应满足设计要求的抗疲劳性能外，位于同一连接区段内的纵向受力钢筋接头面积百分率不应大于50%。

（3）焊接接头

细晶粒热轧带肋钢筋以及直径大于28mm的带肋钢筋，其焊接应经试验确定；余热处理钢筋不宜焊接。

纵向受力钢筋的焊接接头应相互错开。

钢筋焊接接头连接区段的长度为35d且不小于500mm，d为连接钢筋的较小直径。凡接头中点位于该连接区段长度内的焊接接头均属于同一连接区段。纵向受拉钢筋的接头面积百分率不宜大于50%，但对预制构件的拼接处，可根据实际情况放宽。纵向受压钢筋的接头百分率可不受限制。

需进行疲劳验算的构件，其纵向受拉钢筋不得采用绑扎搭接接头，也不宜采用焊接接头，除端部锚固外不得在钢筋上焊有附件。

3.2.5 纵向受拉钢筋的配筋百分率

1．纵向受拉钢筋的配筋率

设正截面上所有纵向受拉钢筋的合力点至截面受拉边缘的竖向距离为a_s，则合力点至截面受压边缘的竖向距离$h_0=h-a_s$。这里，h是截面高度，下面讲到的对截面受弯承载力起作用的是h_0，而不是h，所以h_o为截面的有效高度。bh_0为截面的有效面积，b为矩形截面的宽度。

纵向受拉钢筋的配筋率是钢筋混凝土构件中纵向受力钢筋的面积与构件的有效面积之比，简称配筋率，用ρ表示，用百分数计量，即

$$\rho=\frac{A_s}{bh_0}(\%) \tag{3-2-4}$$

其中，A_s为受拉区纵向钢筋的截面面积。配筋率是影响构件受力特征的一个参数，控制配筋率可以控制结构构件的破坏形态，不发生超筋破坏和少筋破坏，配筋率又是反映经济效果的主要指标。

2．最小配筋率

最小配筋率是指当梁的配筋率ρ很小，裂缝一出现钢筋应力即达到屈服强度，这时的配筋率称为最小配筋率，用$\rho_{\min}$表示。破坏时梁仅出现一条很宽的集中裂缝，沿梁高延伸得很高。控制最小配筋率是防止构件发生少筋破坏，少筋破坏是脆性破坏，设计时应当避免。钢筋混凝土结构构件中纵向受力钢筋的配筋百分率不应小于表3-2-4规定的数值。

3．界限配筋率

界限配筋率是指梁破坏时，钢筋的屈服与混凝土受压破坏同时发生，此时的的配筋率称为界限配筋率，用ρ_b表示它是保证钢筋达到屈服的最大配筋率，如再增大配筋率，钢筋应力并未达到屈服强度，混凝土即发生受压破坏。

表3-2-4 纵向受力钢筋的最小配筋百分率

受力类型			最小配筋百分率
受压构件	全部纵向钢筋	强度级别500N/mm^2	0.50
		强度级别400N/mm^2	0.55
		强度级别300N/mm^2、335N/mm^2	0.60
	一侧纵向钢筋		0.20
受弯构件、偏心受拉、轴心受拉构件一侧的受拉钢筋			0.20和$45f_t/f_y$中的较大值

注：1. 受压构件全部纵向钢筋最小配筋百分率，当采用C60及以上强度等级的混凝土时，应按表中规定增加0.10；

2. 板类受弯构件的受拉钢筋，当采用强度级别400N/mm^2、500N/mm^{2}的钢筋时，其最小配筋百分率应允许采用0.15和$45f_t/f_y$中的较大值；

3. 偏心受拉构件中的受压钢筋，应按受压构件一侧纵向钢筋考虑；

4. 受压构件的全部纵向钢筋和一侧纵向钢筋的配筋率以及轴心受拉构件和小偏心受拉构件一侧受拉钢筋的配筋率均应按构件的全截面面积计算；

5. 受弯构件、大偏心受拉构件一侧受拉钢筋的配筋率应按全截面面积扣除受压翼缘面积$((bf'-b)hf'$后的截面面积计算；

6. 当钢筋沿构件截面周边布置时，"一侧纵向钢筋"系指沿受力方向两个对边中一边布置的纵向钢筋。

3.3 受弯构件正截面承载力计算

钢筋混凝土受弯构件通常承受弯矩和剪力共同作用，其破坏有两种可能：一种是由弯矩引起的，破坏截面与构件的纵轴线垂直，称为沿正截面破坏；另一种是由弯矩和剪力共同作用引起的，破坏截面是倾斜的，称为沿斜截面破坏。所以，设计受弯构件时，需进行正截面承载力和斜截面承载力计算。

3.3.1 矩形截面

1. 受弯构件沿正截面的破坏特征

根据梁纵向钢筋配筋率的不同，钢筋混凝土梁可分为适筋梁、超筋梁和少筋梁三种类型。

（1）适筋梁

当梁的配筋率满足$\rho_{min}h/h_0 \leqslant \rho \leqslant \rho_b$时，为适筋梁。梁的破坏始于受拉钢筋屈服。从受拉钢筋屈服到受压区混凝土被压碎（即弯矩由My增大到Mu），需要经历较长过程。由于钢筋屈服后产生很大塑性变形，使裂缝急剧开展和挠度急剧增大，给人以明显的破坏预兆，这种破坏称为延性破坏。适筋梁的材料强度能得到充分发挥。

（2）超筋梁

当梁的配筋率满足$\rho > \rho_b$时，为超筋梁。这种梁由于纵向钢筋配置过多，受压区混凝土在钢筋屈服前即达到极限压应变被压碎而破坏。破坏时钢筋的应力还未达到屈服强度，因而裂缝宽度均较小，且形不成一根开展宽度较大的主裂缝，梁的挠度也较小。这种单纯因混凝土被压碎而引起的破坏，发生得非常突然，没有明显的预兆，属于脆性破坏。实际工程中不应采用超筋梁。

（3）少筋梁

当梁的配筋率满足$\rho<\rho_{\min}h/h_0$时，为少筋梁。这种梁破坏时，裂缝往往集中出现一条，不但开展宽度大，而且沿梁高延伸较高。一旦出现裂缝，钢筋的应力就会迅速增大并超过屈服强度而进入强化阶段，甚至被拉断。在此过程中，裂缝迅速开展，构件严重向下挠曲，最后因裂缝过宽、变形过大而丧失承载力，甚至被折断。这种破坏也是突然的，没有明显预兆，属于脆性破坏。实际工程中不应采用少筋梁。

三种梁的破坏特征如图3-3-1所示。

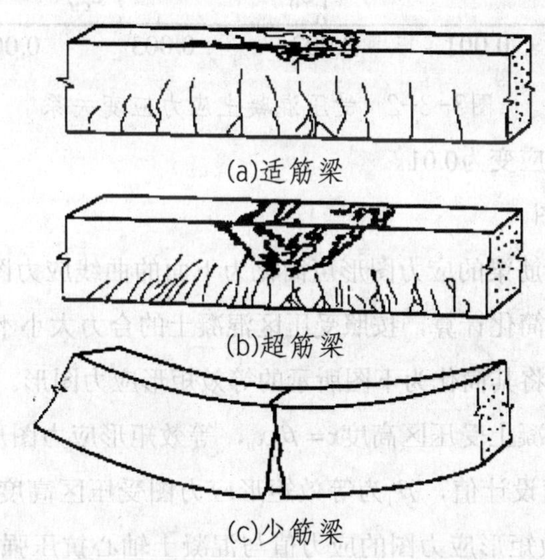

(a)适筋梁

(b)超筋梁

(c)少筋梁

图3-3-1　不同配筋率的钢筋混凝土梁的破坏特征

2．单筋矩形截面受弯构件正截面承载力计算

（1）计算原则

1）基本假定

如前所述，钢筋混凝土受弯构件正截面承载力计算以适筋梁Ⅲ阶段的应力状态为依据。为了便于建立基本公式，现作如下假定：

①构件正截面弯曲变形后仍保持一平面。

②钢筋的应力等于钢筋应变与其弹性模量的乘积，但不得大于其强度设计值，即

$$-f_y'\leqslant\sigma_s=E_s\cdot\varepsilon_s\leqslant f_y$$

③不考虑截面受拉区混凝土的抗拉强度。

受压混凝土采用理想化的应力－应变关系如图3-3-2所示。

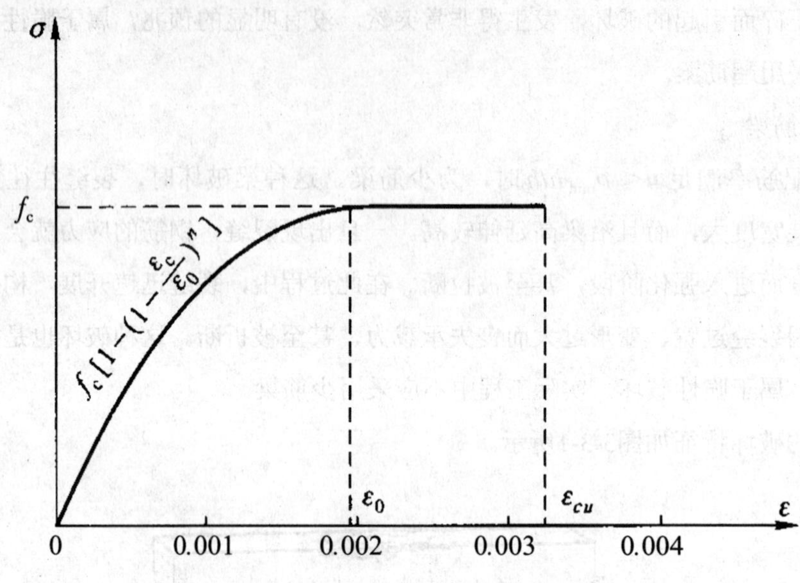

图3-3-2　受压混凝土应力应变关系

纵向钢筋的极限拉应变为0.01。

2）等效矩形应力图

根据前述假定，适筋梁的应力图形可简化为下面的曲线应力图，其中x_n为实际混凝土受压区高度。为进一步简化计算，按照受压区混凝土的合力大小不变、受压区混凝土的合力作用点不变的原则，将其简化为下图所示的等效矩形应力图形。具体转化过程见图3-3-3等效矩形应力图形的混凝土受压区高度$x=\beta_1 x_n$，等效矩形应力图形的应力值为$\alpha_1 f_c$，其中为混凝土轴心抗压强度设计值，β_1为等效矩形应力图受压区高度与中和轴高度的比值，α_1为受压区混凝土等效矩形应力图的应力值与混凝土轴心抗压强度设计值的比值，β_1、α_1的值见表3-3-1。

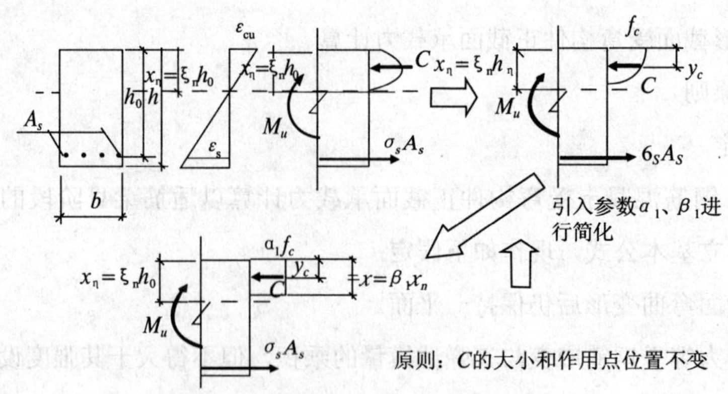

图3-3-3　等效矩形应力图的转换

表3-3-1 β_1，α_1的值

混凝土强度等级	≤C50	C55	C60	C65	C70	C75	C80
β_1	0.8	0.79	0.78	0.77	0.76	0.75	0.74
α_1	1.0	0.99	0.98	0.97	0.96	0.95	0.94

（2）界限相对受压区高度

适筋梁与超筋梁的界限为“平衡配筋梁”，即在受拉纵筋屈服的同时，混凝土受压边缘纤维也达到其极限压应变值 ε_{cu}，截面破坏。当梁为界限破坏时，如图3-3-4所示，设钢筋开始屈服时应变为 ε_y，则 $\varepsilon_y = f_y/E_s$，此处E_s为钢筋的弹性模量。

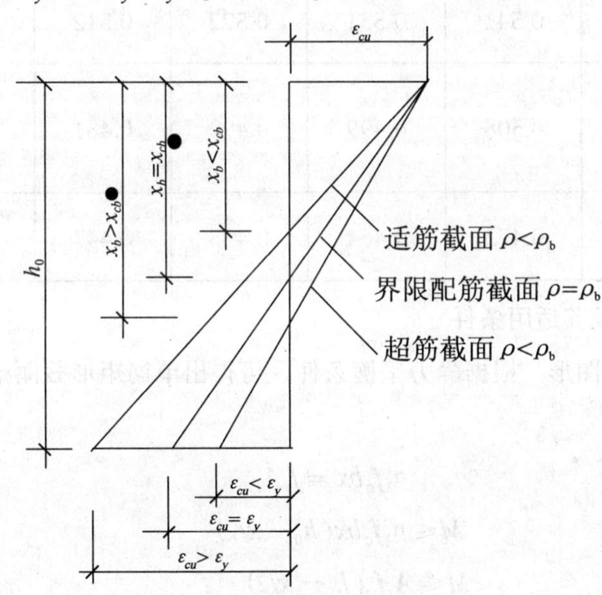

图3-3-4　适筋梁、超筋梁、界限配筋梁破坏时的正截面平均应变图

设界限破坏时中和轴高度为x_{cb}，则有$\dfrac{x_{cb}}{h_0}=\dfrac{\varepsilon_{cu}}{\varepsilon_{cu}+\varepsilon_y}$，由$x_b=\beta_1 x_{cb}$得$x_{cb}=\dfrac{x_b}{\beta_1}$，代入$\dfrac{x_{cb}}{h_0}=\dfrac{\varepsilon_{cu}}{\varepsilon_{cu}+\varepsilon_y}$，得$\dfrac{x_b}{\beta_1 h_0}=\dfrac{\varepsilon_{cu}}{\varepsilon_{cu}+\varepsilon_y}$，设$\xi_b=\dfrac{x_b}{h_0}$，称为界限相对受压区高度，则

$$\xi_b=\frac{\beta_1}{1+\dfrac{f_y}{E_s\cdot\varepsilon_{cu}}}$$

式中：h_0——截面有效高度；

x_b——界限受压区高度；

f_y——纵向钢筋的抗拉强度设计值；

ε_{cu}——非均匀受压时混凝土极限压应变值，混凝土强度等级不大于C50时，ε_{cu}=0.0033。

由前式算得的值 ξ_b如表3-3-2所示。

表3-3-2 相对界限受压区高度值

钢筋级别	混凝土等级						
	≤C50	C55	C60	C65	C70	C75	C80
HPB300	0.576	0.569	0.561	0.554	0.547	0.540	0.533
HRB335 HRBF335	0.550	0.541	0.531	0.522	0.512	0.503	0.493
HRB400 HRBF400 RRB400	0.518	0.508	0.499	0.490	0.481	0.472	0.463
HRB500 HRBF500	0.482	0.473	0.464	0.455	0.447	0.438	0.429

（3）基本公式及其适用条件

由等效矩形应力图形，根据静力平衡条件，可得出单筋矩形截面梁正截面承载力计算的基本公式：

$$\alpha_1 f_c bx = f_y A_s \tag{3-3-1}$$

$$M \leqslant \alpha_1 f_c bx(h_0 - x/2) \tag{3-3-2}$$

或

$$M \leqslant A_s f_y (h_0 - x/2) \tag{3-3-3}$$

式中：M——弯矩设计值；

f_c——混凝土轴心抗压强度设计值；

f_y——钢筋抗拉强度设计值；

x——混凝土受压区高度；

其余符号意义同前。

式（3-3-1）至式（3-3-3）应满足下列两个适用条件：

1）为防止发生超筋破坏，需满足$\xi \leqslant \xi_b$或$x \leqslant \xi_b h_0$，其中ξ、ξ_b分别称为相对受压区高度和界限相对受压区高度；

2）防止发生少筋破坏，应满足$\rho \geqslant \rho_{\min}$或$A_s \geqslant A_{s\min}$，$A_{s\min} = \rho_{\min} b_h$，其中$\rho_{\min}$为截面最小配筋率。

在式（3-2-2）中，取 $x=\xi_b h_b$，即得到单筋矩形截面所能承受的最大弯矩的表达式：

$$M_{u,\max}=\alpha_1 f_c b h_0^2\ \varepsilon_b(1-0.5\xi_b) \quad (3\text{-}3\text{-}4)$$

（4）计算方法

下面通过一例题来介绍单筋矩形截面受弯构件正截面承载力计算。

某钢筋混凝土矩形截面简支梁，跨中弯矩设计值$M=80\text{kN}\cdot\text{m}$，梁的截面尺寸$b\times h=200\text{mm}\times450\text{mm}$，采用C25级混凝土，HRB400级钢筋。试确定跨中截面纵向受力钢筋的数量。

解 查表得$f_c=11.9\text{N/mm}^2$，$f_t=1.27\text{N/mm}^2$，$f_y=360\text{N/mm}^2$，$\alpha_1=1.0$，$\xi_b=0.518$

1.确定截面有效高度h_0

假设纵向受力钢筋为单层，则$h_0=h-40=450-40=410\ (\text{mm})$

2.计算x，并判断是否为超筋梁

$$x=h_0-\sqrt{h_0^2-\frac{2M}{\alpha_1 f_c b}}=410-\sqrt{410^2-\frac{2\times80\times10^6}{1.0\times11.9\times200}}=92.4(\text{mm})<\xi_b h_0=0.518\times410=212.4(\text{mm})$$

不属超筋梁。

3.计算A_s，并判断是否为少筋梁

$A_s=\alpha_1 f_c bx/f_y=1.0\times11.9\times200\times92.4/360=610.9(\text{mm}^2)$

$0.45f_t/f_y=0.45\times1.27/360=0.16\%<0.2\%$，取$\rho_{\min}=0.2\%$

$A_{s\min}=0.2\%\times200\times450=180\text{mm}^2<A_s=610.9\text{mm}^2$

不属少筋梁。

4.选配钢筋

查询钢筋的公称直径、公称截面面积及理论重量表（见该章后附表1），选配4⌀14（$A_s=615\text{mm}^2$）。

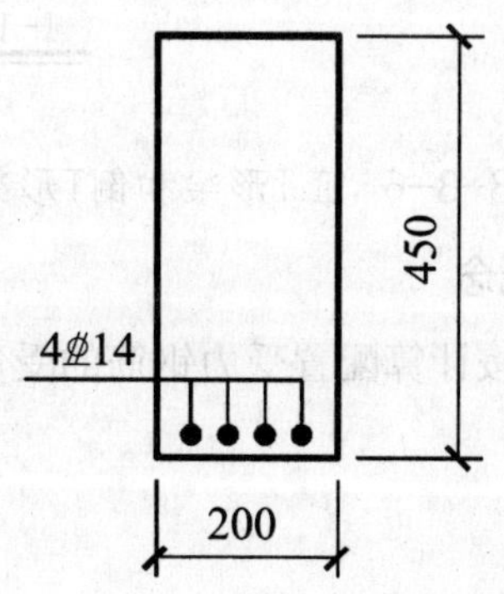

3.3.2 单筋T形截面

在单筋矩形截面梁正截面受弯承载力计算中，是不考虑受拉区混凝土的作用的。如果把受拉区两侧的混凝土挖掉一部分，将受拉钢筋配置在肋部，既不会降低截面承载力，又可以节省材料、减轻自重，这样就形成了T形截面梁（见图3-3-5）。

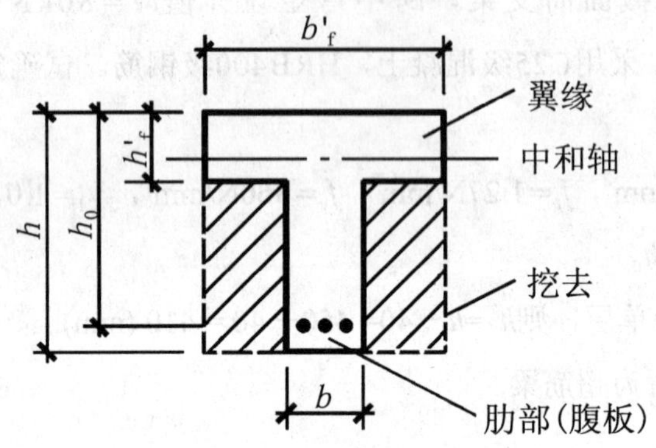

图3-3-5 T形截面梁

但是，翼缘位于受拉区的倒T形截面梁，当受拉区开裂后，翼缘就不起作用了，因此其受弯承载力应按矩形截面计算。在图3-3-6中，1—1截面应按T形截面计算，2—2截面应按矩形截面计算。

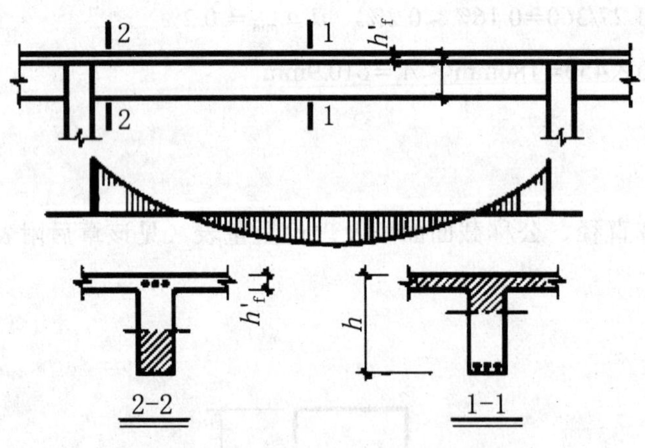

图3-3-6 正T形梁和倒T形梁

3.3.3 双筋截面受弯构件的概念

在截面受拉区和受压区同时按计算配置受力钢筋的受弯构件称为双筋截面受弯构件。

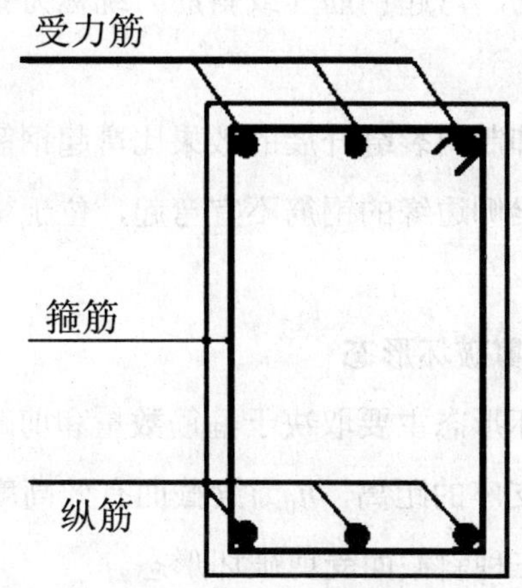

图3-3-7　双筋截面

由于采用受压钢筋来承受截面的部分压力是不经济的，因此，除下列情况外，一般不宜采用双筋截面梁：

①构件所承受的弯矩较大，而截面尺寸受到限制，采用单筋梁无法满足要求；

②构件在不同的荷载组合下，同一截面可能承受变号弯矩作用；

③为了提高截面的延性而要求在受压区配置受力钢筋。在截面受压区配置一定数量的受力钢筋，有利于提高截面的延性。

通过前面学习已知，受弯构件在主要承受弯矩的区段将会产生垂直于梁轴线的裂缝，若其受弯承载力不足，则将沿正截面破坏。

3.4 受弯构件斜截面受剪承载力

一般而言，在荷载作用下，受弯构件不仅在各个截面上引起弯矩M，同时还产生剪力V。在弯矩和剪力共同作用的支座附近区段内，受弯构件将沿斜裂缝发生斜截面受剪破坏或斜截面受弯破坏，因此，在保证受弯构件正截面受弯承载力的同时，还要保证斜截面承载力，其包括斜截面受剪承载力和斜截面受弯承载力。在实际工程设计中，斜截面受剪承载力是由计算和构造来保证的，而斜截面受弯承载力则是通过构造措施来保证的。

通常，板的跨高比较大，且大多承受分布荷载，因此相对正截面承载力来讲，其斜截面承载力往往是足够的，故受弯构件斜截面承载力主要是对梁及厚板而言的。

为了防止梁沿斜裂缝破坏，应使梁具有一个合理的截面尺寸，并配置必要的箍筋，剪力较大时，可再设置斜钢筋。斜钢筋一般由梁内的纵筋弯起而成，称为弯起钢筋，有时还采用附加的单独斜钢筋。箍筋、弯起钢筋（或斜筋）统称为腹筋。它们与纵筋、架立钢筋等构成梁的钢筋骨架。

试验研究表明，箍筋对抑制斜裂缝开展的效果比弯起钢筋好，所以工程设计中，应优先选用箍筋。另外，放置在梁侧边缘的钢筋不宜弯起，位于梁底的角筋不能弯起，弯起钢筋的直径不宜过粗。

3.4.1 受弯构件斜截面受剪破坏形态

受弯构件斜截面受剪破坏形态主要取决于箍筋数量和剪跨比λ。$\lambda=a/h_0$，其中a称为剪跨，即集中荷载作用点至支座的距离，h_0为梁截面有效高度。随着箍筋数量和剪跨比的不同，受弯构件主要有以下三种斜截面受剪破坏形态。

1. 斜拉破坏

当箍筋配置过少，且剪跨比较大（$\lambda>3$）时，常发生斜拉破坏。其特点是一旦出现斜裂缝，与斜裂缝相交的箍筋应力立即达到屈服强度，箍筋对斜裂缝发展的约束作用消失，随后斜裂缝迅速延伸到梁的受压区边缘，构件裂为两部分而破坏（见图3-4-1(a)）。斜拉破坏的破坏过程急骤，具有很明显的脆性。

2. 剪压破坏

构件的箍筋适量，且剪跨比适中（$\lambda=1\sim3$）时将发生剪压破坏。当荷载增加到一定值时，首先在剪弯段受拉区出现斜裂缝，其中一条将发展成临界斜裂缝（即延伸较长和开展较大的斜裂缝）。荷载进一步增加，与临界斜裂缝相交的箍筋应力达到屈服强度。随后，斜裂缝不断扩展，斜截面末端剪压区不断缩小，最后剪压区混凝土在正应力和剪应力共同作用下达到极限状态而压碎（见图3-4-1(b)）。剪压破坏没有明显预兆，属于脆性破坏。

3. 斜压破坏

当梁的箍筋配置过多过密或者梁的剪跨比较小（$\lambda<1$）时，斜截面破坏形态将主要是斜压破坏。这种破坏是因梁的剪弯段腹部混凝土被一系列平行的斜裂缝分割成许多倾斜的受压柱体，在正应力和剪应力共同作用下混凝土被压碎而导致的，破坏时箍筋应力尚未达到屈服强度（见图3-4-1(c)）。斜压破坏属脆性破坏。

上述三种破坏形态，剪压破坏通过计算避免，斜压破坏和斜拉破坏分别通过采用截面限制条件与按构造要求配置箍筋来防止。剪压破坏形态是建立斜截面受剪承载力计算公式的依据。

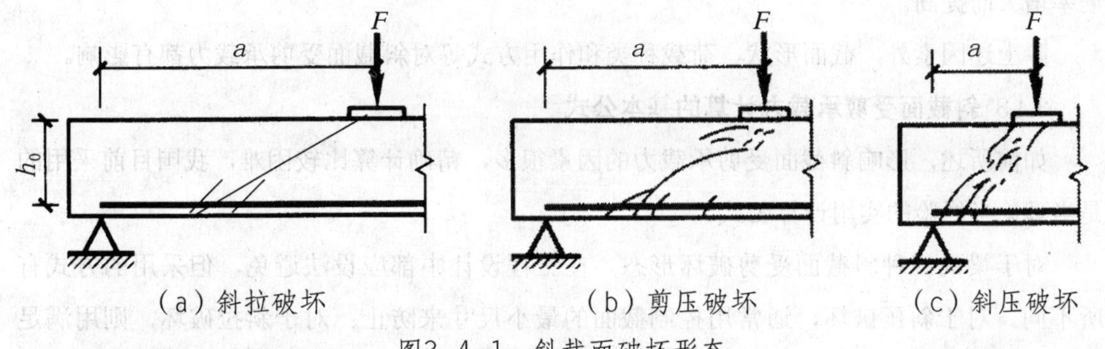

图3-4-1 斜截面破坏形态

3.4.2 影响斜截面受剪承载力的主要因素

1．剪跨比λ

随着剪跨比λ的增加，梁的破坏形态按斜压（$\lambda<1$）、剪压（$1<\lambda<3$）、斜拉（$\lambda>3$）的顺序演变，其受剪承载力逐步减弱。当$\lambda>3$时，其影响不明显。

2．混凝土强度

斜截面破坏是混凝土达到极限强度而破坏的，故混凝土的强度对梁的受剪承载力影响较大。

梁为斜拉破坏时，受剪承载力取决于混凝土的抗拉强度，而抗拉强度的增加较抗压强度来的缓慢，故混凝土强度的影响就略小。剪压破坏时，混凝土强度的影响居于两者之间。总之，混凝土强度对斜截面受剪承载力有着重要影响，混凝土强度越高，受剪承载力越大。

3．箍筋的配筋率

梁内箍筋的配筋率是指沿梁长，在箍筋的一个间距范围内，箍筋各肢的全部截面面积与混凝土水平截面面积的比值，简称配箍率。

$$\rho_{sv}=\frac{A_{sv}}{bs}=\frac{nA_{sv1}}{bs} \tag{3-4-1}$$

式中：A_{sv}——配置在同一截面内箍筋各肢的全部截面面积；

n——箍筋肢数；

A——单肢箍筋的截面面积；

b——矩形截面的宽度，T形、I形截面的腹板宽度；

s——箍筋间距。

梁的斜截面受剪承载力与ρ_{sv}呈线性关系，受剪承载力随ρ_{sv}增大而增大。

4．纵向钢筋配筋率

纵筋受剪产生销栓力，可以限制斜裂缝的开展。梁的斜截面受剪承载力随纵向钢筋配筋率增大而提高。

除上述因素外，截面形状、荷载种类和作用方式等对斜截面受剪承载力都有影响。

3.4.3 斜截面受剪承载力计算的基本公式

如前所述，影响斜截面受剪承载力的因素很多，精确计算比较困难，我国目前采用的是半理论半经验的实用计算公式。

对于梁的三种斜截面受剪破坏形态，在工程设计中都应设法避免，但采用的方式有所不同。对于斜压破坏，通常用控制截面的最小尺寸来防止；对于斜拉破坏，则用满足箍筋的最小配筋率条件及构造要求来防止；对于减压破坏，因其承载力变化幅度较大，必须通过计算。因此，钢筋混凝土受弯构件斜截面受剪承载力计算是以剪压破坏形态为依据的。为了便于理解，现将受弯构件斜截面受剪承载力表示为三项相加的形式（见图3-4-2），即

$$V_u=V_c+V_{sv}+V_{sb} \tag{3-4-2}$$

式中：V_u——受弯构件斜截面受剪承载力；

V_c——剪压区混凝土受剪承载力设计值，即无腹筋梁的受剪承载力；

V_{sv}——与斜裂缝相交的箍筋受剪承载力设计值；

V_{sb}——与斜裂缝相交的弯起钢筋受剪承载力设计值。

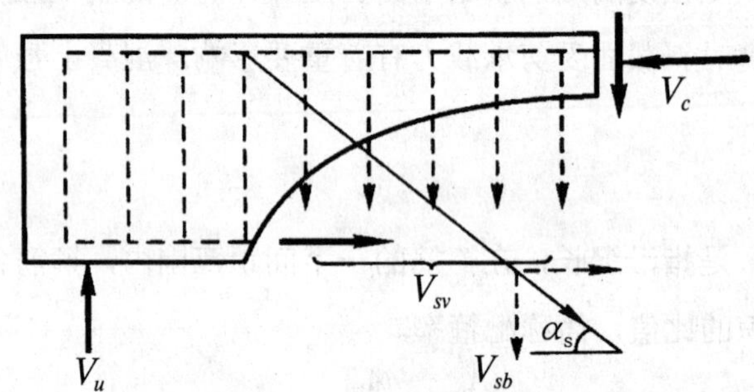

图3-4-2　斜截面受剪承载力的组成

需要说明的是，对于有腹筋梁，式（3-4-2）中 V_c 和 V_{sv} 密切相关，无法分开表达，故以$V_{cs}=V_c+V_{sv}$来表达混凝土和箍筋总的受剪承载力，于是有：$V_u=V_{cs}+V_{sb}$。

从表面上看，V_c项是按无腹筋梁混凝土的受剪承载力取值的，但实际上，对于有腹筋梁，由于箍筋的存在，抑制了斜裂缝的开展，使梁减压区面积增大，导致了V_c的增加，其提高程度与箍筋强度和配筋率有关，因而V_c和V_{sv}密切相关，无法分开表达。《混凝土规范》在理论研究和试验结果基础上，结合工程实践经验给出了以下斜截面受剪承载力计算公式。

1．仅配箍筋的受弯构件

当仅配箍筋时，矩形、T形及I形截面的简支梁，当仅配箍筋时，其受剪承载力计算基本公式为：

$$V_{cs}=\alpha_{cv}f_t bh_0+f_{yv}\frac{A_{sv}}{s}h_0 \tag{3-4-3}$$

式中：V_{cs}——构件斜截面上混凝土和箍筋的受剪承载力设计值；

α_{cv}——截面混凝土受剪承载力系数，对于一般受弯构件取0.7；对集中荷载作用下（包括作用有多种荷载，其中集中荷载对支座截面或节点边缘所产生的剪力值占总剪力的75%以上的情况）的独立梁，取 α_{cv}为1.75/(λ+1)，λ为计算截面的剪跨比，可取λ等于a/h_0，当λ小于1.5时，取1.5，当λ大于3时，取3，a取集中荷载作用点至支座截面或节点边缘的距离；

A_{sv}——配置在同一截面内箍；

f_t——混凝土轴心抗拉强度设计值；

A_{sv}——配置在同一截面内箍筋各肢的全部截面面积：$A_{sv}=nA_{sv1}$，其中n为箍筋肢数，A_{sv1}为单肢箍筋的截面面积；

s——箍筋间距；

f_{yv}——箍筋抗拉强度设计值；

b——矩形截面的宽度，T型、I型截面的腹板宽度；

h_0——构件截面的有效高度。

这里所指的均布荷载，也包括作用多种荷载，其中集中荷载对支座截面或节点边缘所产生的剪力小于该截面总剪力值的75%。

2．同时配置箍筋和弯起钢筋的受弯构件

当配置箍筋和弯起钢筋时，矩形、T形和I形截面受弯构件的受剪承载力计算基本公式为

$$V\leqslant V_u=V_{cs}+0.8f_y A_{sb}\sin\alpha \tag{3-4-4}$$

式中：f_y——弯起钢筋的抗拉强度设计值；

A_{sb}——同一弯起平面内的弯起钢筋的截面面积；

α_s——弯起钢筋与梁纵轴心的夹角。一般为45°，当截面超过800mm时，通常为60°。

式（3-4-4）中的系数0.8，是考虑弯起钢筋与临界斜裂缝的交点有可能过分靠近混凝土剪压区时，弯起钢筋达不到屈服强度而采用的强度降低系数。

矩形、T形和I形截面的一般受弯构件，当符合下式要求时，可不进行斜截面的受剪承

载力计算，其箍筋应按构造要求配筋。

$$V_{cs} \leqslant \alpha_{cv} f_t bh \tag{3-4-5}$$

式中：α_{cv}——截面混凝土受剪承载力系数。

3.4.4 基本公式适用范围

由于梁的斜截面受剪承载力计算公式仅是针对剪压破坏形态确定的，因而具有一定的适用范围。

1. 防止出现斜压破坏的条件——最小截面尺寸的限制

试验表明，当箍筋量达到一定程度时，再增加箍筋，截面受剪承载力几乎不再增加。相反，若剪力很大，而截面尺寸过小，即使箍筋配置很多，也不能完全发挥作用，因为箍筋屈服前混凝土已被压碎而发生斜压破坏。所以为了防止斜压破坏，必须限制截面最小尺寸。对矩形、T形及I形截面受弯构件，其限制条件如下。

当$h_w / b \leqslant 4$（厚腹梁，也即一般梁）时

$$V \leqslant 0.25\beta_c f_c bh_0 \tag{3-4-6}$$

当$h_w / b \geqslant 6$（薄腹梁）时

$$V \leqslant 0.20\beta_c f_c bh_0 \tag{3-4-7}$$

当$4 < h_w / b < 6$时，按直线内插法取值。

式中：b——矩形截面宽度，T形和I形截面的腹板宽度；

h_w——截面的腹板高度。矩形截面取有效高度h_0，T形截面取有效高度减去翼缘高度，I形截面取腹板净高，参见图3-2-4；

β_c——混凝土强度影响系数，当混凝土强度等级≤C50时，$\beta_c=1.0$；当混凝土强度等级为C80时，$\beta_c=0.8$；其间按直线内插法取用。

2. 防止出现斜拉破坏的条件——最小配箍率的限制

箍筋配量过少，一旦斜裂缝出现，箍筋中突然增大的拉应力很可能达到屈服强度，造成斜裂缝的加速开展，甚至箍筋被拉断，而导致斜拉破坏。为了避免出现这类破坏，构件配箍率应满足：

$$\rho_{sv}=\frac{A_{sv}}{bs}=\frac{nA_{sv1}}{bs} \geqslant \rho_{sv.\min}=0.24 f_t / f_{yv} \tag{3-4-8}$$

式中：A_{sv}——配置在同一截面内箍筋各肢的全部截面面积：$A_{sv}=nA_{sv1}$，其中n为箍筋肢数，A_{sv1}为单肢箍筋的截面面积；

b——矩形截面的宽度，T形、I形截面的腹板宽度；

s——箍筋间距。

3.4.5 斜截面受剪承载力计算

1．斜截面受剪承载力的计算位置

斜截面受剪承载力的计算位置，一般按下列规定采用：

（1）支座边缘处的斜截面，见图3-4-3截面1-1；

（2）受拉区弯起钢筋弯起点处的斜截面，见图3-4-3截面2-2；

（3）受拉区箍筋截面面积或间距改变处的斜截面，见图3-4-3截面3-3；

（4）腹板宽度改变处的截面，见图3-4-3截面4-4。

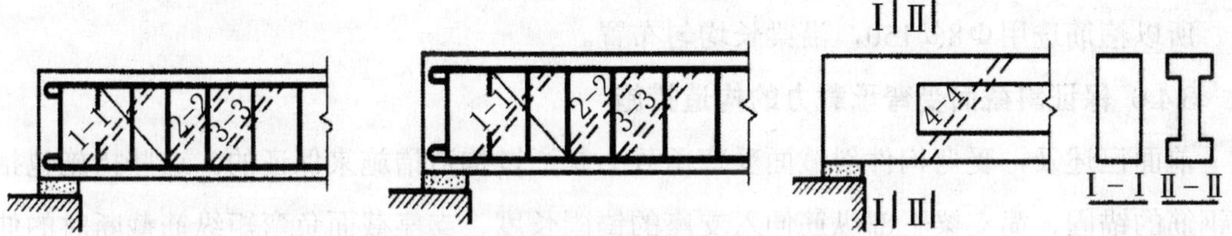

图3-4-3　斜截面受剪承载力计算位置

2．斜截面受剪承载力计算

下面通过一例题介绍受弯构件斜截面承载力计算。

某办公楼矩形截面简支梁，截面尺寸250mm×500mm，h_0=460mm，承受均布荷载作用，已求得支座边缘剪力设计值为185.85kN。混凝土为C25级，箍筋采用HPB300级钢筋。试确定箍筋数量。

解 查表得$f_c=11.9\text{N/mm}^2$，$f_t=1.27\text{N/mm}^2$，$f_{yv}=270\text{N/mm}^2$，$\beta_c=1.0$

（1）复核截面尺寸

$$h_w/b=h_0/b=460/250=1.84<4.0$$

应按式（3-3-7）复核截面尺寸。

$0.25\beta_c f_c bh_0=0.25\times1.0\times11.9\times250\times460=342125\text{N}>V=185.85\text{kN}$

截面尺寸满足要求。

（2）确定是否需按计算配置箍筋

对于一般受弯构件，α_{cv}取0.7

$\alpha_{cv}f_t bh_0=0.7\times1.27\times250\times460=102235\text{N}<V=185.85\text{kN}$

需按计算配置箍筋。

（3）确定箍筋数量

$$\frac{A_{sv}}{s}\geqslant\frac{V-0.7f_t bh_0}{f_{yv}h_0}=\frac{185.85\times10^3-102235}{270\times460}\geqslant0.673\text{mm}^2/\text{mm}$$

按构造要求，箍筋直径不宜小于6mm，现选用Φ8双肢箍筋（$A_{sv1}=50.3\text{mm}^2$），则箍筋间距为：

$$\rho_{sv}\leqslant \frac{A_{sv}}{0.673}=\frac{nA_{sv1}}{0.673}=\frac{2\times 50.3}{0.673}=149.5\text{mm}$$

查表3-1-4得s_{max}=200mm，取s=150mm。

（4）验算配箍率

$$\rho_{sv}\leqslant \frac{A_{sv}}{bs}=\frac{nA_{sv1}}{bs}=\frac{2\times 50.3}{250\times 150}=0.27\%$$

$\rho < \rho_{sv.min}=0.24f_t/f_{yv}=0.24\times 1.27/270=0.11\%<\rho_{sv}=0.27\%$

配箍率满足要求。

所以箍筋选用Φ8@150，沿梁长均匀布置。

3.4.6 保证斜截面受弯承载力的构造措施

前面已述及，受弯构件斜截面受弯承载力是通过构造措施来保证的。这些措施包括纵向钢筋的锚固、简支梁下部纵筋伸入支座的锚固长度、支座截面负弯矩纵筋截断时的伸出长度、弯起钢筋弯终点外的锚固要求、箍筋的间距与肢距等。其中部分已在前面介绍，下面补充介绍其他措施。

1．纵向受拉钢筋截断时的构造

钢筋混凝土梁支座截面负弯矩纵向受拉钢筋不宜在受拉区截断，当需要截断时，应符合表3-4-1规定。

表3-4-1 负弯矩钢筋延伸长度的最小值

截面条件	l_1	l_2
$V\leqslant 0.7f_tbh_0$	$20d$	$1.2l_a$
$V>0.7f_tbh_0$	max（$20d$，h_0）	$1.2l_a+h_0$
$V>0.7f_tbh_0$，且按上述规定确定的截断点仍位于负弯矩受拉区内	max（$20d$，$1.3h_0$）	$1.2l_a+1.7h_0$

注：l_1为从该钢筋理论截断点伸出的长度，l_2为从该钢筋强度充分利用截面伸出的长度。

2．纵向受力钢筋弯起时的构造

当采用弯起钢筋时，弯起角宜取45°或60°；在弯终点外应留有平行于梁轴线方向的锚固长度，且在受拉区不应小于$20d$，在受压区不应小于$10d$，d为弯起钢筋的直径，如图3-4-4所示。梁底层钢筋中的角部钢筋不应弯起，顶层钢筋中的角部钢筋不应弯下。

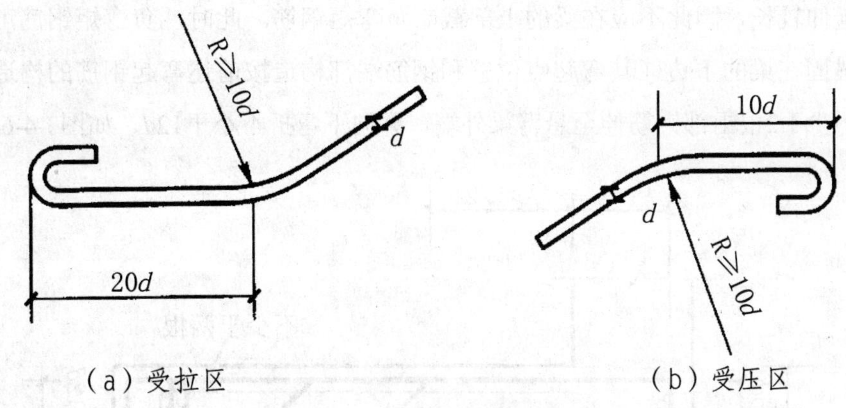

(a)受拉区　　(b)受压区

图3-4-4　弯起钢筋的端部构造

当纵向受力钢筋不能在需要的地方弯起或弯起钢筋不足以承受剪力时，可单独为抗剪设置弯起钢筋。此时，弯起钢筋应采用"鸭筋"形式，不应采用"浮筋"。"鸭筋"的构造与弯起钢筋基本相同。如图3-4-5所示。

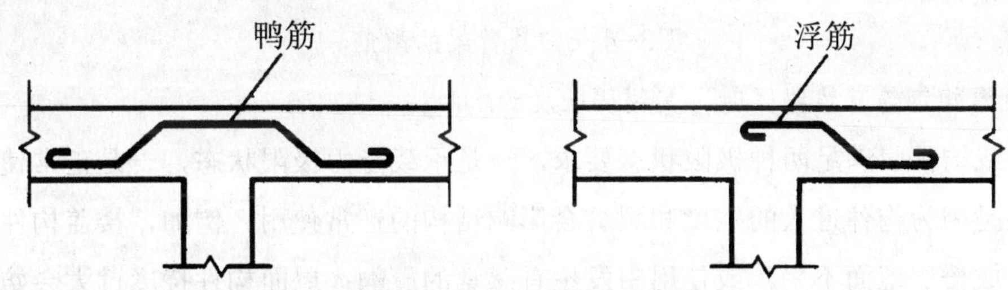

图3-4-5　鸭筋与浮筋

3．纵向受力钢筋在支座内的锚固

在钢筋混凝土简支梁和连续梁简支端支座处，存在着横向压应力，这将使钢筋与混凝土间的黏结力增大，因此，下部纵向受力钢筋伸入支座内的锚固长度l_{as}可比基本锚固长度l_a略小。l_{as}与支座边截面的剪力有关。《混凝土规范》规定，伸入梁支座范围内锚固的纵向受力钢筋的数量不宜少于2根。且钢筋混凝土简支梁和连续梁简支端的下部纵向受力钢筋，从支座边缘算起伸入支座内的锚固长度不应小于表3-4-2规定。

表3-4-2　纵向受力钢筋在支座内的锚固

锚固条件		$V \leqslant 0.7f_tbh_0$	$V > 0.7f_tbh_0$
钢筋类型	光面钢筋（带弯钩）	5d	15d
	带肋钢筋		12d
	C25级及以下混凝土，当距支座边1.5h范围内作用有集中荷载，且V大于$0.7f_tbh$		15d

4．悬臂梁纵筋的弯起与截断

试验表明，在作用剪力较大的悬臂梁内，由于梁全长受负弯矩作用，临界斜裂缝的倾角较小，而延伸较长，因此不应在梁的上部截断负弯矩钢筋。此时，负弯矩钢筋可以分批向下弯折并锚固在梁的下边（其弯起点位置和钢筋端部构造按前述弯起钢筋的构造确定），但必须有不少于2根上部钢筋伸至悬臂梁外端，并向下弯折不小于12*d*，如图3-4-6所示。

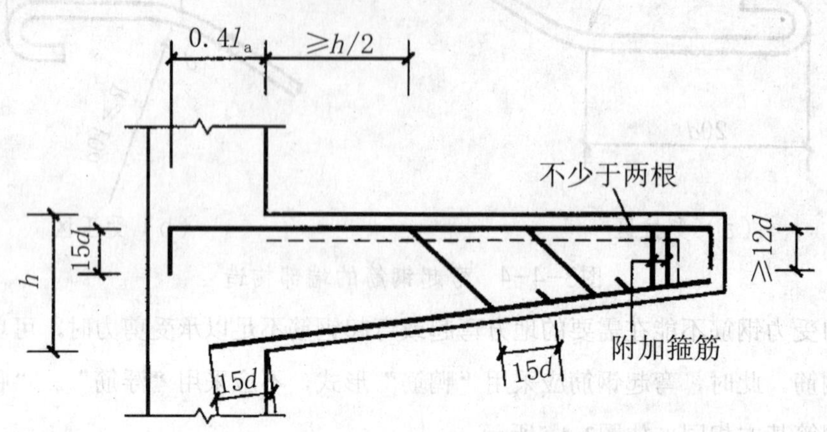

图3-4-6 悬臂梁的配筋

注:负弯矩钢筋直线锚固时，其锚固长度为l_a。

结构或构件应满足两种极限状态要求，一是承载能力极限状态，一是正常使用极限状态。这是因为构件过大的挠度和裂缝会影响结构的正常使用。例如，楼盖构件挠度过大，将造成楼层地面不平，或使用中发生有感觉的震颤；屋面构件挠度过大会妨碍屋面排水；吊车梁挠度过大会影响吊车的正常运行；等等。而构件裂缝过大时，会使钢筋锈蚀，从而降低结构的耐久性，并且裂缝的出现和扩展还会降低构件的刚度，从而使变形增大，甚至影响正常使用。可见，受弯构件除应满足承载力要求外，必要时还需进行变形和裂逢宽度验算，以保证其不超过正常使用极限状态，确保结构构件的耐久性和正常使用。

3.5 受压构件一般构造

按照纵向力在截面上作用位置的不同，纵向受力构件分为轴心受力构件和偏心受力构件。纵向力作用线与构件轴线重合的构件称为轴心受力构件，否则为偏心受力构件。偏心受力构件又可分为单向偏心受力构件和双向偏心受力构件。纵向力可以是拉力，也可以是压力，因此，轴心受力构件可分为轴心受拉构件和轴心受压构件，偏心受力构件可分为偏心受拉构件和偏心受压构件。如图3-5-1所示。

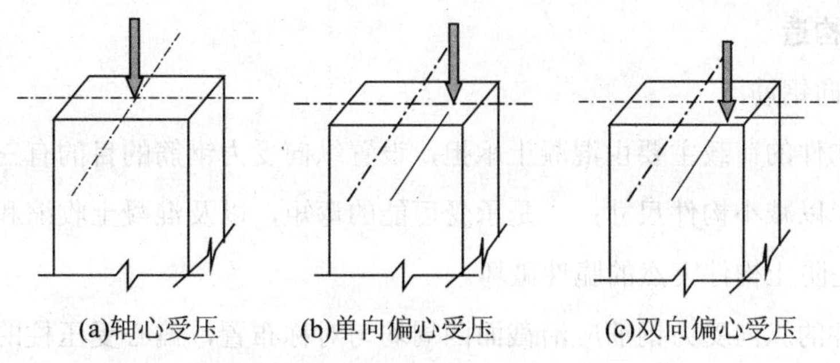

图3-5-1 受压构件

建筑工程中，受压构件是最重要最常见的承重构件之一。本章只介绍轴心受力构件和单向偏心受力构件。

3.5.1 截面形式及尺寸要求

钢筋混凝土受压构件通常采用方形或矩形截面，以便制作模板。一般轴心受压柱以方形为主，偏心受压柱以矩形为主。当有特殊要求时，也可采用其他形式的截面，如轴心受压柱可采用圆形、多边形等，偏心受压柱还可采用I形、T形等。

为了充分利用材料强度，避免构件长细比太大而过多降低构件承载力，柱截面尺寸不宜过小。柱截面尺寸宜符合下列要求：

1．矩形截面柱的边长，非抗震设计时不宜小于250mm，抗震设计时，四级不宜小于300mm，一、二、三级时不宜小于400mm；圆柱直径，非抗震和四级抗震设计时不宜小于350mm，一、二、三级时不宜小于450mm。

2．柱剪跨比宜大于2。

3．柱截面高宽比不宜大于3。

3.5.2 材料强度

受压构件的承载力主要取决于混凝土强度，采用较高强度等级的混凝土可以减小构件截面尺寸，节省钢材，因而柱中混凝土一般宜采用较高强度等级，但不宜选用高强度钢筋。其原因是受压钢筋要与混凝土共同工作，钢筋应变受到混凝土极限压应变的限制，而混凝土极限压应变很小，所以高强度钢筋的受压强度不能充分利用。《高层建筑混凝土结构技术规程》规定，各类结构用混凝土的强度等级均不应低于C20，并应符合下列要求：

1. 抗震设计时，一级抗震等级框架梁、柱及其节点的混凝土强度等级不应低于C30；

2. 筒体结构的混凝土强度等级不宜低于C30；

3. 抗震设计时，框架柱的混凝土强度等级，9度时不宜大于C60，8度时不宜大于C70；剪力墙的混凝土抗震等级不宜大于C60。

3.5.3 配筋构造

1．柱中纵向钢筋

轴心受压构件的荷载主要由混凝土承担，设置纵向受力钢筋的目的有三：一是协助混凝土承受压力，以减小构件尺寸；二是承受可能的弯矩，以及混凝土收缩和温度变形引起的拉应力；三是防止构件突然的脆性破坏。

轴心受压柱的纵向受力钢筋应沿截面四周均匀对称布置，偏心受压柱的纵向受力钢筋布置在弯矩作用方向的两对边，圆柱中纵向受力钢筋宜沿周边均匀布置。

偏心受压构件的纵向钢筋配置方式有两种。一种是在柱弯矩作用方向的两对边对称配置相同的纵向受力钢筋，这种方式称为对称配筋。对称配筋构造简单，施工方便，不易出错，但用钢量较大。另一种是非对称配筋，即在柱弯矩作用方向的两对边配置不同的纵向受力钢筋。非对称配筋的优缺点与对称配筋相反。在实际工程中，为避免吊装出错，装配式柱一般采用对称配筋。屋架上弦、多层框架柱等偏心受压构件，由于在不同荷载（如风荷载、竖向荷载）组合下，在同一截面内可能要承受不同方向的弯矩，即在某一种荷载组合作用下受拉的部位在另一种荷载组合作用下可能就变为受压，当这两种不同符号的弯矩相差不大时，为了设计、施工方便，通常也采用对称配筋。柱中纵向钢筋的配置应符合下列规定：

（1）纵向受力钢筋直径不宜小于12mm；全部纵向钢筋的配筋率不宜大于5%；

（2）柱中纵向钢筋的净间距不应小于50mm，且不宜大于300mm；

（3）偏心受压柱的截面高度不小于600mm时，在柱的侧面上应设置直径不小于10mm的纵向构造钢筋，并相应设置复合箍筋或拉筋；

（4）圆柱中纵向钢筋不宜少于8根，不应少于6根，且宜沿周边均匀布置；

（5）在偏心受压柱中，垂直于弯矩作用平面的侧面上的纵向受力钢筋以及轴心受压柱中各边的纵向受力钢筋，其中距不宜大于300mm。

2．柱中的箍筋

受压构件中箍筋的作用是保证纵向钢筋的位置正确，防止纵向钢筋压屈，从而提高柱的承载能力。柱中的箍筋应符合下列规定：

（1）箍筋直径不应小于$d/4$，且不应小于6mm，d为纵向钢筋的最大直径。

（2）箍筋间距不应大于400mm及构件截面的短边尺寸，且不应大于$15d$，d为纵向钢筋的最小直径。

（3）柱及其他受压构件中的周边箍筋应做成封闭式；对圆柱中的箍筋，搭接长度不应小于规定的锚固长度，且末端应做成135°弯钩，弯钩末端平直段长度不应小于$5d$，d为箍筋直径。

（4）当柱截面短边尺寸大于400mm且各边纵向钢筋多于3根时，或当柱截面短边尺寸

不大于400mm但各边纵向钢筋多于4根时，应设置复合箍筋。

（5）柱中全部纵向受力钢筋的配筋率大于3%时，箍筋直径不应小于8mm，间距不应大于10*d*，且不应大于200mm。箍筋末端应做成135°弯钩，且弯钩末端平直段长度不应小于10*d*，*d*为纵向受力钢筋的最小直径。

（6）在配有螺旋式或焊接环式箍筋的柱中，如在正截面受压承载力计算中考虑间接钢筋的作用时，箍筋间距不应大于80mm及$d_{cor}/5$，且不宜小于40mm，d_{cor}为按箍筋内表面确定的核心截面直径。

对于截面形状复杂的构件，不可采用具有内折角的箍筋（见图3-5-2）。其原因是，内折角处受拉箍筋的合力向外，可能使该处混凝土保护层崩裂。

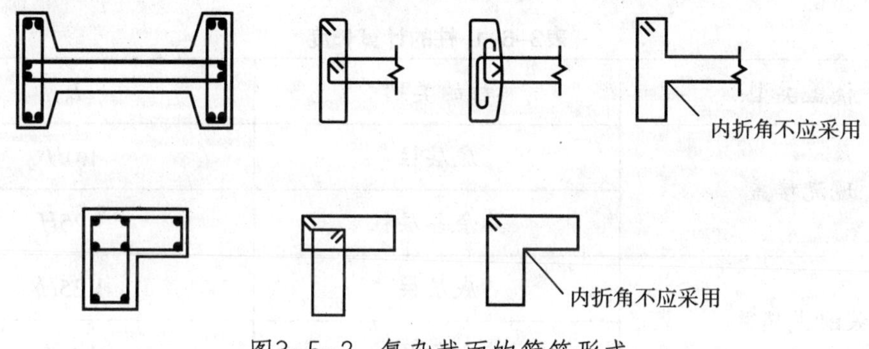

图3-5-2　复杂截面的箍筋形式

3.6 轴心受压构件承载力计算

按照箍筋配置方式不同，钢筋混凝土轴心受压柱可分为两种：一种是配置纵向钢筋和普通箍筋的柱，称为普通箍筋柱；另一种是配置纵向钢筋和螺旋筋或焊接环筋的柱，称为螺旋箍筋柱或间接箍筋柱。如图3-6-1所示。

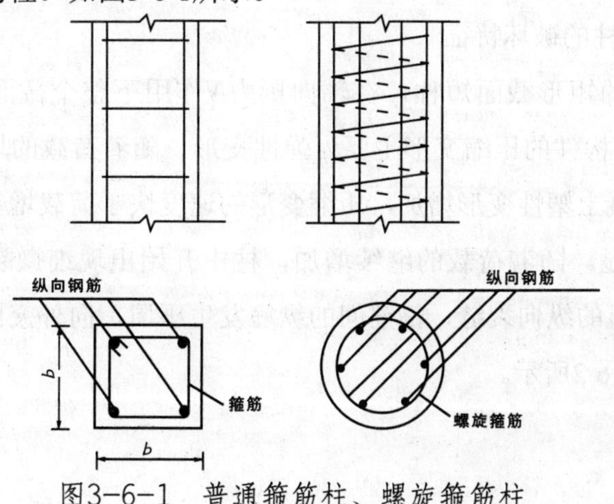

图3-6-1　普通箍筋柱、螺旋箍筋柱

需要指出的是，在实际工程结构中，几乎不存在真正的轴心受压构件。通常由于荷载作用位置偏差、配筋不对称以及施工误差等原因，总是或多或少存在初始偏心距。但当这种偏心距很小时，如只承受节点荷载屋架的受压弦杆和腹杆、以恒荷载为主的等跨多层框架房屋的内柱等，为计算方便，可近似按轴心受压构件计算。此外，偏心受压构件垂直于弯矩作用平面的承载力验算也按轴心受压构件计算。

3.6.1 轴心受压构件的破坏特征

按照长细比l_0/b的大小，轴心受压柱可分为短柱和长柱两类。对方形和矩形柱，当$l_0/b\leqslant 8$时属于短柱，否则长柱。其中b为柱的计算长度，为矩形截面的短边尺寸。一般多层房屋中梁柱为刚接的框架结构，各层柱的计算长度l_0可按表3-6-1取用。

表3-6-1 柱的计算长度

楼盖类型	柱的类别	l_0
现浇楼盖	底层柱	$1.0H$
	其余各层柱	$1.25H$
装配式楼盖	底层柱	$1.25H$
	其余各层柱	$1.5H$

注：表中H为底层柱从基础顶面到一层楼盖顶面的高度；对其余各层柱为上下两层楼盖顶面之间的高度。

表3-6-1中有吊车房屋排架柱的计算长度，当计算中不考虑吊车荷载时，可按无吊车房屋柱的计算长度采用，但上柱的计算长度仍可按有吊车房屋采用；表中有吊车房屋排架柱的上柱在排架方向的计算长度，仅适用于H_u/H_l不小于0.3的情况；当H_u/H_l小于0.3时，计算长度宜采用$2.5H_u$。

1．轴心受压短柱的破坏特征

配有普通箍筋的矩形截面短柱，在轴向压力N作用下整个截面的应变基本上是均匀分布的。N较小时，构件的压缩变形主要为弹性变形。随着荷载的增大，构件变形迅速增大。与此同时，混凝土塑性变形增加，压缩变形的速度快于荷载增长速度，纵筋配筋率越小，这个现象越明显。随着荷载的继续增加，柱中开始出现细微裂缝，在临近破坏荷载时，柱四周出现明显的纵向裂缝，箍筋间的纵筋发生压屈，向外突出，混凝土被压碎，柱子即告破坏，如图3-6-2所示。

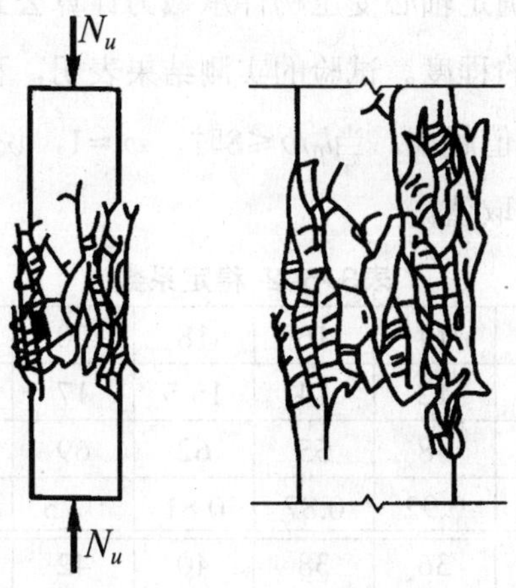

图3-6-2 短柱的破坏

2．轴心受压长柱的破坏特征

对于长细比较大的长柱，由于各种偶然因素造成的初始偏心距的影响是不可忽略的，在轴心压力N作用下，由初始偏心距将产生附加弯矩，而这个附加弯矩产生的水平挠度又加大了原来的初始偏心距，这样相互影响的结果，促使了构件截面材料破坏较早到来，导致承载能力的降低。破坏时首先在凹边出现纵向裂缝，接着混凝土被压碎，纵向钢筋被压弯向外凸出，侧向挠度急速发展，最终柱子失去平衡并将凸边混凝土拉裂而破坏（见图3-6-3）。试验表明，柱的长细比愈大，其承载力愈低，对于长细比很大的长柱，还有可能发生“失稳破坏”。

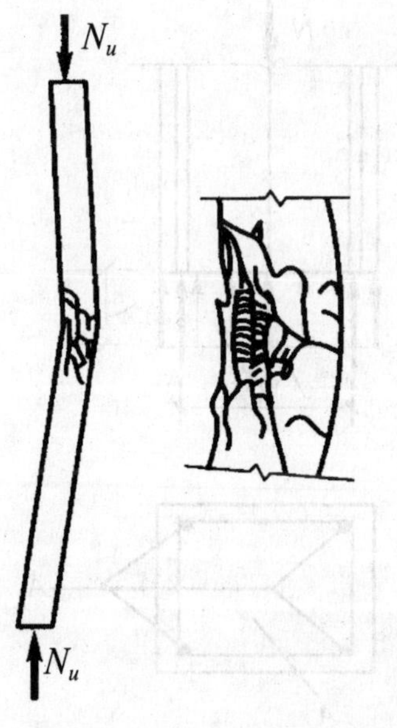

图3-6-3 长柱的破坏

由上述试验可知，在同等条件下，即截面相同、配筋相同、材料相同的条件下，长柱

承载力低于短柱承载力。在确定轴心受压构件承载力计算公式时，规范采用构件的稳定系数φ来表示长柱承载力降低的程度。试验的实测结果表明，稳定系数主要和构件的长细比l_0/b有关，长细比l_0/b越大，φ值越小。当$l_0/b\leqslant 8$时，$\varphi=1$，说明承载力的降低可忽略。

稳定系数φ可按表3-6-2-取值。

表3-6-2 稳定系数

l_0/b	≤8	10	12	14	16	18	20	22	24	26	28
l_0/d	≤7	8.5	10.5	12	14	15.5	17	19	21	22.5	24
l_0/i	≤28	35	42	48	55	62	69	76	83	90	97
φ	1.00	0.98	0.95	0.92	0.87	0.81	0.75	0.70	0.65	0.60	0.56
l_0/b	30	32	34	36	38	40	42	44	46	48	50
l_0/d	26	28	29.5	31	33	34.5	36.5	38	40	41.5	43
l_0/i	104	111	118	125	132	139	146	153	160	167	174
φ	0.52	0.48	0.44	0.40	0.36	0.32	0.29	0.26	0.23	0.21	0.19

注：1. l_0为构件的计算长度。

2. b为矩形截面的短边尺寸，d为圆形截面的直径，i为截面的最小回转半径。

3.6.2 普通箍筋柱的正截面承载力计算

1. 基本公式

钢筋混凝土轴心受压柱的正截面承载力由混凝土承载力及钢筋承载力两部分组成，如图3-6-4所示。

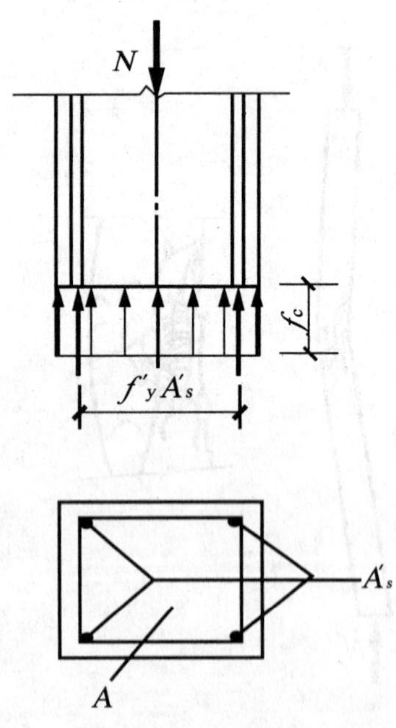

图3-6-4 普通箍筋柱正截面承载力计算

根据力的平衡条件，得柱子的承载力计算公式为：

$$N \leqslant N_u = 0.9(f_c A_c + f'_y A'_s) \tag{3-6-1}$$

式中：N_u——轴向压力承载力设计值；

N——轴向压力设计值；

φ——钢筋混凝土构件的稳定系数；

f_c——混凝土的轴心抗压强度设计值；

A——构件截面面积，当纵向钢筋配筋率大于3%时，A应改为$A_c=A-A_s$；

f_y'——纵向钢筋的抗压强度设计值按附表采用；

A_s'——全部纵向钢筋的截面面积。

系数0.9是考虑到初始偏心的影响以及主要承受永久荷载作用的轴心受压柱的可靠性，引入的承载力折减系数。

2．计算方法

下面通过一例题介绍受弯构件斜截面承载力计算。

已知某多层现浇钢筋混凝土框架结构，首层中柱按轴心受压构件计算。该柱安全等级为二级，轴向压力设计值N=1400kN，计算长度l_0=5m，纵向钢筋采用HRB400级，混凝土强度等级为C30。求该柱截面尺寸及纵向钢筋截面面积。

解 f_c=14.3N/mm^2，f_y'=360N/mm^2，y_o=1.0

（1）初步确定柱截面尺寸

设$\rho' = \frac{A'_s}{A'} = 1\%$，$\varphi=1$，则

$$A = \frac{N}{0.9\varphi(f_c + \rho' f'_y)} = \frac{1400 \times 10^3}{0.9 \times 1 \times (14.3 + 0.01 \times 360)} = 86902.5\text{mm}^2$$

选用方形截面，则$b=h=\sqrt{86902.5}=294.8$mm，取用$b=h=300$mm。

（2）计算稳定系数φ

$l_0/b=5000/300=16.7$

$$\varphi = \frac{1}{1+0.002(l_0/b-8)^2} = \frac{1}{1+0.002(16.7-8)^2} = 0.869$$

（3）计算钢筋截面面积A'_s

$$A'_s \geqslant \frac{\frac{N}{0.9\varphi} - f_C A}{f'_y} = 1398\text{m}^2$$

（4）验算配筋率

$$\rho' = \frac{A'_s}{A} = \frac{1398}{300^2} = 1.55\%$$

$\rho' > \rho'_{min} = 0.6\%$，小于3%，满足最小配筋率要求。

纵筋选用4ф25（A_s' =1964mm²），箍筋配置ф8@300。

3.6.3 螺旋箍筋柱简介

在普通箍筋柱中，箍筋是构造钢筋。柱破坏时，混凝土处于单向受压状态。而螺旋箍筋柱的箍筋既是构造钢筋又是受力钢筋。由于螺旋筋或焊接环筋的套箍作用可约束核心混凝土（螺旋筋或焊接环筋所包围的混凝土）的横向变形，使得核心混凝土处于三向受压状态，从而间接地提高混凝土的纵向抗压强度。当混凝土纵向压缩产生横向膨胀时，将受到密排螺旋筋或焊接环筋的约束，在箍筋中产生拉力而在混凝土中产生侧向压力。当构件的压应变超过无约束混凝土的极限应变后，尽管箍筋以外的表层混凝土会开裂甚至剥落而退出工作，但核心混凝土尚能继续承担更大的压力，直至箍筋屈服。显然，混凝土抗压强度的提高程度与箍筋的约束力的大小有关。为了使箍筋对混凝土有足够大的约束力，箍筋应为圆形，当为圆环时应焊接。由于螺旋筋或焊接环筋间接地起到了纵向受压钢筋的作用，故又称之为间接钢筋。

需要说明的是，螺旋箍筋柱虽可提高构件承载力，但施工复杂，用钢量较多，一般仅用于轴力很大，截面尺寸又受限制，采用普通箍筋柱会使纵向钢筋配筋率过高，而混凝土强度等级又不宜再提高的情况。

3.7 偏心受压构件承载力计算

3.7.1 偏心受压构件破坏特征

偏心受压构件在承受轴向力N和弯矩M的共同作用时，等效于承受一个偏心距为$e_0=M/N$的偏心力N的作用，当弯矩M相对较小时，e_0就很小，构件接近于轴心受压，相反当N相对较小时，e_0就很大，构件接近于受弯。因此，随着e_0的改变，偏心受压构件的受力性能和破坏形态介于轴心受压和受弯之间。按照轴向力的偏心距和配筋情况的不同，偏心受压构件的破坏可分为受拉破坏和受压破坏两种情况。

1. 受拉破坏

当轴向压力偏心距e_0较大，且受拉钢筋配置不太多时，构件发生受拉破坏。在这种情况下，构件受轴向压力N后，离N较远一侧的截面受拉，另一侧截面受压。当N增加到一定程度，首先在受拉区出现横向裂缝，随着荷载的增加，裂缝不断发展和加宽，裂缝截面处的拉力全部由钢筋承担。荷载继续加大，受拉钢筋首先达到屈服，并形成一条明显的主裂缝，随后主裂缝明显加宽并向受压一侧延伸，受压区高度迅速减小。最后，受压区边缘出现纵向裂缝，受压区混凝土被压碎而导致构件破坏（见图3-7-1）。此时，受压钢筋一般也能屈服。由于受拉破坏通常在轴向压力偏心距e_0较大发生，故习惯上也称为大偏心受压破坏。受拉破坏有明显预兆，属于延性破坏。

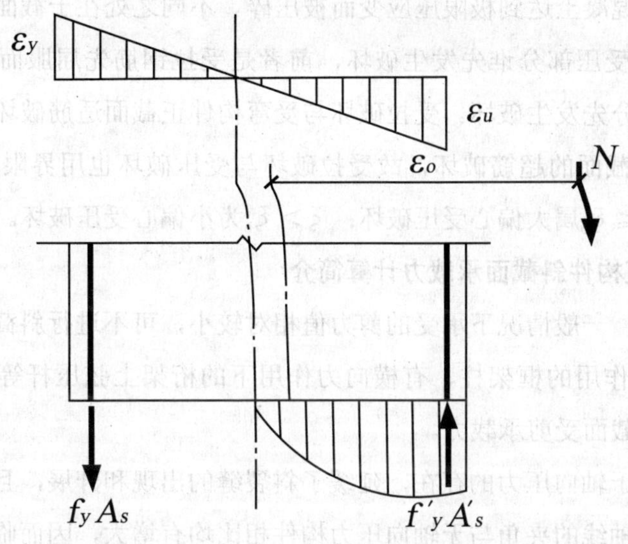

图3-7-1 受拉破坏

2. 受压破坏

当构件的轴向压力的偏心距e_0较小，或偏心距e_0虽然较大但配置的受拉钢筋过多时，就发生这种类型的破坏。加荷后整个截面全部受压或大部分受压，靠近轴向压力N一侧的混凝土压应力较高，远离轴向压力一侧压应力较小甚至受拉。随着荷载N逐渐增加，靠近轴N一侧混凝土出现纵向裂缝，进而混凝土达到极限应变ε_{cu}被压碎，受压钢筋A_s'的应力也达到f_y'，远离N一侧的钢筋A_s可能受压，也可能受拉，但因本身截面应力太小，或因配筋过多，都达不到屈服强度（见图3-7-2）。由于受压破坏通常在轴向压力偏心距e_0较小时发生，故习惯上也称为小偏心受压破坏。受压破坏无明显预兆，属脆性破坏。

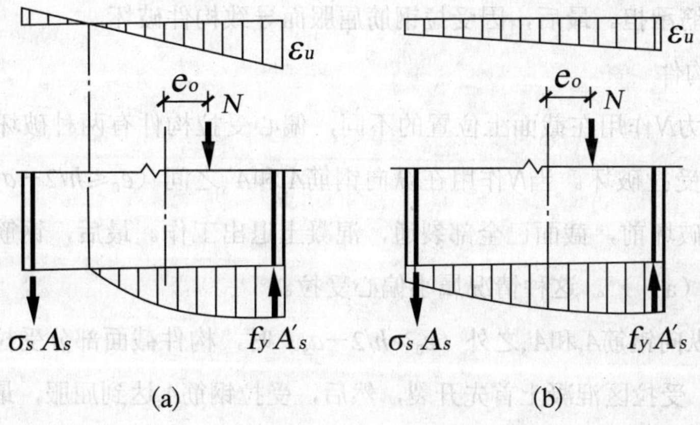

图3-7-2 受压破坏

3．受拉破坏与受压破坏的界限

综上可知，受拉破坏和受压破坏都属于“材料破坏”。其相同之处是，截面的最终破坏都是受压区边缘混凝土达到极限压应变而被压碎。不同之处在于截面破坏的起因不同，即截面受拉部分和受压部分谁先发生破坏，前者是受拉钢筋先屈服而后受压混凝土被压碎，后者是受压部分先发生破坏。受拉破坏与受弯构件正截面适筋破坏类似，而受压破坏类似于受弯构件正截面的超筋破坏，故受拉破坏与受压破坏也用界限相对受压区高度ξ_b作为界限，即：$\xi \leqslant \xi_b$属大偏心受压破坏；$\xi > \xi_b$为小偏心受压破坏。

3.7.2 偏心受压构件斜截面承载力计算简介

偏心受压构件，一般情况下承受的剪力值相对较小，可不进行斜截面承载力的计算。但对有较大水平力作用的框架柱、有横向力作用下的桁架上弦压杆等，剪力影响相对较大，必须考虑其斜截面受剪承载力。

试验表明，由于轴向压力的存在，延缓了斜裂缝的出现和开展，且能使构件各点的主拉应力方向与构件轴线的夹角与无轴向压力构件相比均有增大，因而临界斜裂缝与构件轴线的夹角较小，增加了混凝土剪压高度，使剪压区的面积相对增大，从而提高剪压区混凝土的抗剪能力。然而，临界斜裂缝的倾角虽然有所减少，但斜裂缝水平投影长度与无轴向压力相比基本不变，故对跨越斜裂缝箍筋所承担的剪力没有明显影响。

3.8 受拉构件简介

3.8.1 受拉构件受力特点

1．轴心受拉构件

由于混凝土抗拉强度很低，轴向拉力还很小时，构件即已裂通，混凝土退出工作，所有外力全部由钢筋承担。最后，因受拉钢筋屈服而导致构件破坏。

2.偏心受拉构件

按照轴向拉力N作用在截面上位置的不同，偏心受拉构件有两种破坏形态：小偏心受拉破坏和大偏心受拉破坏。当N作用在纵向钢筋A_s和A'_s之间（$e_0 \leqslant h/2 - a_s$）时，构件全截面受拉。构件临破坏前，截面已全部裂通，混凝土退出工作。最后，钢筋达到屈服，构件破坏（见图3.8.1（a））。这种情况属小偏心受拉。

当N作用在纵向钢筋A_s和A'_s之外（$e_0 > h/2 - a_s$）时，构件截面部分受拉，部分受压。随着N的不断增加，受拉区混凝土首先开裂，然后，受拉钢筋A_s达到屈服，最后受压区混凝土被压碎，同时受压钢筋A'_s屈服，构件破坏（见图3-8-1（b））。这种情况属大偏心受拉。

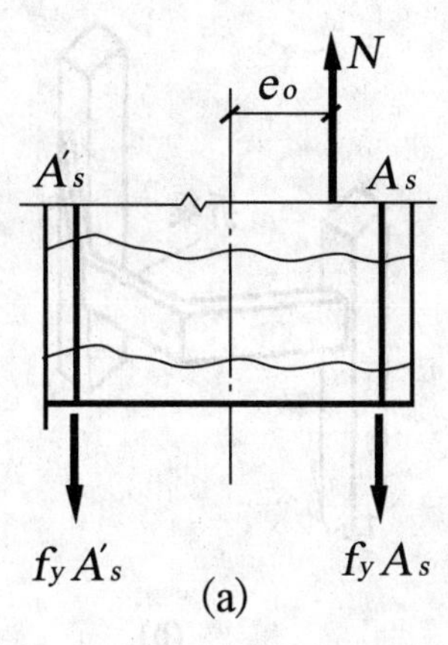

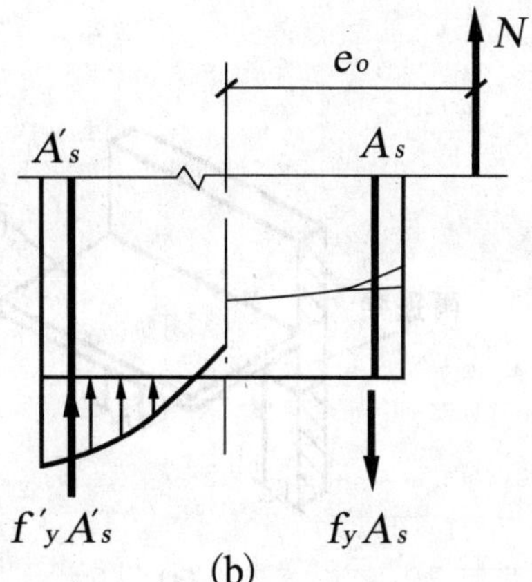

图3-8-1　偏心受拉构件

3.8.2 受拉构件构造要求

轴心受拉及小偏心受拉构件的纵向受力钢筋不得采用绑扎搭接接头，直径大于28mm的受拉钢筋不宜采用绑扎搭接接头。搭接而不加焊的受拉钢筋接头仅允许用在圆形池壁或管中，其接头位置应错开，搭接长度不小于$1.3l_a$和300mm；受力钢筋沿截面周边均匀对称布置，并宜优先选择直径较小的钢筋。箍筋直径一般为4～6mm，间距不宜大于200mm（屋架腹杆不宜超过150mm）。

与偏心受压构件一样，偏心受拉构件的配筋方式也有对称配筋和非对称配筋两种，常用对称配筋。

3.9 受扭构件简介

3.9.1 受扭构件受力特点

凡是在构件截面中有扭矩作用的构件，都称为受扭构件。扭转是构件受力的基本形式之一，也钢筋混凝土结构中常见的构件形式，例如钢筋混凝土雨篷、平面曲梁或折梁、现浇框架边梁、吊车梁、螺旋楼梯等结构构件都是受扭构件（见图3-9-1）。受扭构件根据截面上存在的内力情况可分为纯扭、剪扭、弯扭、弯剪扭等多种受力情况。在实际工程中，纯扭、剪扭、弯扭的受力情况较少，弯剪扭的受力情况则较普遍。钢筋混凝土结构中的受扭构件大都是矩形截面。

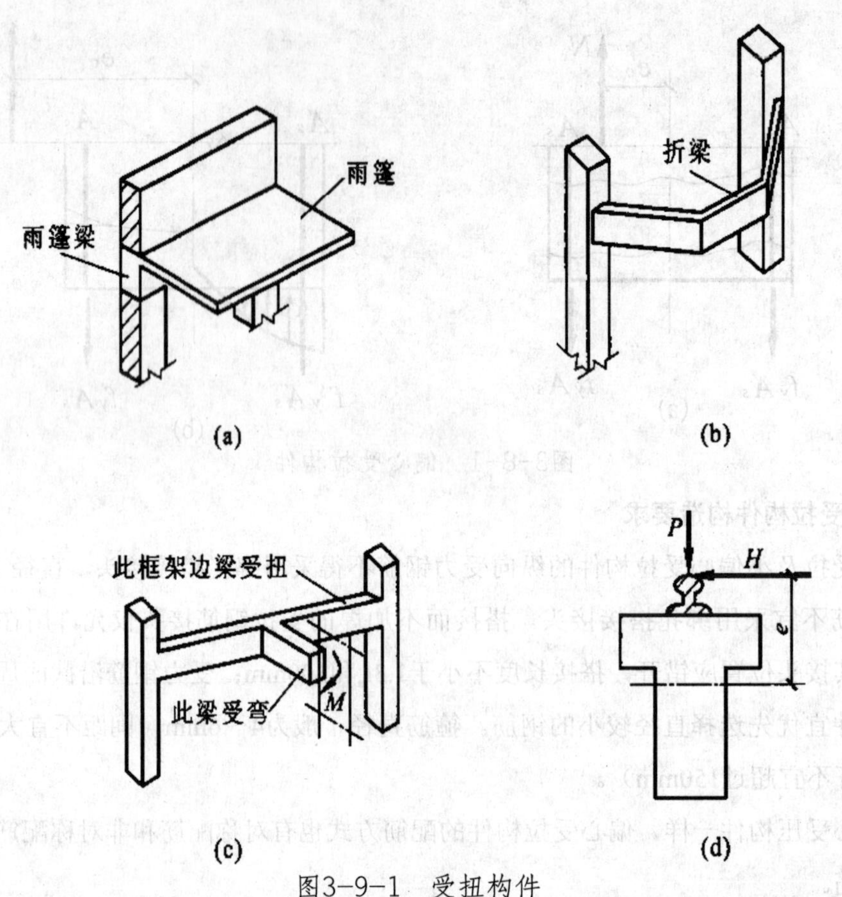

图3-9-1　受扭构件

1．钢筋混凝土纯扭构件

试验表明，配置受扭钢筋对提高受扭构件抗裂性能的作用不大，当混凝土开裂后，可由钢筋继续承担拉力，因而能使构件的受扭承载力大大提高。在实际工程中，一般是采用由靠近构件表面设置的横向箍筋和沿构件周边均匀对称布置的纵向钢筋共同组成的抗扭钢筋骨架。它恰好与构件中受弯钢筋和受剪钢筋的配置方向相协调。配置了适量受扭钢筋的构件，在裂缝出现以后不会立即破坏。整个破坏过程具有一定延性和较明显的预兆，类似受弯构件适筋破坏。

当受扭箍筋和纵筋配置过少时，构件的受扭承载力与素混凝土没有实质差别，破坏过程迅速而突然，类似于受弯构件的少筋破坏，称为少筋受扭构件。如果箍筋和纵筋配置过多，钢筋未达到屈服强度，构件即由于斜裂缝间混凝土被压碎而破坏，这种破坏与受弯构件的超筋梁类似，称为超筋受扭构件。少筋受扭构件和超筋受扭构件均属脆性破坏，设计中应予避免。

需要注意的是，由于受扭钢筋是由纵筋和箍筋两部分组成的，两种配筋的比例对破坏强度也有影响。当其中某一种钢筋配置过多时，会使这种钢筋在构件破坏时不能达到屈

服强度，这种构件称为部分超筋构件。部分超筋构件的延性比适筋构件差，且不经济。

2．钢筋混凝土弯剪扭构件

当构件处于弯、剪、扭共同作用的复合应力状态时，其受力情况比较复杂。试验表明，扭矩与弯矩或剪力同时作用于构件时，一种承载力会因另一种内力的存在而降低，例如受弯承载力会因扭矩的存在而降低，受剪承载力也会因扭矩的存在而降低，反之亦然，这种现象称为承载力之间的相关性。

3.9.2 受扭构件的配筋构造要求

1．受扭纵筋

梁内受扭纵向钢筋的配筋率应符合下列规定：

$$\rho' = A_{stl}/(bh) \geqslant \rho_{tl.\min} = 0.6\sqrt{\frac{T}{Vb}}\frac{f_t}{f_y} \tag{3-9-1}$$

当$T/(Vb)>2.0$时，取2.0。

式中：b——受剪的截面宽度。

A_{stl}——沿截面周边布置的受扭纵向钢筋总截面面积。

沿截面周边布置受扭纵向钢筋的间距不应大于200mm及梁截面短边长度；除应在梁截面四角设置受扭纵向钢筋外，其余受扭纵向钢筋宜沿截面周边均匀对称布置。受扭纵向钢筋应按受拉钢筋锚固在支座内。

在弯剪扭构件中，配置在截面弯曲受拉边的纵向受力钢筋，其截面面积不应小于按受弯构件受拉钢筋最小配筋率计算的钢筋截面面积与按受扭纵向钢筋配筋率计算并分配到弯曲受拉边的钢筋截面面积之和。

2．受扭箍筋

在弯剪扭构件中，箍筋的配筋率ρ_{sv}不应小于$0.28f_t/f_{yv}$。箍筋间距应符合梁中箍筋间距的要求，其中受扭所需的箍筋应做成封闭式，且应沿截面周边布置。当采用复合箍筋时，位于截面内部的箍筋不应计入受扭所需的箍筋面积。受扭所需箍筋的末端应做成135°弯钩，弯钩端头平直段长度不应小于$10d$，d为箍筋直径。

附表 钢筋的公称直径、公称截面面积及理论重量表

公称直径 d(mm)	不同根数的钢筋计算截面面积（mm^2）									理论重量 (kg/m)
	1	2	3	4	5	6	7	8	9	
6	28.3	57	85	113	142	170	198	226	255	0.222
8	50.3	101	151	201	252	302	352	402	453	0.395
10	78.5	157	236	314	393	471	550	628	707	0.617
12	113.1	226	339	452	565	678	791	904	1017	0.888
14	153.9	308	461	615	769	923	1077	1231	1385	1.21
16	201.1	402	603	804	1005	1206	1407	1608	1809	1.58
18	254.5	509	764	1017	1272	1527	1781	2036	2290	2.00（2.11）
20	314.2	628	942	1256	1570	1884	2199	2513	2827	2.47
22	380.1	760	1140	1520	1900	2281	2661	3041	3421	2.98
25	490.9	982	1473	1964	2454	2945	3436	3927	4418	3.85（4.10）
28	615.8	1232	1847	2463	3079	3695	4310	4926	5542	4.83
32	804.2	1609	2413	3217	4021	4826	5630	6434	7238	6.31（6.65）
36	1017.9	2036	3054	4072	5089	6107	7125	8143	9161	7.99
40	1256.6	2513	3770	5027	6283	7540	8796	10053	11310	9.87（10.34）
50	1963.5	3928	5892	7856	9820	11784	13748	15712	17676	15.42（16.28）

注：括号内为预应力螺纹钢筋的数值。

思考题

1.钢筋混凝土结构中采用的热轧钢筋分别有哪几级？

2.钢筋的强度标准值和强度设计值有什么区别？

3.什么叫少筋梁、适筋梁、超筋梁？

4.正T形梁和倒T形梁有什么区别？

5.什么情况下可采用双筋截面梁？

6.影响斜截面受剪承载力的主要因素有哪些？

7.什么是单向偏心受力构件，什么是双向偏心受力构件？

第4章 钢筋混凝土楼盖、楼梯及雨篷

4.1 钢筋混凝土楼盖的类型

钢筋混凝土楼盖按施工方法可分为现浇整体式、装配式和装配整体式三种。

4.1.1 现浇整体式楼盖

现浇整体式楼盖整体性好、刚度大、抗震性强，并能适应房间的平面形状、设备管道、荷载或施工条件比较特殊的情况。其缺点是费工、费模板、工期长、施工受季节的限制。现浇式楼盖结构按楼板受力和支承条件的不同，又分为肋形楼盖、无梁楼盖、密肋楼盖和井式楼盖（见图4-1-1所示）。

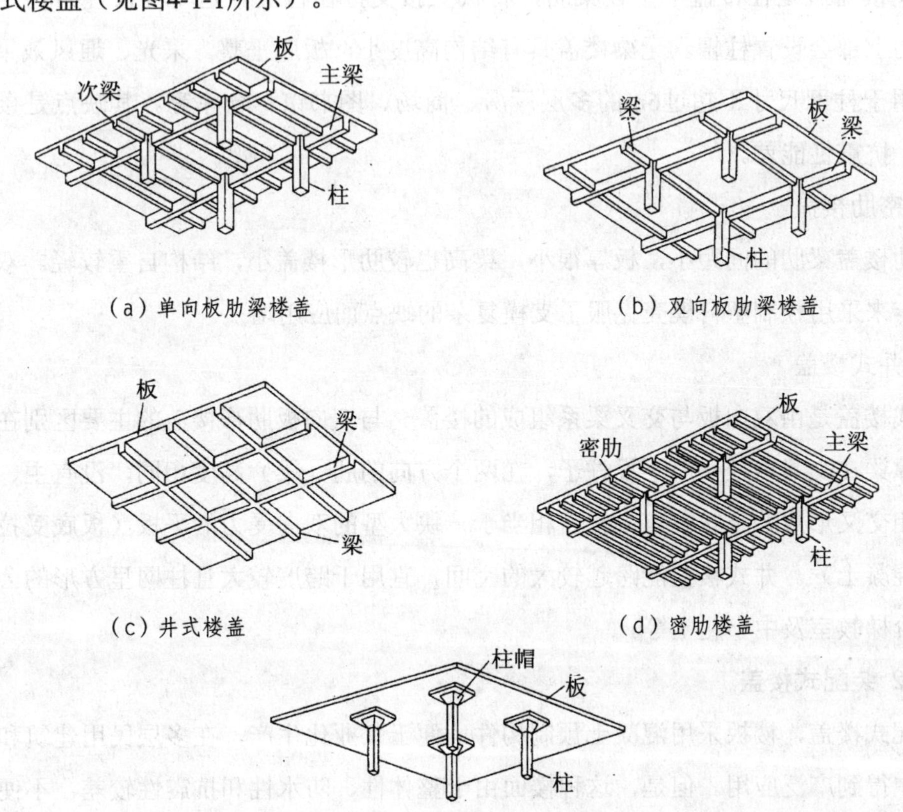

(a) 单向板肋梁楼盖　　(b) 双向板肋梁楼盖

(c) 井式楼盖　　(d) 密肋楼盖

(e) 无梁楼盖

图4-1-1　楼盖的结构形式

1. 肋形楼盖

肋形楼盖由板、次梁、主梁三者整体相连而成。板的四周支撑在次梁、主梁上。一般将四周支承在主、次梁上的板称为一个区格。每一区格板上的荷载通过板的受弯作用传到四边支承的构件上。当板的长边l_2与短边l_1之比超过一定数值时，经力学分析可知，在荷载作用下板短跨方向的弯距远远大于板长跨方向的弯距。可以认为，板仅在短跨方向有弯距存在并产生挠度，这类板称为单向板。板中的受力钢筋应沿短跨方向布置。当板的长边l_2与短边l_1之比较小时，板的短、长跨方向上都有一定数值的弯矩存在，沿长边方向的弯距不能忽略，这种板称为双向板。双向板沿板的长、短边两个方向都需布置受力钢筋。《混凝土结构设计规范》GB50010-2010规定，四边支承的板应按下列规定计算：

（1）当长边与短边长度之比不大于2.0时，应按双向板计算；

（2）当长边与短边长度之比大于2.0但小于3.0时，宜按双向板计算；

（3）当长边与短边长度之比不小于3.0时，宜按沿短边方向受力的单向板计算，并应沿长边方向布置构造钢筋。

2. 无梁楼盖

无梁楼盖就是在楼盖中不设梁肋，将板直接支撑在柱上，是一种板柱结构。一般在每层柱的上部会设置柱帽。无梁楼盖具有结构高度小，板底平整，采光、通风效果好等特点，适用于柱网尺寸不超过6m的多层厂房、商场、图书馆、仓库等。其缺点是楼板厚，不经济，抗震性能差。

3. 密肋楼盖

密肋楼盖梁肋的间距小，板厚很小，梁高也较肋形楼盖小，结构自重较轻。双向密肋楼盖近年来采用预制塑料模壳克服了支模复杂的缺点而应用增多。

4. 井式楼盖

井式楼盖是由双向板与交叉梁系组成的楼盖。与双向板肋形楼盖的主要区别在于井式楼盖支撑梁在交叉点处一般不设柱子，在两个方向的肋（梁）高度相同，没有主、次梁之分，互相交叉形成井字状。整个楼盖相当于一块大型的双向受力的平板（板底受拉区挖去一部分混凝土）。井式楼盖能跨越较大的空间，宜用于跨度较大且柱网呈方形的公共建筑门厅、阶梯教室及中小礼堂等。

4.1.2 装配式楼盖

装配式楼盖，楼板采用混凝土预制构件，便于工业化生产，在多层民用建筑和多层工业厂房中得到广泛应用。但是，这种楼面由于整体性、防水性和抗震性较差，不便于开设孔洞，故对于高层建筑、有抗震设防要求以及使用上有防水和开设孔洞要求的楼面，均不宜采用。

4.1.3 装配整体式楼盖

装配整体式楼盖的整体性较装配式楼盖好，又较现浇式楼盖节省模板和支撑。但这种楼盖需要进行混凝土的二次浇筑，有时还须增加焊接工作量，故对施工进度有一些不利影响，造价也较高。因此，这种楼盖仅适用于荷载较大的多层工业厂房、高层民用建筑及有抗震设防要求的建筑。采用装配式楼盖可以克服现浇楼盖的缺点，同时兼具现浇式楼盖和装配式楼盖的优点。

在具体的实际工程中究竟采用何种楼盖形式，应根据房屋的性质、用途、平面尺寸、荷载大小、采光以及技术经济等因素进行综合考虑。

4.2 现浇单向板肋梁楼盖

4.2.1 结构平面布置

在肋梁楼盖中，结构布置包括柱网、承重墙、梁格和板的布置。柱网尽量布置成长方形或正方形。主梁有沿横向和纵向两种布置方案，如图4-2-1（a）和（b）所示。前者抵抗水平荷载的侧向刚度较大，房屋整体刚度好。同时，由于主梁与外墙面垂直，可开较大的窗口，对室内采光有利。后者适用于横向柱距大于纵向柱距较多时，或房屋有集中通风要求的情况，因主梁沿纵向布置，可使房屋层高降低，但房屋横向刚度较差，而且常由于次梁支承在窗过梁上而限制了窗洞的高度。对于有中间走廊的房屋，常可利用中间纵墙承重，这时可仅布置次梁而不设主梁，如图4-2-1（c）所示。

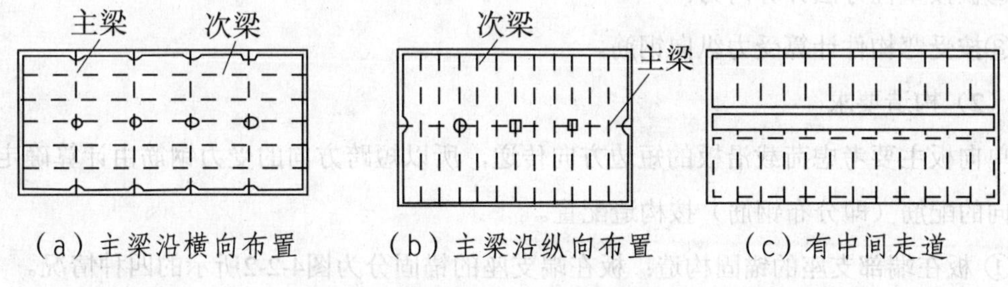

（a）主梁沿横向布置　（b）主梁沿纵向布置　（c）有中间走道

图4-2-1　梁的布置

单向板肋梁楼盖中，次梁的间距决定了板的跨度，主梁的间距决定了次梁的跨度，柱距则决定了主梁的跨度。进行结构平面布置时，应综合考虑建筑功能、造价及施工条件等，合理确定梁的平面布置。根据工程实践，单向板、次梁和主梁的常用跨度为：板的跨度1.7～2.7m，荷载较大时取较小值，一般不宜超过3m；次梁的跨度一般为4～6m；主梁的跨度一般为5～8m。同时，由于板的混凝土用量占整个楼盖的50%～70%，因此，应使板厚尽可能接近构造要求的最小板厚。《混凝土结构设计规范》GB50010-2010规定的现浇钢筋混凝土板的最小厚度见表4-2-1。同时现浇钢筋混凝土板的尺寸应满足跨厚比的要求：单向板不大于30，双向板不大于40；无梁支承的有柱帽板不大于35，无梁支承的无柱帽板不大于30。

表4-2-1 现浇钢筋混凝土板的最小厚度

板的类别		最小厚度（mm）
单向板	屋面板	60
	民用建筑楼板	60
	工业建筑楼板	70
	行车道下的楼板	80
双向板		80
密肋楼盖	面板	50
	肋高	250
悬臂板（根部）	悬臂长度不大于500mm	60
	悬臂长度1200mm	100
无梁楼盖		150
现浇空心楼盖		200

4.2.2 单向板肋梁楼盖的截面设计与构造要求

1. 单向板的截面设计与构造要求

（1）截面设计

①板的计算单元通常取为1m，按单筋矩形截面设计；

②板按塑性方法计算内力；

③按受弯构件计算受力纵向钢筋。

（2）构造要求

单向板主要考虑荷载沿板的短边方向传递，所以短跨方向的受力钢筋由计算确定，长跨方向的配筋（即分布钢筋）按构造配置。

① 板在端部支座的锚固构造：板在端支座的锚固分为图4-2-2所示的四种情况。

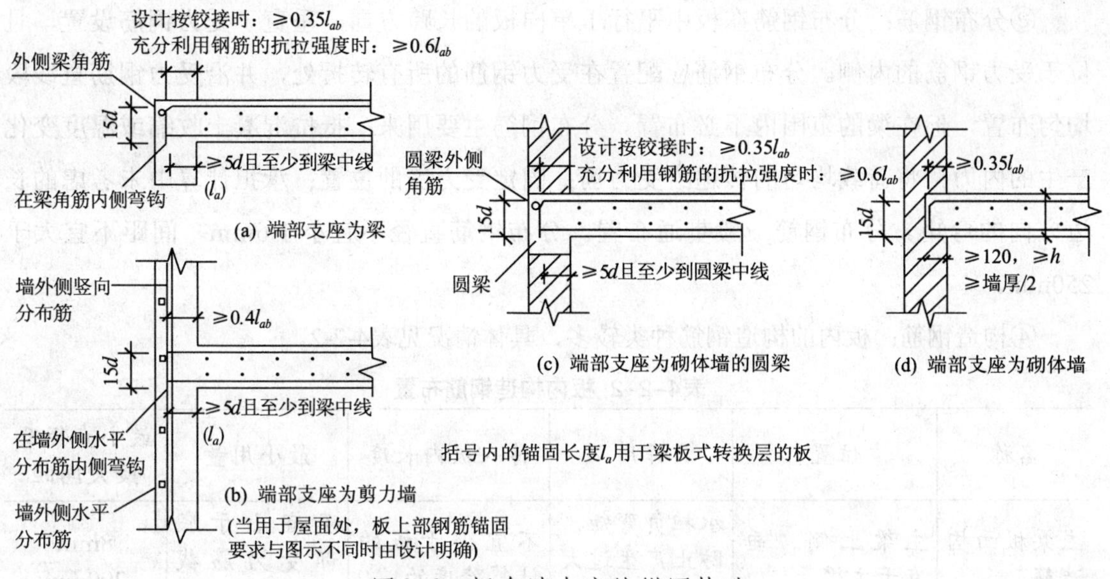

图4-3 板在端支座的锚固构造

②受力钢筋：单向板内受力钢筋宜采用HRB400、HRB500、HRBF400、HRBF500钢筋，常用直径为8mm、10mm、12mm、14mm。对于多跨连续板，各跨截面通过计算得出的配筋可能不同，设计配筋时往往采用钢筋的间距相同而直径不同的方法处理，但钢筋直径不宜多于两种。

受力钢筋的间距一般不应大于200mm，当板厚h>150mm时，间距不应大于1.5h且不应大于250mm。钢筋间距也不宜小于70mm。

单向板内受力钢筋配置方式有弯起式和分离式两种，工程中常采用分离式配筋，如图4-2-3所示。其特点是：跨中正弯矩钢筋宜全部伸入支座锚固；而在支座处另配负弯矩钢筋，其范围应能覆盖负弯矩区域并满足锚固要求。

简支板或连续板下部纵向受力钢筋伸入支座的锚固长度不应小于钢筋直径的5倍，且宜伸过支座中心线。当连续板内温度、收缩应力较大时，伸入支座的长度宜适当增加。

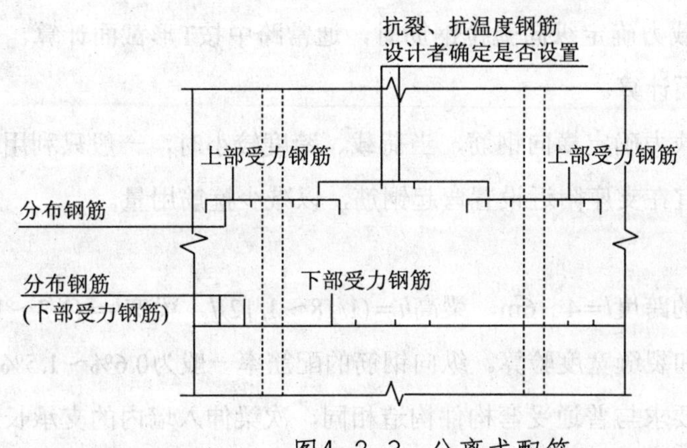

图4-2-3 分离式配筋

③分布钢筋：分布钢筋在板中平行于单向板的长跨方向，垂直于受力钢筋设置，且位于受力钢筋的内侧。分布钢筋应配置在受力钢筋的所有转折处，并沿受力钢筋直线段均匀布置，但在梁的范围内不必布置。分布钢筋主要用来：抵抗混凝土收缩或温度变化产生的内力；将荷载均匀的传递给受力筋；固定受力筋的位置；承担计算中未考虑的长边方向的弯矩。分布钢筋一般贯通布置。分布钢筋直径不宜小于6mm，间距不宜大于250mm。

④构造钢筋：板内的构造钢筋种类较多，具体情况见表4-2-2。

表4-2-2 板内构造钢筋布置

名称	位置	作用	伸入板内长度	最小用量	最小直径及最大间距
主梁板面构造筋	主梁上侧，垂直于主梁	承担负弯矩，防止产生过大的裂缝	不宜小于板的计算跨度的1/4	不宜小于底部受力筋截面面积的1/3	8mm 200mm
墙内板面附加筋	承重墙边沿上侧，垂直于墙体	承担负弯矩	不宜小于板的短边跨度的1/7		8mm 200mm
板角双向附加筋	墙内板角$l_0/4$部分上侧	防止由于板角翘离支座而产生的墙边裂缝和板角斜裂缝	不宜小于板的短边跨度的1/4		8mm 200mm
现浇支座上部构造筋	周边与混凝土梁或墙体整浇的板上侧		不宜小于板的短边跨度的1/5	不宜小于底部受力筋截面面积的1/3	8mm 200mm

2．次梁的截面设计与构造要求

（1）截面设计

次梁的内力计算一般按塑性方法计算。

①按正截面受弯承载力确定纵向受拉钢筋时，通常跨中按T形截面计算，支座因翼缘位于受拉区，按矩形截面计算。

②按斜截面受剪承载力确定横向钢筋，当荷载、跨度较小时，一般只利用箍筋抗剪；当荷载、跨度较大时，宜在支座附近设置弯起钢筋，以减少箍筋用量。

（2）构造要求

①截面尺寸。次梁的跨度l=4～6m，梁高$h=(1/18～1/12)l$，梁宽$b=(1/3～1/2)h$。一般不必做使用阶段的挠度和裂缝宽度验算。纵向钢筋的配筋率一般为0.6%～1.5%。

②次梁的一般构造要求与普通受弯构件构造相同，次梁伸入墙内的支承长度一般不应

小于240mm。

③钢筋的直径。梁的纵向受力钢筋及架立钢筋的直径不宜小于表4-2-3的规定。混凝土结构中，受力钢筋的尺寸应与截面高度及跨度有一定的比例，过于纤细的钢筋难以起到应有的承载受力和构造的作用。

表4-2-3 梁内纵向钢筋的最小直径

钢筋类型	受力钢筋		架立钢筋		
条件：h为梁高，l为梁的跨度	h<300mm	h≥300mm	l<4m	4m≤l≤6m	l＞6m
直径d（mm）	8	10	8	10	12

④钢筋的间距。钢筋混凝土结构中钢筋能够与混凝土协同工作，是由于它们之间存在着黏结锚固作用。因此，受力钢筋周围应有一定厚度的混凝土层握裹。对于构件边缘的钢筋，表现为保护层厚度；而对于构件内部的钢筋，则表现为钢筋的间距。钢筋间距还应考虑施工时浇筑混凝土操作的方便。梁纵向钢筋的净间距不应小于表4-2-4的规定，其中净间距为相邻钢筋外边缘之间的最小距离；当梁的下部钢筋配置多于两层时，两层以上水平方向中距应比下边两层的中距增大一倍。

表4-2-4 梁纵向钢筋的最小净间距

间距类型	水平净距		垂直净距（层距）
钢筋类型	上部钢筋	下部钢筋	
最小净距	30且1.5d	25且d	25且d

⑤梁侧的纵向构造钢筋。《规范》规定，当梁的腹板高度h_w≥450mm时，在梁的两个侧面沿高度配置纵向构造钢筋（腰筋），每侧纵向构造钢筋(不包括梁上、下部受力钢筋及架立钢筋)的截面面积不应小于腹板截面面积bh_w的0.1%，且其间距不宜大于200mm。

⑥次梁配筋构造，如图4-2-4所示。梁的上部受力筋可在不需要处截断；梁下部的纵向钢筋除弯起的外，应全部伸入支座锚固，不得在跨间截断；连续次梁因截面上、下均配置受力钢筋，所以一般均沿梁全长配置封闭式箍筋，第一根箍筋可距支座边50mm处开始布置，在简支端支座范围内一般宜布置两道箍筋。

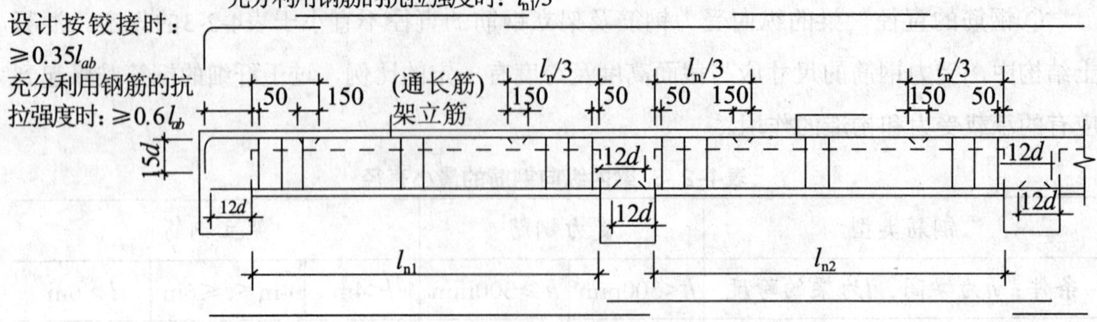

图4-2-4　次梁配筋构造

3．主梁的截面设计与构造要求

（1）截面设计

主梁内力计算通常按弹性理论方法进行，因主梁是比较重要的构件，需要有较大的强度储备，并要求在使用荷载下，挠度及裂缝开展不宜过大。主梁除自重外，主要承受由次梁传来的集中荷载，计算时，可不考虑次梁的连续性。为了简化计算，可将主梁的自重折算成集中荷载计算。

①按正截面受弯承载力确定纵向受拉钢筋时，通常跨中按T形截面计算，支座因翼缘位于受拉区，按矩形截面计算。

②斜截面受剪承载力确定横向钢筋，当荷载、跨度较小时，一般只利用箍筋抗剪；当荷载、跨度较大时，宜在支座附近设置弯起钢筋，以减少箍筋用量。

③主梁支座截面的有效高度h_0：在主梁支座处，由于板、次梁和主梁截面的上部纵向钢筋相互交叉重叠，如图4-2-5所示，且主梁负筋位于板和次梁的负筋之下，因此主梁支座截面的有效高度减小。在计算主梁支座截面纵筋时，截面有效高度h_0可取为：

单排钢筋时$h_0=h-(55\sim65)$mm；

双排钢筋时$h_0=h-(75\sim85)$mm。

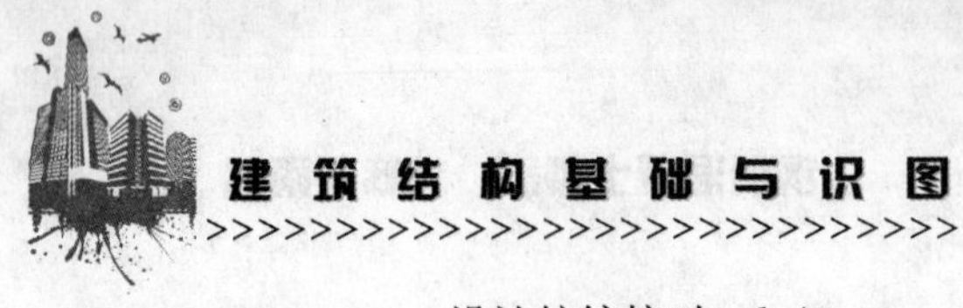

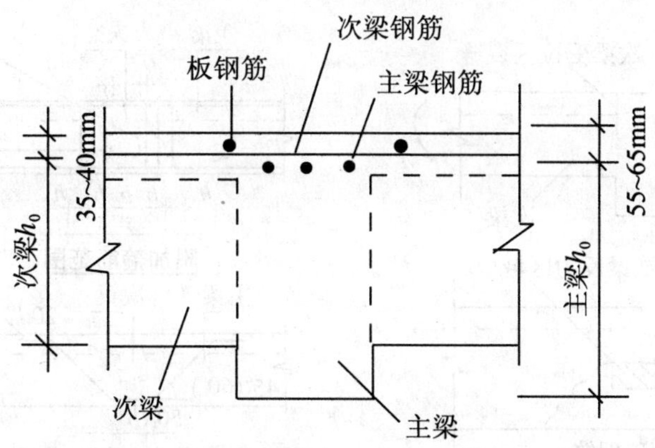

图4-2-6　主梁支座处截面的有效高度

（2）构造要求

①截面尺寸：主梁的跨度$l=5\sim8$m，梁高$h=(1/14\sim1/8)l$，梁宽$b=(1/3\sim1/2)h$。一般不需要做使用阶段的挠度和裂缝宽度验算。纵向钢筋的配筋率一般为0.6%～1.5%。

②主梁在砌体墙上的支承长度$a\geqslant370$mm。

③钢筋的直径及间距要求与次梁相同。

④主梁纵向受力钢筋的弯起和截断，原则上应按弯矩包络图确定，并满足有关构造要求。

⑤在主梁支座处，主梁与次梁截面的上部纵向钢筋相互交叉重叠，主梁的纵筋位置必须放在次梁的纵向钢筋下面。

⑥主梁和次梁相交处，在主梁高度范围内受到次梁传来的集中荷载的作用，其腹部可能出现斜裂缝，如图4-2-6所示。位于梁下部或梁截面高度范围内的集中荷载，应全部由附加横向钢筋承担，附加横向钢筋有箍筋和吊筋两种形式，如图4-2-7所示，宜优先采用附加箍筋。附加箍筋应布置在长度为$s=2h_1+3b$的范围内，第一道附加箍筋位于离次梁边50mm处。当采用吊筋时，其弯起段应伸至梁上边缘，且末端水平段长度在受拉区不应小于$20d$，在受压区不应小于$10d$（d为吊筋的直径）。

附加吊筋与梁轴线间的夹角，一般为45°，当梁高$h>800$mm时，采用60°。

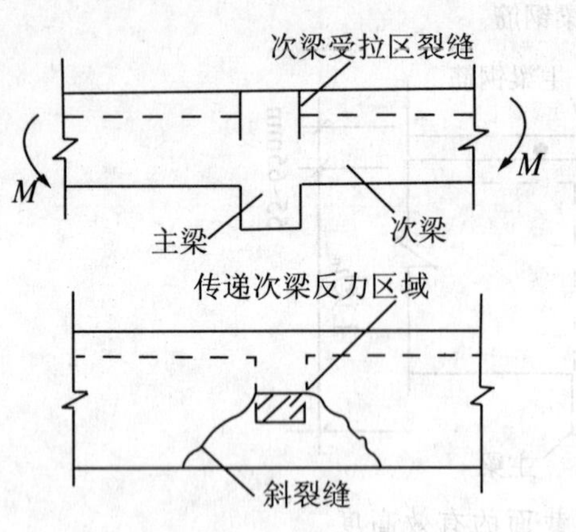

图4-2-6　主次梁相交处的斜裂缝

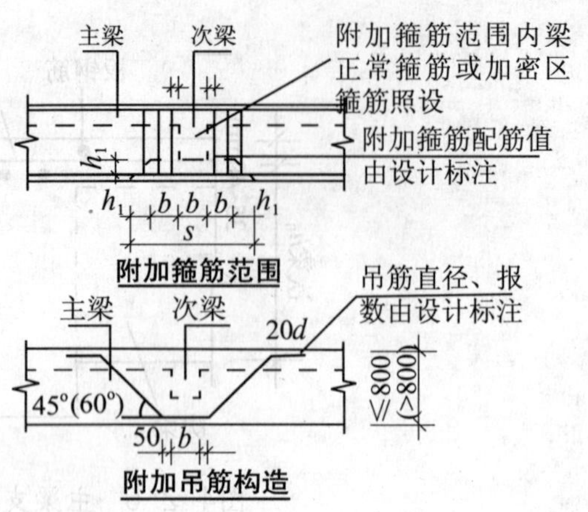

图4-2-7　附加横向钢筋

4.3 现浇双向板肋梁楼盖

4.3.1 双向板的受力特点

双向板在肋梁楼盖中属于四边支承板，每一区格板的四边一般有梁或墙支承。板上的荷载主要通过板的受弯作用传到四边支承的构件上。

四边简支的钢筋混凝土双向板（方板和矩形板），在均布荷载作用下的试验表明：在裂缝出现之前，板基本上处于弹性工作阶段。随着荷载的增加，方板沿板底对角线出现第一批裂缝，之后向两个正交的对角线方向发展，且裂缝宽度不断加宽；继续增加荷载，钢筋应力达到屈服点，裂缝显著开展；即将破坏时，板顶面靠近四角处，出现垂直对角线方向、大体呈环状的裂缝，这种裂缝的出现，促使板底裂缝进一步开展；此后，板随即破坏。矩形板的第一批裂缝出现在板底中部且平行于长边方向；随着荷载的不断增加，裂缝宽度不断开展，并分支向四角延伸，伸向四角的裂缝大体与板边成45°；即将破坏时，板顶角区也产生与方板类似的环状裂缝。

双向板在弹性工作阶段，板的四角有翘起的趋势，若周边没有可靠固定，将产生如图4-3-1所示犹如碗形的变形。板传给支座的压力沿边长不是均匀分布的，而是在每边的中心处达到最大值。因此，在双向板肋形楼盖中，由于板顶面实际会受墙或支承梁约束，破坏时就会出现如图4-3-2所示的板底及板顶裂缝。

试验还表明，在其他条件相同时，采用强度等级较高的混凝土较为优越。当用钢量相同时，采用细而密的配筋较采用粗而疏的配筋有利，且将板中间部分钢筋排列较密些要比均匀排列更适宜。

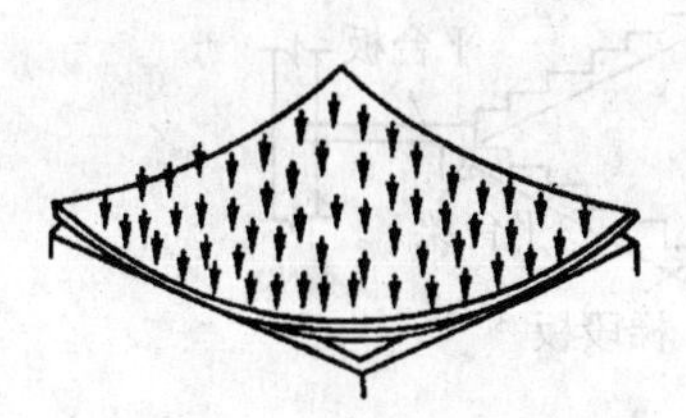

图4-3-1　双向板的变形

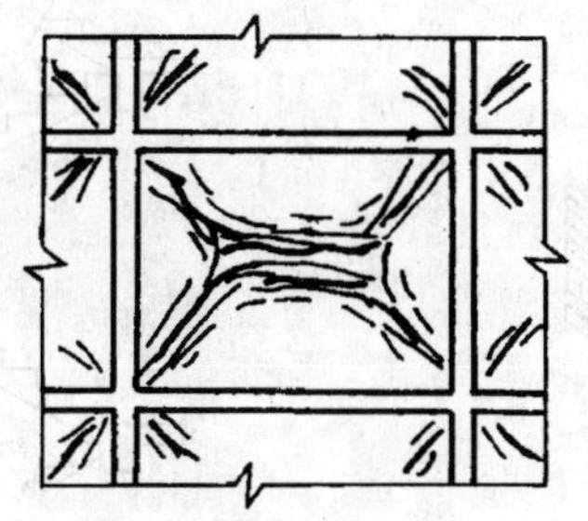

(a)板底面裂缝分布

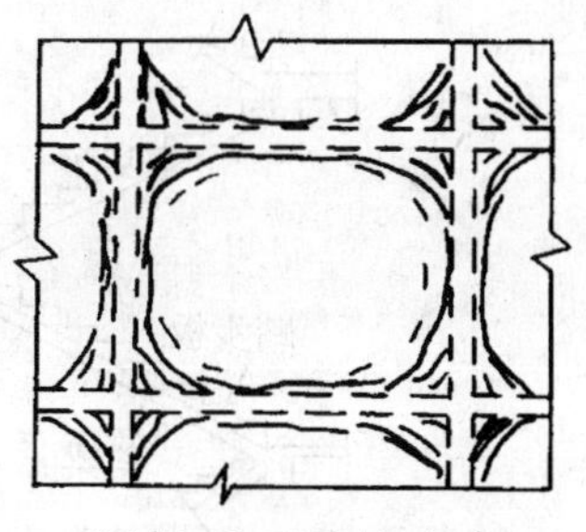

(b)板顶面裂缝分布

图4-3-2　肋形楼盖中双向板的裂缝分布

4.3.2 双向板的截面设计与构造要求

双向板在两个方向的配筋都应按计算确定。考虑短跨方向的弯矩比长跨方向的大，因此应将短跨方向的跨中受拉钢筋放在长跨方向的外侧，以得到较大的截面有效高度。截面有效高度h_0通常分别取值：短距方向$h_0=h-25$(mm)，长跨方向$h_0=h-35$(mm)。

双向板的厚度一般不宜小于80mm，也不宜大于160mm。为了保证板的刚度，板的厚度h还应符合：简支板，$h>l_x/45$；连续板，$h>l_x/50$，其中l_x是两个方向上的较小跨度。

双向板的配筋形式类似于单向板，有弯起式与分离式两种。弯起式整体性好，但施工不便；分离式整体性稍差，但施工方便。实际工程中，分离式运用更为普遍。受力钢筋的直径、间距、截断点的位置等均可参照单向板配筋的有关规定。

4.4 钢筋混凝土楼梯

楼梯是多层及高层房屋建筑的竖向通道，是组成房屋结构的六大结构构件之一。因承重及防火要求，一般采用钢筋混凝土楼梯。这种楼梯按施工方法的不同可分为现浇式和装配式，其中现浇楼梯具有布置灵活、容易满足不同建筑要求等优点，所以在建筑工程中应用颇为广泛。按结构受力状态可分为梁式、板式、折板悬挑式（又称剪刀式）和螺旋式）见图4-4-1）。本节主要介绍现浇整体式板式楼梯和梁式楼梯。

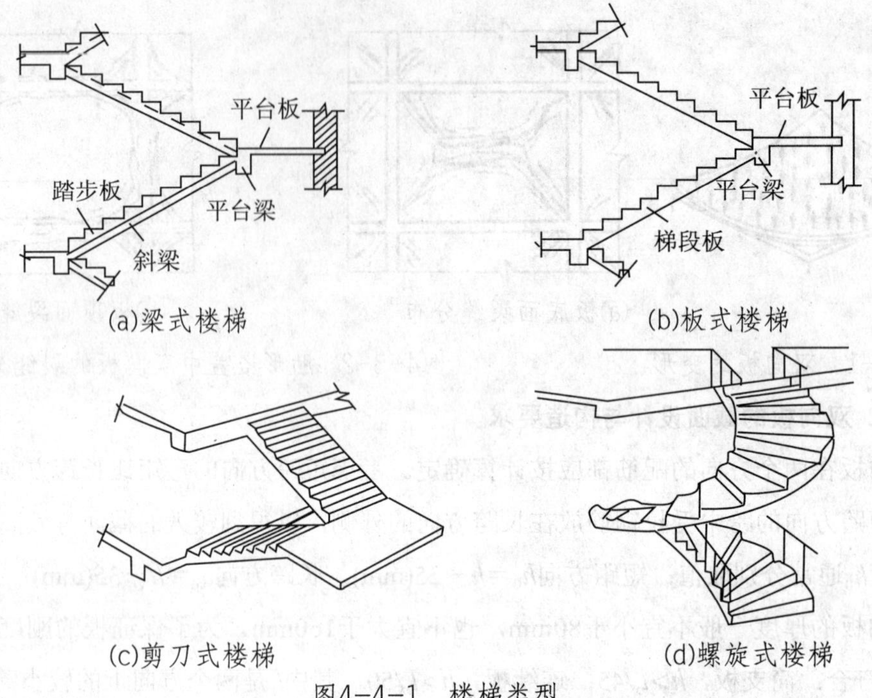

图4-4-1　楼梯类型

4.4.1 板式楼梯

1. 板式楼梯概述

板式楼梯由梯段板、平台板和平台梁组成，如图4-4-2所示。梯段是斜放的齿形板，支承在平台梁上和楼层梁上，底层下端一般支承在地垄墙上。作用于踏步板上的荷载直接传至平台梁。踏步板支承在平台梁上，平台板支承在平台梁上。板式楼梯下表面平整，因而模板简单，施工方便，缺点是斜板较厚（一般为跨度的1/30～1/25），导致混凝土和钢材用量较多，结构自重较大，所以一般多用于踏步板跨度小于3m的情形。由于这种楼梯外形比较轻巧、美观，因此，近年来也广泛应用于公共建筑踏步板跨度较大的楼梯中。

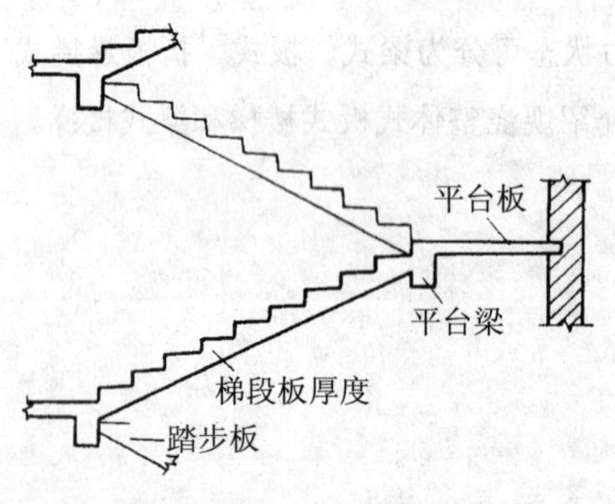

图4-4-2　板式楼梯

2．板式楼梯的计算

（1）梯段板的计算

梯段板可以简化成两端支承在平台梁的简支斜板。计算跨度可以近似取平台梁中线之间的斜距离。作用在斜板上荷载包括梯段板的永久荷载g及可变荷载q。

（2）平台板和平台梁的计算

平台板一般是单向板，可取1m宽板带进行计算。

平台梁承受梯段板和平台板传来的均布荷载，一般按简支梁计算内力。

4.4.2 梁式楼梯

梁式楼梯由踏步板、斜梁、平台板和平台梁组成(见图4-4-3)。

1．踏步板

踏步板按两端简支在斜梁上的单向板考虑。

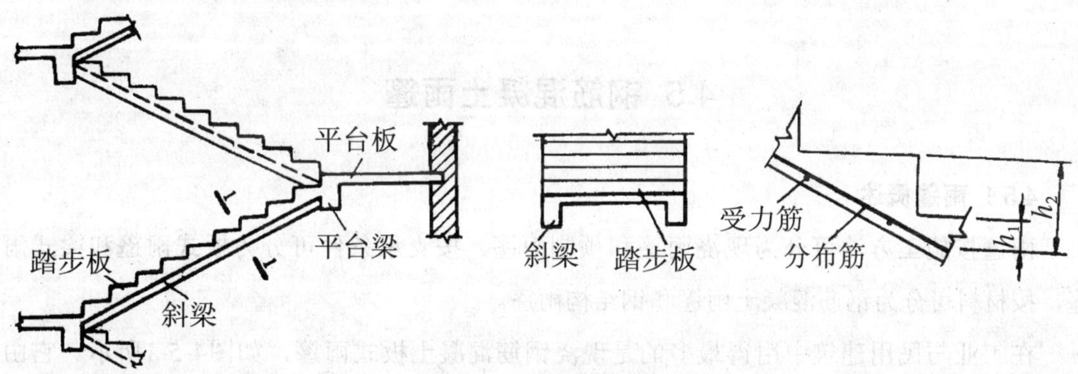

图4−4−3　梁式楼梯的组成

2．斜梁

斜梁的内力计算特点与梯段斜板相同。计算时可近似取为矩形截面。图4-4-4所示为斜梁的配筋构造图。

3．平台梁

平台梁一般按简支梁计算。平台梁主要承受斜边梁传来的集中荷载(由上、下楼梯斜梁传来)和平台板传来的均布荷载。

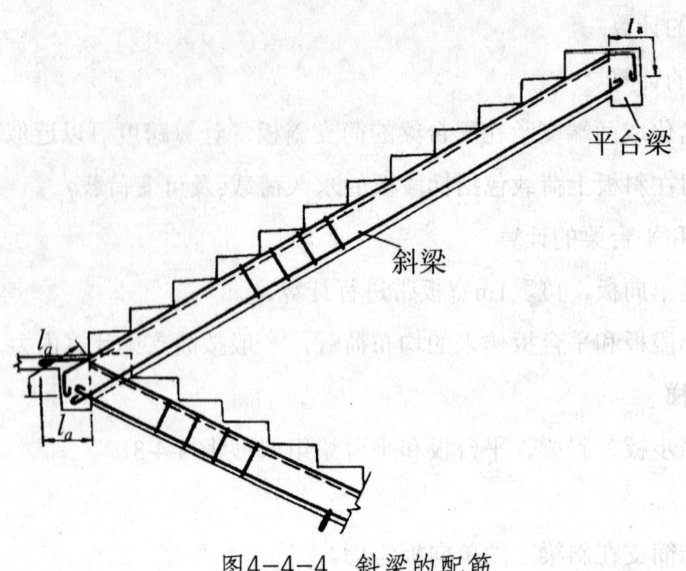

图4-4-4　斜梁的配筋

4.5 钢筋混凝土雨篷

4.5.1 雨篷概述

雨篷按施工方法可分为现浇雨篷和预制雨篷，按支承条件可分为板式雨篷和梁式雨篷，按材料可分为钢筋混凝土雨篷和钢结构雨篷。

在工业与民用建筑中用得最多的是现浇钢筋混凝土板式雨篷，如图4-5-1所示。它由雨篷板和雨篷梁组成。雨篷板支承在雨篷梁上，雨篷板是一个受弯构件，雨篷梁一方面要承受雨篷板传来的扭矩，还要承受上部结构传来的弯矩和剪力，因此，雨篷梁是一个弯剪扭构件。

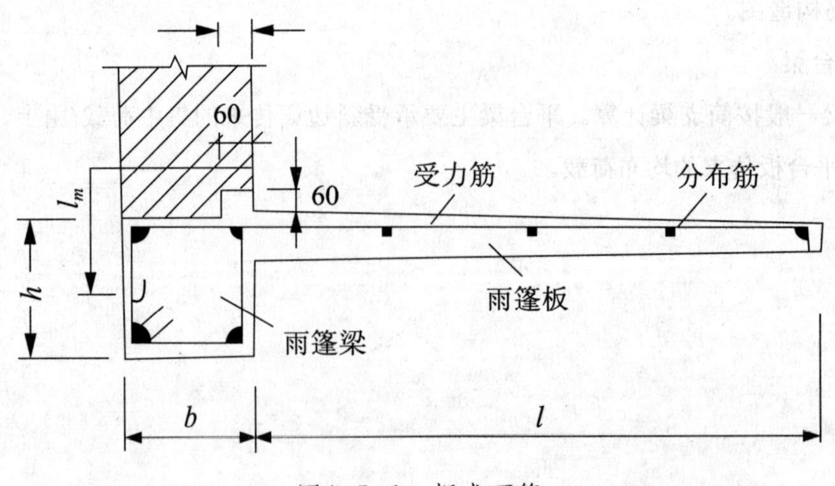

图4-5-1　板式雨篷

一般雨篷板的挑出长度为0.6～1.2m或更大，视建筑要求而定。现浇雨篷板多数做成变厚度的，一般取根部板厚为1/10的挑出长度，但不小于70mm，板端不小于50mm。雨篷板周围往往设置凸沿以便能有组织地排泄雨水。雨篷梁的宽度一般取与墙厚相同，梁的高度应按承载能力要求确定。梁两端伸进砌体的长度应考虑雨篷抗倾覆的因素确定。

4.5.2 雨篷的破坏形态

大量试验表明，现浇钢筋混凝土板式雨篷在荷载作用下，可能会出现以下三种破坏形态：

1.雨篷板根部抗弯承载力不足而破坏，如图4-5-2(a)所示；

2.雨篷梁受弯、剪、扭破坏，如图4-5-2(b)所示；

3.整个雨篷的倾覆破坏，如图4-5-2(c)所示。

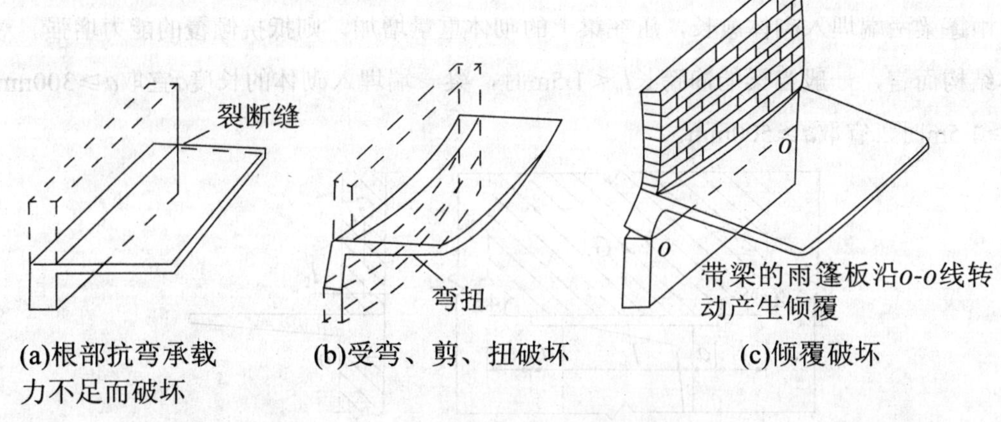

图4-5-2 雨篷的破坏形态

4.5.3 雨篷的计算

为了防止雨篷发生上述形式的破坏，雨篷的计算包括以下三方面内容：①雨篷板的正截面承载力计算；②雨篷梁在弯矩、剪力、扭矩共同作用下的承载力计算；③雨篷抗倾覆验算。

1. 雨篷板上的荷载

雨篷板上的荷载包括恒载(如自重、粉刷等)、雪荷载、均布活荷载（按《荷载规范》取活荷载标准值为0.7kN/m^2）以及施工和检修集中荷载。以上荷载中，雨篷均布活荷载与雪荷载不同时考虑，取两者中较大值进行设计。

雨篷板的内力分析：当无边梁时，其受力特点和一般悬臂板相同；当有边梁时，其受力特点和一般梁、板体系的构件相同。

构造上应保证板中纵向受拉钢筋在雨篷梁内有足够的受拉锚固长度。

施工时应经常检查钢筋，注意维持雨篷板截面的有效高度，特别是板根部的纵筋，应防止被踩下沉。

2．雨篷梁计算

雨篷梁所承受的荷载有自重、梁上砌体重、可能计入的楼盖传来的荷载，以及雨篷板传来的荷载。梁上砌体重量和楼盖传来的荷载应按过梁荷载的规定计算。

雨篷梁在自重、梁上砌体重等荷载作用下，承受弯、剪；在雨篷板传来的荷载作用下，雨篷梁不仅承受弯、剪，而且还受扭。因此，雨篷梁是受弯、剪、扭的构件，雨篷梁应按弯、剪、扭构件确定所需纵向钢筋和箍筋的截面面积，并满足有关构造要求。

3．雨篷抗倾覆验算

雨篷板上的荷载使整个雨篷绕雨篷梁底的倾覆点O转动而倾倒（见图4-5-3），但是梁的自重、梁上砌体重等却有阻止雨篷倾覆的稳定作用。

雨篷梁两端埋入砌体愈长，压在梁上的砌体重量增加，则抵抗倾覆的能力增强。对于砌体结构而言，一般当梁的净跨长l_n＜1.5m时，梁一端埋入砌体的长度a宜取$a \geq 300$mm，当$l_n \geq 1.5$m时，宜取$a \geq 500$mm。

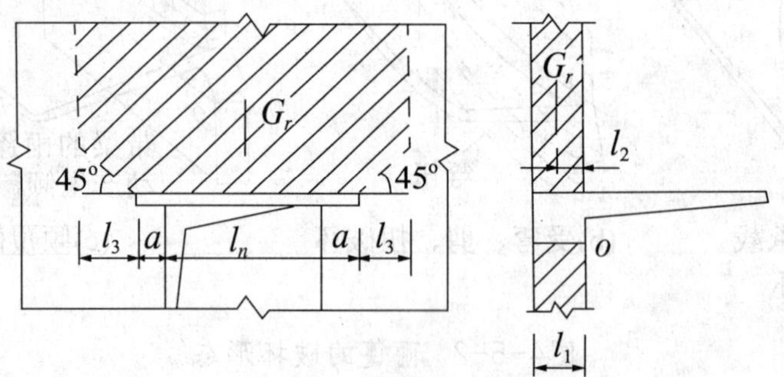

图4-5-3　雨篷的抗倾覆荷载

思考题

1.现浇整体式楼盖的类型有哪些？阐述各自的特点和应用范围。

2.单向板和双向板的区别有哪些？

3.单向板中，板、次梁、主梁各有哪些受力钢筋和构造钢筋？

4.主梁、次梁交接处，横向附加钢筋的作用是什么？该如何设置？

5.梁式楼梯和板式楼梯的区别是什么？

6.悬臂板式雨篷可能发生哪几种破坏？应采取哪些保证措施？

第5章 多层与高层钢筋混凝土结构

5.1 多层与高层结构体系

关于多层与高层建筑的界限，各国有不同的标准。我国不同标准也有不同的定义。我国《高层建筑混凝土结构技术规程》JGJ3-2010（以下简称《高规》）对高层建筑的定义为：10层及10层以上或房屋高度大于28m的住宅建筑和房屋高度大于24m的其他高层民用建筑。

目前，钢筋混凝土多层及高层房屋常用的结构体系有框架结构体系、框架—剪力墙结构体系、剪力墙结构体系和筒体结构体系等。

5.1.1 框架结构体系

由梁和柱为主要构件组成的承受竖向和水平作用的结构称为框架结构（见图5-1-1）。

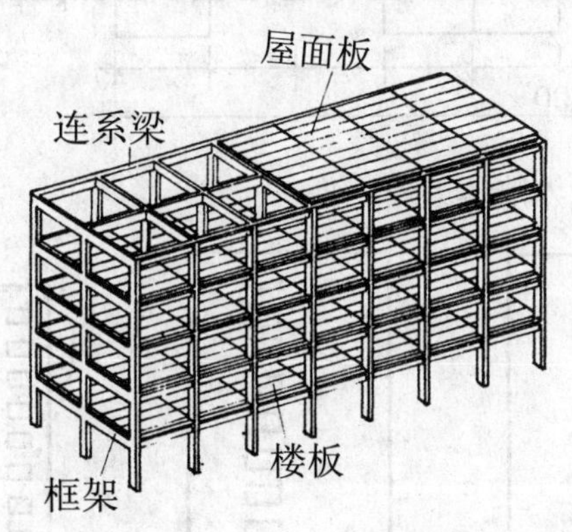

图5-1-1 框架体系

框架结构体系的最大特点是承重结构和围护、分隔构件完全分开，墙只起围护、分隔作用。框架结构建筑平面布置灵活，空间划分方便，易于满足生产工艺和使用的要求，构件便于标准化，具有较高的承载力和较好的整体性，因此，广泛应用于多层工业厂房及多高层办公楼、医院、旅馆、教学楼、住宅等。框架结构在水平荷载下表现出抗侧移刚度小、水平位移大的特点，属于柔性结构，故随着房屋层数的增加，水平荷载逐渐增大，刚因侧移过大而不能满足要求，或形成肥梁胖柱而不经济。所以在高度不大的多高层建筑中，框架结构是一种较好的结构体系。

5.1.2 剪力墙结构体系

由剪力墙组成的承受竖向和水平作用的结构，称为剪力墙结构，如图5-1-2所示。剪力墙具有很高的抗侧移能力，既承担竖向荷载，又承担水平荷载。在抗震设计中，也称抗震墙。一般情况下，剪力墙结构楼盖内不设梁，楼板直接支承在墙上，墙体既是承重构件，又起围护、分隔作用。钢筋混凝土剪力墙结构横墙多，侧向刚度大，整体性好，对承受水平力有利；无凸出墙面的梁柱，整齐美观，特别适合居住建筑，并可使用大模板、隧道模、滑升模板等先进施工方法，利于缩短工期，节省人力。但剪力墙体系的房间划分受到较大限制，因而一般用于住宅、旅馆等开间要求较小的建筑。当高层剪力墙结构的底部要求有较大空间时，可将底部一层或几层部分剪力墙设计为框支剪力墙，形成部分框支剪力墙结构体系（见图5-1-3）。部分框支剪力墙结构属竖向不规则结构，上、下层不同结构的内力和变形通过转换层传递，抗震性能较差，烈度为9度的地区不应采用。

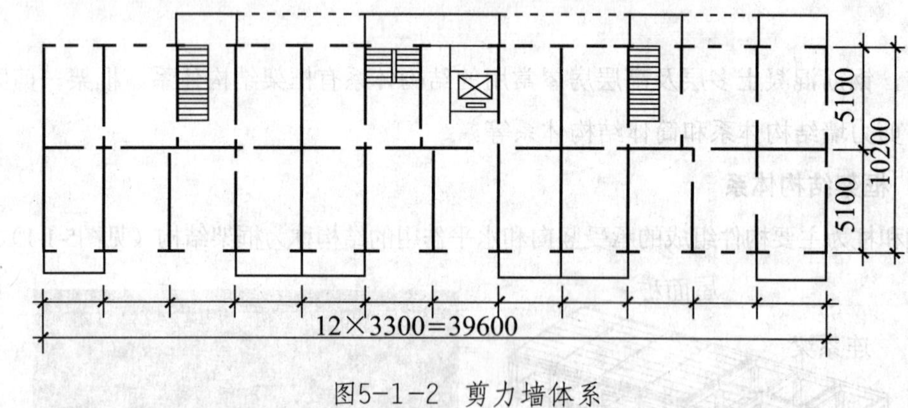

图5-1-2 剪力墙体系

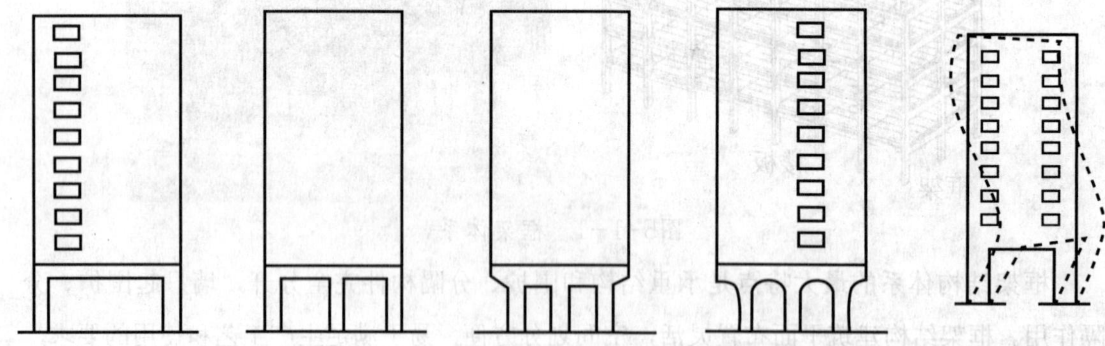

图5-1-3 框支剪力墙体系

5.1.3 框架—剪力墙结构体系

为了弥补框架结构随房屋层数增加、水平荷载迅速增大而抗侧移刚度不足的缺点，可在框架结构中增设钢筋混凝土剪力墙，形成框架和剪力墙结合在一起共同承受竖向和水平作用的结构体系—框架—剪力墙结构体系（见图5-1-4），简称框—剪结构体系。剪力墙可以是单片墙体，也可以是电梯井、楼梯井、管道井组成的封闭式井筒。

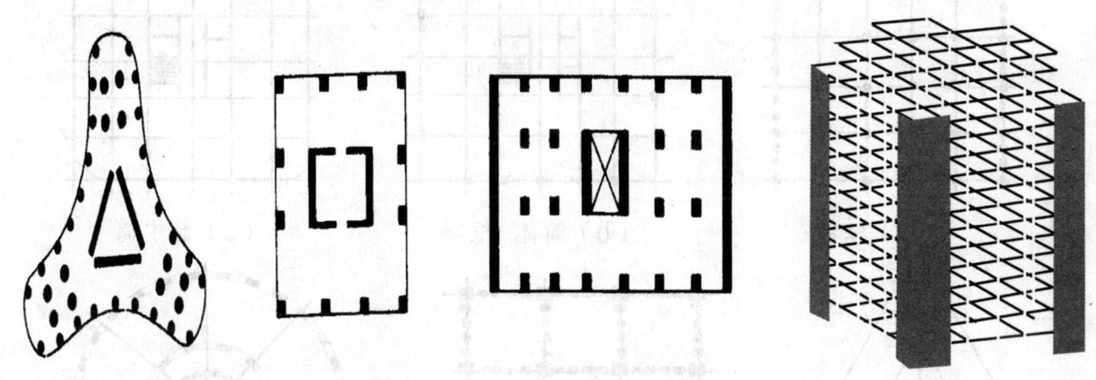

图5-1-4　框架-剪力墙体系

框架—剪力墙结构体系的侧向刚度比框架结构大，大部分水平力由剪力墙承担，而竖向荷载主要由框架承受，因而用于高层房屋比框架结构更为经济合理。同时，由于它只在部分位置上有剪力墙，保持了框架结构易于分割空间、立面易于变化等优点。此外，这种体系的抗震性能也较好。所以，框架—剪力墙结构体系在多层及高层办公楼、旅馆等建筑中得到了广泛应用。

5.1.4 筒体结构体系

以竖向筒体为主组成的承受竖向和水平作用的建筑结构称为筒体结构体系。筒体结构的筒体分剪力墙围成的薄壁筒和由密柱框架或壁式框架围成的框筒等。筒体是由若干片剪力墙围合而成的封闭井筒式结构，其受力与一个固定于基础上的筒形悬臂构件相似。根据开孔的多少，筒体有空腹筒和实腹筒之分。实腹筒一般由电梯井、楼梯间、管道井等形成，开孔少，因其常位于房屋中部，故又称核心筒。空腹筒又称框筒，由布置在房屋四周的密排立柱和截面高度很大的横梁组成。立柱柱距一般为1.22～3.0m，横梁(称为窗裙梁)梁高一般为0.6～1.22m。筒体体系就是由核心筒、框筒等基本单元组成的。根据房屋高度及其所受水平力的不同，筒体体系可以布置成核心筒结构、框筒结构、筒中筒结构、框架—核心筒结构、成束筒结构和多重筒结构等形式(见图5-1-5)。筒中筒结构通常用框筒作外筒，实腹筒作内筒。

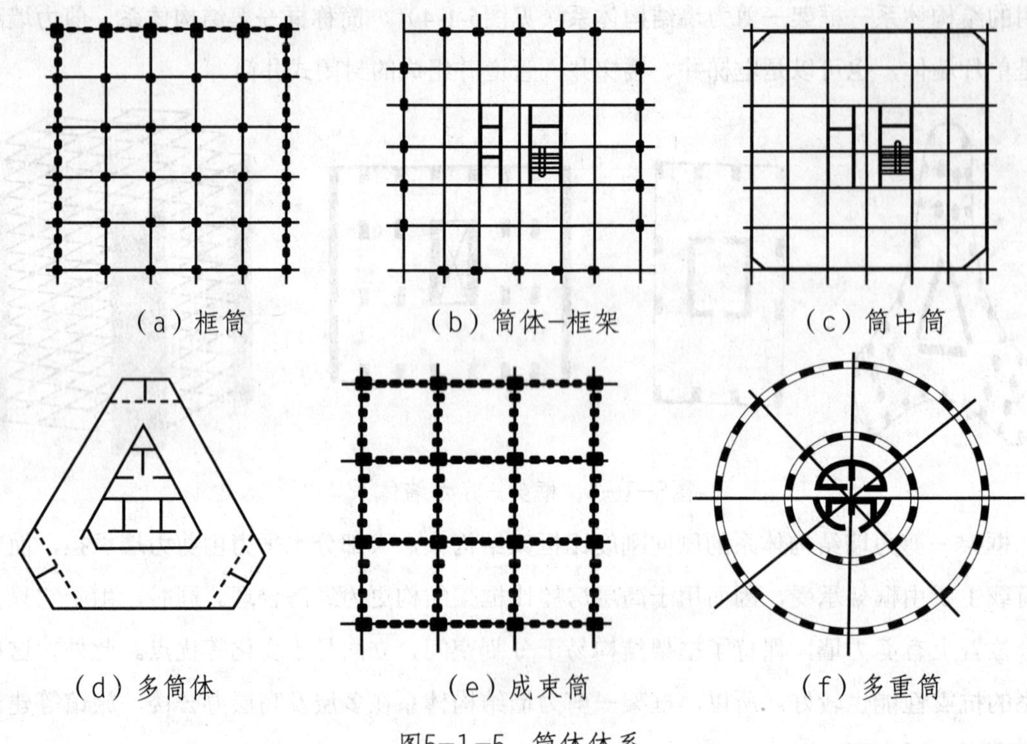

图5-1-5　筒体体系

5.1.5 各种体系的适用高度

《建筑抗震设计规范》GB50011-2010（以下简称《抗规》）规定的现浇钢筋混凝土房屋适用的最大高度见表5-1-1。

表5-1-1 现浇钢筋混凝土房屋适用的最大高度　　单位：m

结构类型		烈度				
		6	7	8(0.2g)	8(0.3g)	9
框架		60	50	40	35	24
框架—抗震墙		130	120	100	80	50
一般抗震墙		140	120	100	80	60
部分框支抗震墙		120	100	80	50	不应采用
筒体	框架—核心筒	150	130	100	90	70
	筒中筒	180	150	120	100	80
板柱—抗震墙		80	70	55	40	不应采用

注：1. 房屋高度指室外地面到主要屋面板板顶的高度（不包括局部突出屋顶部分）；
2. 框架—核心筒结构指周边稀柱框架与核心筒组成的结构；
3. 部分框支抗震墙结构指首层或底部两层为框支层的结构，不包括仅个别框支墙的情况；
4. 表中框架，不包括异形柱框架；

5. 板柱-抗震墙结构指办板柱、框架和抗震墙组成抗侧力体系的结构；

6. 乙类建筑可按本地区抗震设防烈度确定其适用的最大高度；

7. 超过表内高度的房屋，应进行专门研究和论证，采取有效的加强措施。

《高规》规定的A级高度钢筋混凝土乙类和丙类高层建筑的最大适用高度见表5-1-2，B级高度钢筋混凝土乙类和丙类高层建筑的最大适用高度见表5-1-3。

表5-1-2 A级高度钢筋混凝土高层建筑的最大适用高度 单位：m

结构体系		非抗震设计	抗震设防烈度				
			6度	7度	8度		9度
					0.20g	0.30g	
框架		70	60	50	40	35	24
框架—剪力墙		150	130	120	100	80	50
剪力墙	全部落地剪力墙	150	140	120	100	80	60
	部分框支剪力墙	130	120	100	80	50	不应采用
筒体	框架—核心筒	160	150	130	100	90	70
	筒中筒	200	180	150	120	100	80
板柱—剪力墙		110	80	70	55	10	不应采用

注：1. 表中框架不含异形柱框架结构；

2. 部分框支剪力墙结构指地面以上有部分框支剪力墙的剪力墙结构；

3. 甲类建筑，6、7、8度时宜按本地区抗震设防烈度提高1度后符合本表的要求，9度时应专门研究；

4. 框架结构、板柱—剪力墙结构以及9度抗震设防的表列其他结构，当房屋高度超过本表数值时，结构设计应有可靠依据，并采取有效的加强措施。

表5-1-3 B级高度钢筋混凝土高层建筑的最大适用高度 单位：m

结构体系		非抗震设计	抗震设防烈度			
			6度	7度	8度	
					0.20g	0.30g
框架—剪力墙		170	160	140	120	100
剪力墙	全部落地剪力墙	180	170	150	130	110
	部分框支剪力墙	150	140	120	100	80
筒体	框架—核心筒	220	210	180	140	120
	筒中筒	300	280	230	170	150

注：1. 部分框支剪力墙结构指地面以上有部分框支剪力墙的剪力墙结构；

2. 甲类建筑，6、7度时宜按本地区设防烈度提高1度后符合本表的要求，8度时应专门研究；

3. 当房屋高度超过表中数值时，结构设计应有可靠依据，并采取有效措施。

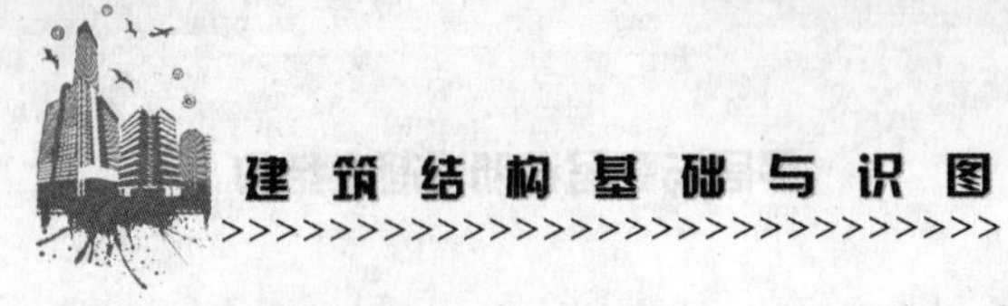

5.2 框架结构

5.2.1 框架结构的类型

框架结构按照施工方法的不同，可分为现浇整体式、装配式和装配整体式框架三种。

1．现浇整体式框架

梁、板、柱均在现场浇注而成。其优点是：整体性及抗震性能好，构件尺寸不受标准构件的限制，较其他形式的框架节省钢材，建筑平面布置较灵活等。缺点是：模板消耗量大，现场湿作业多，施工周期长，在寒冷地区冬季施工困难等。对使用要求较高、功能复杂或处于地震高烈度区域的框架房屋，宜采用现浇整体式框架。

2．装配式框架

装配式框架的构件全部为预制，通过在施工现场进行安装就位，对预埋件焊接连接而成整体。装配式框架的构件可采用先进的生产工艺在工厂进行大批量的生产，在现场以先进的组织管理方式进行机械化装配，因而构件质量容易保证，并可节约大量模板，改善施工条件，加快施工进度。但其结构整体性差，节点预埋件多，总用钢量较全现浇框架多，施工需要大型运输和吊装机械，不利于抗震，在地震区不宜采用。

3．装配整体式框架

装配整体式框架是将预制梁、柱和板在现场安装就位后，再在构件连接处现浇混凝土使之成为整体而形成框架。与装配式框架相比，装配整体式框架保证了节点的刚性，提高了框架的整体性，省去了大部分的预埋铁件，节点用钢量减少，故应用较广泛。缺点是增加了现场浇筑混凝土量。

5.2.2 框架结构布置

1．横向布置方案

横向布置方案的主要承重框架由横向主梁与柱构成，楼板沿纵向布置，支撑在主梁上，纵向连系梁将横向框架连成一空间结构体系，如图5-2-1（a）所示。采用这种布置方案有利于增加房屋的横向刚度，提高抵抗水平作用的能力，因此在实际工程中应用较多。缺点是由于主梁截面尺寸较大，当房屋需要较大空间时，其净空间较小。

2．纵向布置方案

纵向布置方案的主要承重框架由纵向主梁与柱构成，楼板沿横向布置，支撑在纵向主梁上，如图5-2-1（b）所示。其房间布置灵活，采光和通风好，有利于提高楼层净高，需要设置集中通风系统的厂房常采用这种方案。但因其横向刚度较差，在民用建筑中一般采用较少。

3. 纵横向布置方案

纵横向布置方案沿房屋的纵、横向布置的梁均要承担楼面荷载，如图5-2-1（c）所示。采用这种布置方案，可使两个方向都获得较大的刚度，因此，柱网尺寸为正方形或接近正方形。地震区的多层框架房屋以及由于工艺要求需双向承重的厂房常用这种方案。

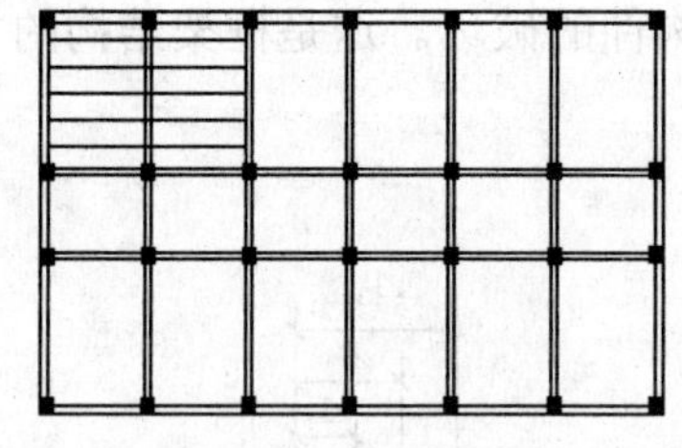

（a）横向布置方案

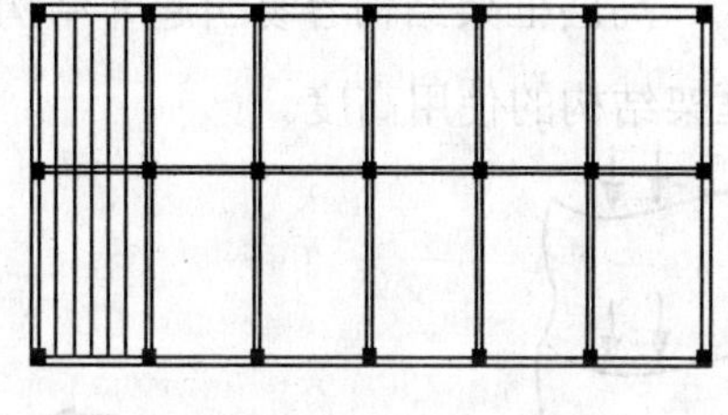

（b）纵向布置方案

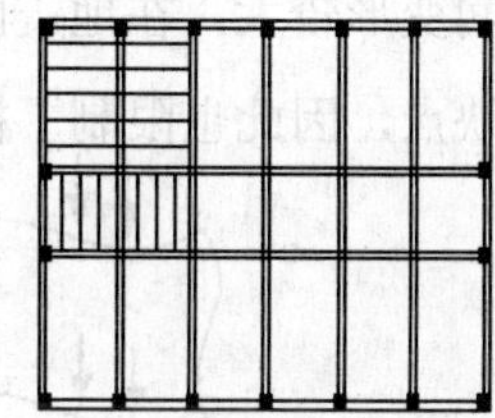

（c）纵横向布置方案

图5-2-1　承重框架布置方案

5.2.3 框架结构的受力特点

框架结构一般承受的作用包括竖向荷载、水平荷载和地震作用。竖向荷载包括结构自重及楼（屋）面活荷载，一般为分布荷载，有时有集中荷载。水平荷载为风荷载。地震作用主要是水平地震作用。

框架结构是一个空间结构体系，沿房屋的长向和短向可分别视为纵向框架和横向框架。纵、横向框架分别承受纵向和横向水平荷载，而竖向荷载传递路线则根据楼（屋）布置方式而不同：现浇平板楼（屋）盖主要向距离较近的梁上传递，而预制板楼盖则传至支承板的梁上。

在多层框架结构中，影响结构内力的主要是竖向荷载，而结构变形则主要考虑梁在竖向荷载作用下的挠度，一般不必考虑结构侧移对建筑物的使用功能和结构可靠性的影响。随着房屋高度增大，增加最快的是结构位移，弯矩次之。因此在高层框架结构中，竖向荷载的作用与多层建筑相似，柱内轴力随层数增加而增加，而水平荷载的内力和位移则将成为控制因素。同时，多层建筑中的柱以轴力为主，而高层框架中的柱受到压、弯、剪的复合作用，其破坏形态更为复杂。框架结构在竖向荷载作用下的受力变形特点如图5-2-2（a）所示。

框架结构在水平荷载作用下的受力变形特点如图5-2-2（b）所示。其侧移由两部分组成。第一部分侧移由柱和梁的弯曲变形产生。柱和梁都有反弯点，形成侧向变形。框架下部的梁、柱内力大，层间变形也大，愈到上部层间变形愈小。第二部分侧移由柱的轴向变形产生。在水平力作用下，柱的拉伸和压缩使结构出现侧移。这种侧移在上部各层较大，愈到底部层间变形愈小。在两部分侧移中，第一部分侧移是主要的，随着建筑高度加大，第二部分变形比例逐渐加大。结构过大的侧向变形不仅会使人感觉不舒服，影响正常使用，也会使填充墙或建筑装饰装修出现裂缝或损坏，还会使主体结构出现裂缝、损坏甚至倒塌。因此，高层建筑不仅需要较大的承载能力，而且需要较大的刚度。框架抗侧刚度主要取决于梁、柱的截面尺寸。通常梁柱截面惯性矩小，侧向变形较大，所以称框架结构为柔性结构。虽然通过合理设计，可以使钢筋混凝土框架获得良好的延性，但由于框架结构层间变形较大，在地震区，高层框架结构容易引起非结构构件的破坏。这是框架结构的主要缺点，因此也限制了框架结构的使用高度。

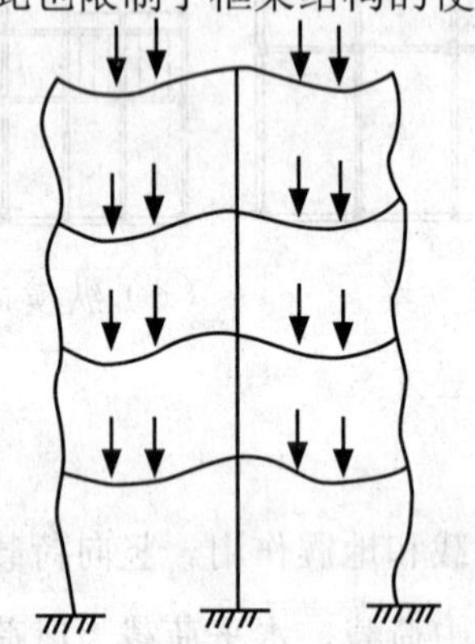

(a) 框架在竖向荷载作用下的变形

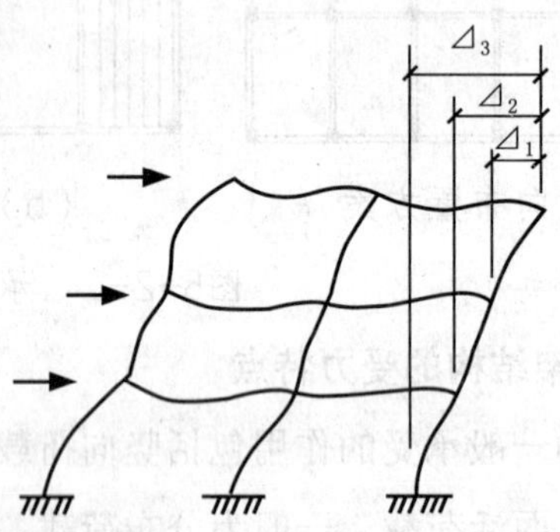

(b) 框架在水平荷载作用下的变形

图5-2-2 框架在作用力下的变形

除装配式框架外，一般可将框架结构的梁、柱节点视为刚接节点，柱固结于基础顶面，所以框架结构多为高次超静定结构。

竖向活荷载具有不确定性。梁、柱的内力将随竖向活荷载的位置而变化。风荷载和地震作用也具有不确定性，梁、柱可能受到反号的弯矩作用，所以框架柱一般采用对称配筋。图5-2-3(a)为某框架结构的计算简图，框架在风荷载或地震作用下简图如图5-2-3(b)所示，其内力图如图5-2-3(c)、(d)、(e)所示；框架在竖向荷载作用下简图如图5-2-3(f)所示，其内力图如图5-2-3(g)、(h)、(i)所示。由图可见，梁、柱端弯矩、剪力、轴力都较大，跨度较小的中间跨框架梁甚至出现了上部受拉的情况。

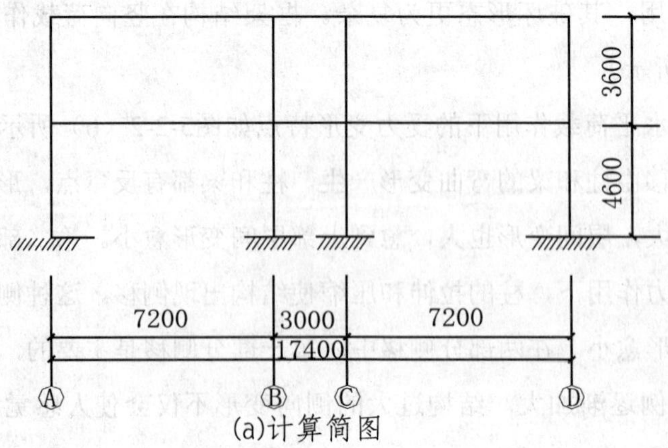

(a)计算简图

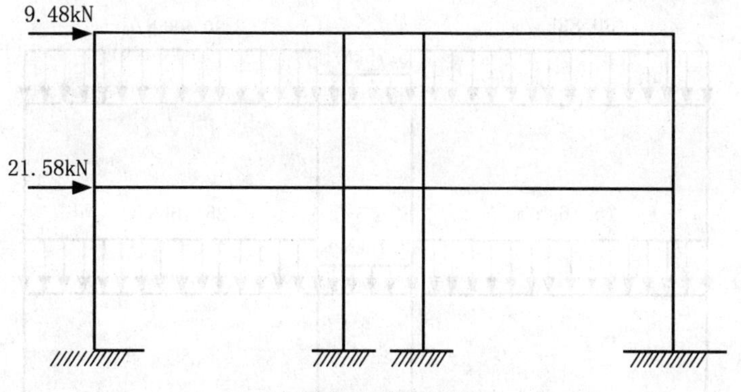

(b)风荷载或地震作用

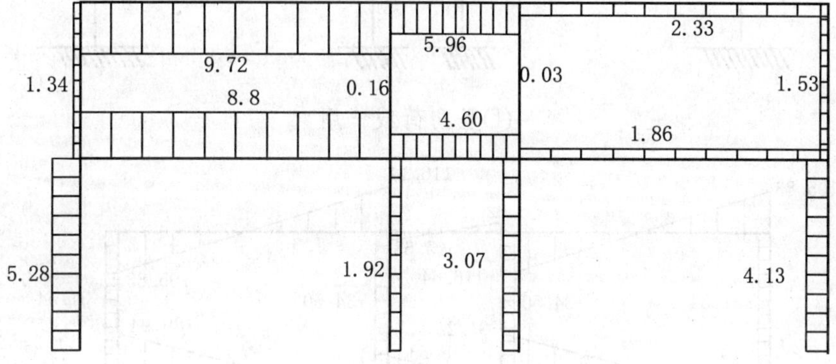

(c)风荷载或地震作用下的N图(kN)

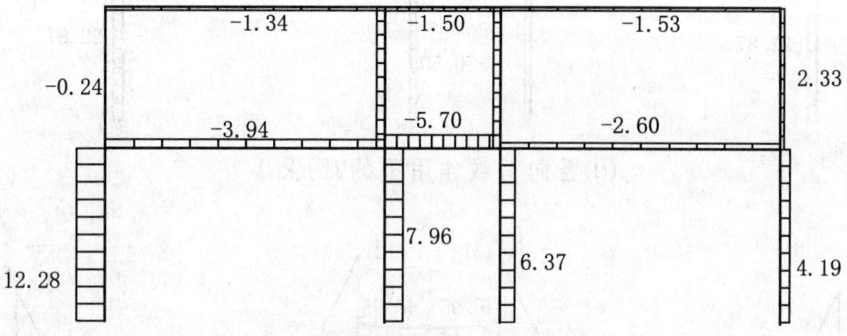

(d)风荷载或地震作用下的V图(kN)

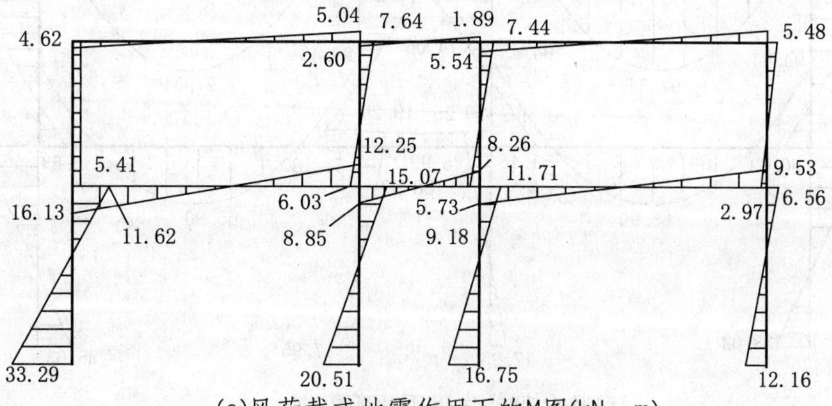

(e)风荷载或地震作用下的M图(kN·m)

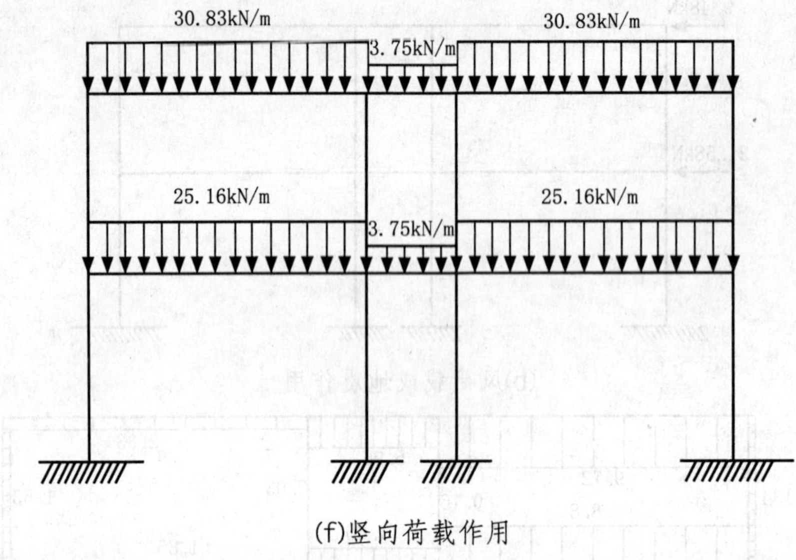

(f)竖向荷载作用

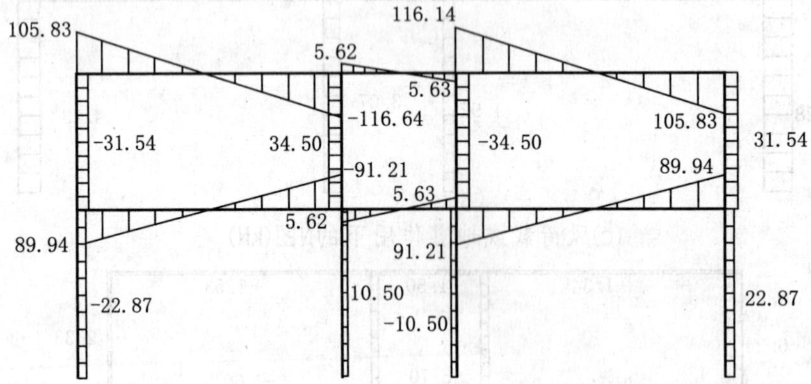

(g)竖向荷载作用下的V图(kN)

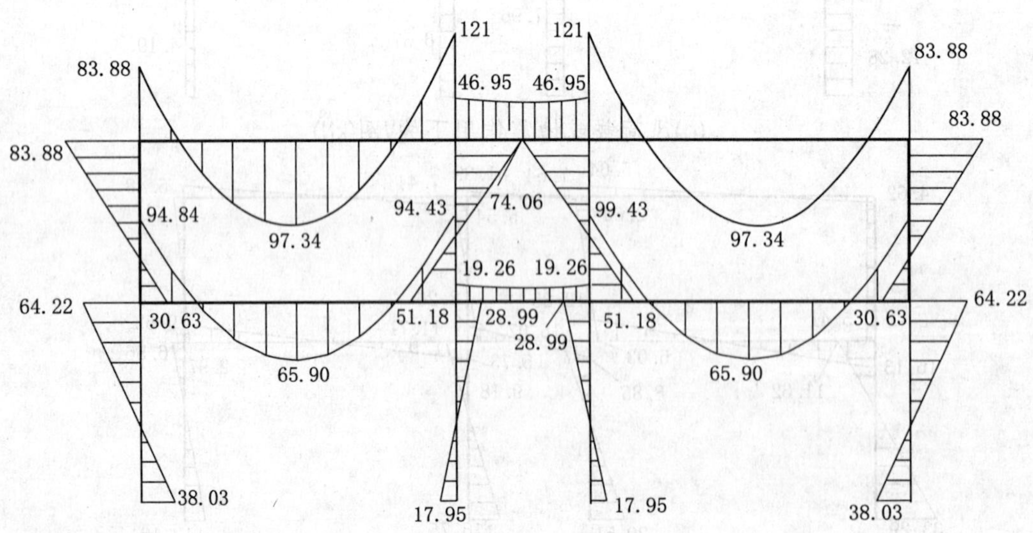

(h)竖向荷载作用下的M图(kN·m)

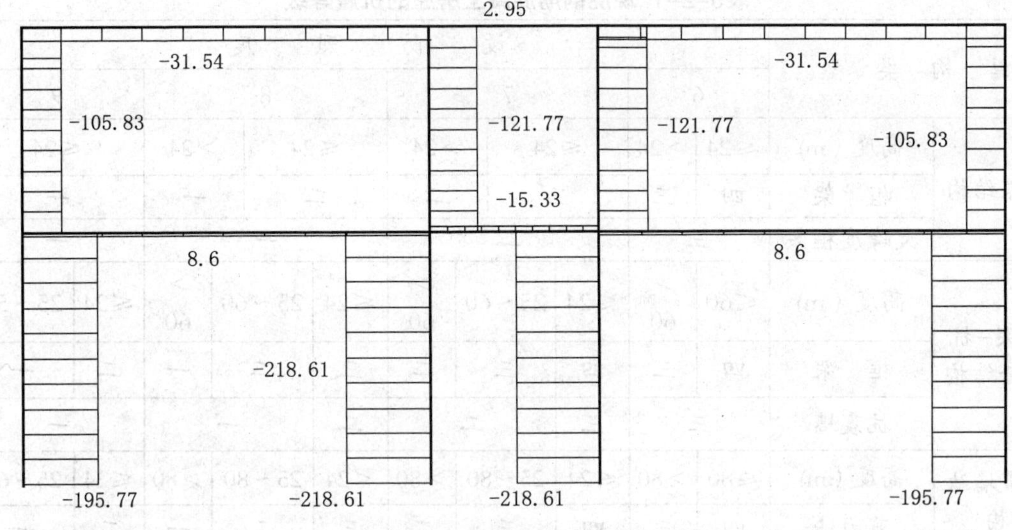

(i)竖向荷载作用下的N图(kN)

图5-2-3 框架结构在水平荷载及竖向荷载作用下的内力图

5.2.4 框架结构抗震设计的基本概念

1．震害及其分析

震害调查表明，钢筋混凝土框架的震害主要发生在梁端、柱端和梁柱节点处。一般来说，柱的震害重于梁，柱顶的震害重于柱底，角柱的震害重于内柱，短柱的震害重于一般柱。

框架梁由于梁端处的弯矩、剪力均较大，并且是反复受力，故破坏常发生在梁端。框架柱由于柱两端弯矩大，破坏一般发生在柱的两端，多发于柱顶。角柱由于双向受弯、受剪，加上扭转作用，故震害比中柱和边柱严重。柱高小于4倍柱截面高度的短柱，由于刚度大，吸收地震力大，易发生剪切破坏。梁柱节点多由于节点内未设箍筋或箍筋不足，以及核心区的钢筋过密而影响混凝土浇筑质量引起破坏。此外，嵌固于框架中的砌体填充墙由于受剪承载力低，与框架缺乏有效的连接，易发生墙面斜裂缝，并沿柱周边开裂，填充墙震害呈现“下重上轻”的现象。当抗震缝的宽度不能满足地震时产生的实际侧移量的要求时，还会导致相邻结构单元之间相互碰撞而产生损坏。

2．抗震等级

《抗规》根据设防类别、烈度、结构类型和房屋高度，将钢筋混凝土结构房屋划分为四个抗震等级，其中一级抗震要求最高。不同抗震等级的建筑，应符合相应的计算和构造措施要求。丙类(标准设防类)建筑的抗震等级划分见表5-2-1。

表5-2-1 现浇钢筋混凝土房屋的抗震等级

<table>
<tr><th colspan="3" rowspan="2">结构类型</th><th colspan="12">设防烈度</th></tr>
<tr><th colspan="2">6</th><th colspan="4">7</th><th colspan="4">8</th><th colspan="2">9</th></tr>
<tr><td rowspan="3">框架结构</td><td colspan="2">高度（m）</td><td>≤24</td><td>>24</td><td colspan="2">≤24</td><td colspan="2">>24</td><td colspan="2">≤24</td><td colspan="2">>24</td><td colspan="2">≤24</td></tr>
<tr><td colspan="2">框架</td><td>四</td><td>三</td><td colspan="2">三</td><td colspan="2">二</td><td colspan="2">二</td><td colspan="2">一</td><td colspan="2">一</td></tr>
<tr><td colspan="2">大跨度框架</td><td colspan="2">三</td><td colspan="4">二</td><td colspan="4">一</td><td colspan="2">一</td></tr>
<tr><td rowspan="3">框架-抗震墙结构</td><td colspan="2">高度（m）</td><td>≤60</td><td>>60</td><td>≤24</td><td colspan="2">25～60</td><td>>60</td><td>≤24</td><td colspan="2">25～60</td><td>>60</td><td>≤24</td><td>25～50</td></tr>
<tr><td colspan="2">框架</td><td>四</td><td>三</td><td>四</td><td colspan="2">三</td><td>二</td><td>三</td><td colspan="2">二</td><td>一</td><td>二</td><td>一</td></tr>
<tr><td colspan="2">抗震墙</td><td colspan="2">三</td><td>三</td><td colspan="3">二</td><td>二</td><td colspan="3">一</td><td colspan="2">一</td></tr>
<tr><td rowspan="2">抗震墙结构</td><td colspan="2">高度（m）</td><td>≤80</td><td>>80</td><td>≤24</td><td colspan="2">25～80</td><td>>80</td><td><24</td><td colspan="2">25～80</td><td>>80</td><td>≤24</td><td>25～60</td></tr>
<tr><td colspan="2">剪力墙</td><td>四</td><td>三</td><td>四</td><td colspan="2">三</td><td>二</td><td>三</td><td colspan="2">二</td><td>一</td><td>二</td><td>一</td></tr>
<tr><td rowspan="4">部分框支抗震墙结构</td><td colspan="2">高度（m）</td><td>≤80</td><td>>80</td><td>≤24</td><td colspan="2">25～80</td><td>>80</td><td>≤24</td><td colspan="2">25～80</td><td rowspan="4"></td><td colspan="2" rowspan="4"></td></tr>
<tr><td rowspan="2">抗震墙</td><td>一般部位</td><td>四</td><td>三</td><td>四</td><td colspan="2">三</td><td>二</td><td>三</td><td colspan="2">二</td></tr>
<tr><td>加强部位</td><td>三</td><td>二</td><td>三</td><td colspan="2">二</td><td>一</td><td>二</td><td colspan="2">一</td></tr>
<tr><td colspan="2">框支层框架</td><td colspan="2">二</td><td colspan="3">二</td><td>一</td><td colspan="3">一</td></tr>
<tr><td rowspan="2">框架-核心筒结构</td><td colspan="2">框架</td><td colspan="2">三</td><td colspan="4">二</td><td colspan="4">一</td><td colspan="2">一</td></tr>
<tr><td colspan="2">核心筒</td><td colspan="2">二</td><td colspan="4">二</td><td colspan="4">一</td><td colspan="2">一</td></tr>
<tr><td rowspan="2">筒中筒结构</td><td colspan="2">外筒</td><td colspan="2">三</td><td colspan="4">二</td><td colspan="4">一</td><td colspan="2">一</td></tr>
<tr><td colspan="2">内筒</td><td colspan="2">三</td><td colspan="4">二</td><td colspan="4">一</td><td colspan="2">一</td></tr>
<tr><td rowspan="3">板柱-抗震墙结构</td><td colspan="2">高度（m）</td><td>≤35</td><td>>35</td><td colspan="2">≤35</td><td colspan="2">>35</td><td colspan="2">≤35</td><td colspan="2">>35</td><td colspan="2" rowspan="3"></td></tr>
<tr><td colspan="2">框架、板柱的柱</td><td>三</td><td>二</td><td colspan="2">二</td><td colspan="2">二</td><td colspan="4">一</td></tr>
<tr><td colspan="2">抗震墙</td><td>二</td><td>二</td><td colspan="2">二</td><td colspan="2">一</td><td colspan="2">二</td><td colspan="2">一</td></tr>
</table>

注：1. 建筑场地为Ⅰ类时，除6度外应允许按表内降低一度所对应的抗震等级采取抗震构造措施，但相应的计算要求不应降低；

2. 接近或等于高度分界时，应允许结合房屋不规则程度及场地、地基条件确定抗震等级；

3. 大跨度框架指跨度不小于18m的框架；

4. 高度不超过60m的框架-核心筒结构按框架-抗震墙的要求设计时，应按表中框架-抗震墙结构的规定确定其抗震等级。

3．抗震设计基本原则

框架结构的抗震性能受许多因素的影响，而且十分敏感。为了使框架结构具有良好的抗震性能，就应在早期方案设计阶段给予足够的重视。因此，必须考虑结构体型、规则性、整体性和质量分布等问题，同时还应从地震反应的角度对结构承载力、刚度和延性变形能力做出正确的评价，使结构体系具有一定的延性。要求框架结构有一定的延性就必须保证框架梁、柱有足够大的延性。而梁、柱的延性是以其控制截面塑性铰的转动能力来度量的。因此，应合理控制结构破坏机制及破坏历程，使结构具有良好的塑性内力重分布能力，合理设计节点区及各个部分连接和锚固，避免各种形式的脆性破坏。

在抗震设计时应遵循下述设计基本原则。

（1）强柱弱梁

较合理的框架破坏机制和破坏历程，应是梁比柱的屈服尽可能先发生和多出现，底层柱的塑性铰最晚形成，同一层中各柱两端的屈服过程越长越好。因为同一层柱上、下都出现塑性铰，很容易形成几何可变体系而倒塌。因此，要控制梁、柱相对强度让塑性铰首先在梁端出现，尽量避免或减少在柱端出现，使框架结构形成尽可能多的梁型延性结构铰。

（2）强剪弱弯

钢筋混凝土构件的剪切破坏是脆性破坏，延性很小。对于框架梁、柱，为了使构件出现塑性铰前不发生脆性的剪切破坏，这就要求构件的抗剪承载力大于塑性铰的抗弯承载力。为此，要提高构件的抗剪强度，形成“强剪弱弯”。

（3）强节点、强锚固

框架结构中梁柱节点的破坏，属变形能力差的剪切脆性破坏，并且使交于节点的梁、柱同时失效。所以，在梁、柱弹塑性变形充分发挥前节点区和构件锚固不应失效。对于框架梁，应具有良好的延性。提高梁的塑性铰的延性及耗能能力是保证框架结构抗震性能的关键。我们可以通过以下几个方面来改善梁的延性性能：①剪压比限制。保证较低的剪应力，塑性铰区的截面剪应力对于梁的延性、能量耗散以及保持梁的强度和刚度有明显的影响，剪压比愈大，梁刚度和强度下降愈快；②在塑性铰区加密箍筋并增设水平腰筋以减少剪切错动的影响，防止过早的强度、刚度下降；③梁端截面下部配筋不宜少于上部钢筋的30%～50%，以降低梁端截面受压区高度、增大塑性铰转动能力、增大其耗能性能。④限制配筋率和改进箍筋形式。改善柱的延性性能除与梁相同的几项措施外，还应限制剪跨比，限制轴压比，避免短柱。

5.2.5 框架结构的基本抗震构造措施

1．框架梁

（1）截面尺寸

梁的截面宽度不宜小于200mm，否则在地震作用时，因塑性铰的出现致使混凝土保护层剥落而造成梁截面过于薄弱，影响梁的抗剪承载能力。为了保证节点核芯区的约束能力，梁的截面宽度不宜小于梁截面高度的1/4。同时，梁净跨与截面高度之比不宜小于4。

（2）梁的纵向钢筋

梁端纵向受拉钢筋的配筋率不应大于2.5%，且计入受压钢筋的梁端混凝土受压区高度和有效高度之比，一级抗震设计时不应大于0.25，二、三级抗震设计时不应大于0.35。梁端截面的底面和顶面纵向钢筋截面面积的比值，除按计算确定外，一级不小于0.5，二、三级不小于0.3。

考虑到地震弯矩的不确定性，抗震设计时，梁底和梁顶应至少各配置2根贯通纵筋，一、二级框架钢筋直径不应小于14mm且不应少于梁两端顶面和底面纵向配筋中较大截面面积的1/4，三、四级框架钢筋直径不应小于12mm。

在中柱部位，框架梁上部钢筋应贯穿中柱节点。为防止纵筋在出现塑性铰时产生过大的滑移，一、二、三级框架梁内，贯通中柱的每根纵向钢筋直径，对矩形截面柱，不宜大于柱在该方向截面尺寸的1/20；对圆形截面柱，不宜大于纵向钢筋所在位置柱截面弦长的1/20。

梁内纵向钢筋的锚固方式一般有两种，即直线锚固和弯折锚固。在中柱常用直线锚固，在边柱常用90度弯折锚固。弯折锚固可分为水平锚固段和弯折锚固段两部分。实验表明，弯折筋的主要受力段是水平段，到加载后期，水平段发生黏结破坏，钢筋滑移量增大时，锚固力才转移至弯折段承担。弯折段对节点核芯区混凝土有挤压作用，因而，总锚固力比仅有水平段要高。但弯折段较短时，其弯折角度有增大的趋势，节点变形大幅度增加，很容易将柱侧面混凝土顶裂使锚固失效。因此弯折段长度不能太短，一般应保证15d（d为钢筋直径）。而且，只增加弯折段长度而不保证水平段长度，是不能满足锚固要求的。

（3）梁的箍筋

在地震作用下，梁端塑性铰区纵向钢筋屈服的范围一般可达1.5倍梁高。在梁端纵向钢筋屈服范围内，加密封闭式箍筋，可以加强对节点核芯区混凝土的约束作用，提高塑性铰区内混凝土的极限应变值，防止在塑性铰区内发生斜裂缝破坏，从而保证框架梁有足够的延性。同时还为纵向受压钢筋提供侧向支撑，防止纵筋压曲。《抗规》对梁端箍筋加密区的范围和构造做出强制性规定，见表5-2-2。

表5-2-2 梁端箍筋加密区的长度、箍筋的最大间距和最小直径

抗震等级	加密区长度（采用较大值）（mm）	箍筋最大间距（采用最小值）（mm）	箍筋最小直径（mm）
一	$2h_b$，500	$h_b/4$，$6d$，100	10
二	$1.5h_b$，500	$h_b/4$，$8d$，100	8
三	$1.5h_b$，500	$h_b/4$，$8d$，150	8
四	$1.5h_b$，500	$h_b/4$，$8d$，150	6

注：1. d为纵向钢筋直径，h_b为梁截面高度；

2. 箍筋直径大于12mm、数量不少于4肢且肢距不大于150mm时，一、二级的最大间距应允许适当放宽，但不得大于150mm。

2. 框架柱

（1）截面尺寸

抗震设计时，矩形截面柱的边长，四级不宜小于300mm，一、二、三级时不宜小于400mm。圆柱的直径，四级不宜小于350mm，一、二、三级时不宜小于450mm。柱剪跨比宜大于2，柱截面高宽比不宜大于3。柱净高与柱截面长边的比值不应小于4，否则将形成短柱，地震时易发生脆性的剪切破坏。为保证强柱弱梁和增加柱的延性，在确定柱的截面尺寸时应首先保证柱的轴压比限值。对于C60及以下等级的钢筋混凝土柱，柱轴压比限值，一级为0.65，二级为0.75，三级为0.85。

（2）柱的纵向钢筋

抗震设计时，柱的纵向钢筋宜对称配置。为了保证柱有足够的延性，框架柱中全部纵向受力钢筋的配筋百分率不应小于表5-2-3规定的数值。同时，每一侧的纵向钢筋配筋率不应小于0.2%；对建造于Ⅳ类场地且较高的高层建筑，表中数值应增加0.1。当采用335MPa、400MPa级纵向受力钢筋时，应分别按表5-2-3中数值增加0.1和0.05采用。

表5-2-3 柱截面纵向钢筋的最小总配筋率（百分率）

类 别	抗震等级			
	一	二	三	四
中柱和边柱	0.9（1.0）	0.7（0.8）	0.6（0.7）	0.5（0.6）
角柱、框支柱	1.1	0.9	0.8	0.7

另外，对框架柱来说，配筋率过大易产生黏结破坏，并降低柱的延性。抗震设计时，柱全部纵向钢筋的配筋率不应大于5%；为了使柱截面核芯区混凝土有较好的约束，对截面边长大于400mm的柱，一、二、三级抗震设计时，其纵向钢筋间距不宜大于200。任何情况下纵向受力钢筋的净距均不小于50mm。柱纵向钢筋的绑扎接头应避开柱端的箍筋加密区。

（3）柱箍筋

柱的箍筋加密范围，应按下列规定采用：

①柱端，取截面高度(圆柱直径)、柱净高的1/6和500mm三者的最大值；

②底层柱的下端不小于柱净高的1/3；

③刚性地面上下各500mm；

④剪跨比不大于2的柱、因设置填充墙等形成的柱净高与柱截面高度之比不大于4的

柱、框支柱、一级和二级框架的角柱，取全高。

抗震设计时，柱箍筋设置应符合下列规定：

①箍筋应为封闭式，其末端应做成135°弯钩且弯钩末端平直段长度不应小于10倍的箍筋直径，且不应小于75mm。

②箍筋加密区的箍筋肢距，一级不宜大于200mm，二、三级不宜大于250mm和20倍箍筋直径的较大值，四级不宜大于300mm。每隔一根纵向钢筋宜在两个方向有箍筋约束；采用拉筋组合箍时，拉筋宜紧靠纵向钢筋并勾住封闭箍筋。

③柱非加密区的箍筋，其体积配箍率不宜小于加密区的一半；其箍筋间距，不应大于加密区箍筋间距的2倍，且一、二级不应大于10倍纵向钢筋直径，三、四级不应大于15倍纵向钢筋直径。

3．框架节点区的锚固和搭接

《高规》规定，抗震设计时，框架梁、柱的纵向钢筋在框架节点区的锚固和搭接（见图5-2-4），应符合下列要求：

（1）顶层中节点柱纵向钢筋和边节点柱内侧纵向钢筋应伸至柱顶。当从梁底边计算的直线锚固长度不小于L_{aE}时，可不必水平弯折，否则应向柱内或梁内、板内水平弯折，锚固段弯折前的竖直投影长度不应小于$0.5L_{abE}$，弯折后的水平投影长度不宜小于12倍的柱纵向钢筋直径。此处，$L_{ab}E$为抗震时钢筋的基本锚固长度，一、二级取$1.15L_{ab}$，三、四级分别取$1.05L_{ab}$和$1.00L_{ab}$。

（2）顶层端节点处，柱外侧纵向钢筋可与梁上部纵向钢筋搭接，搭接长度不应小于$1.5L_{aE}$，且伸入梁内的柱外侧纵向钢筋截面面积不宜小于柱外侧全部纵向钢筋截面面积的65%；在梁宽范围以外的柱外侧纵向钢筋可伸入现浇板内，其伸入长度与伸入梁内的相同。当柱外侧纵向钢筋的配筋率大于1.2%时，伸入梁内的柱纵向钢筋宜分两批截断，其截断点之间的距离不宜小于20倍的柱纵向钢筋直径。

（3）梁上部纵向钢筋伸入端节点的锚固长度，直线锚固时不应小于L_{aE}，且伸过柱中心线的长度不应小于5倍的梁纵向钢筋直径；当柱截面尺寸不足时，梁上部纵向钢筋应伸至节点对边并向下弯折，锚固段弯折前的水平投影长度不应小于$0.4L_{abE}$，弯折后的竖直投影长度应取15倍的梁纵向钢筋直径。

（4）梁下部纵向钢筋的锚固与梁上部纵向钢筋相同，但采用90°弯折方式锚固时，竖直段应向上弯入节点内。

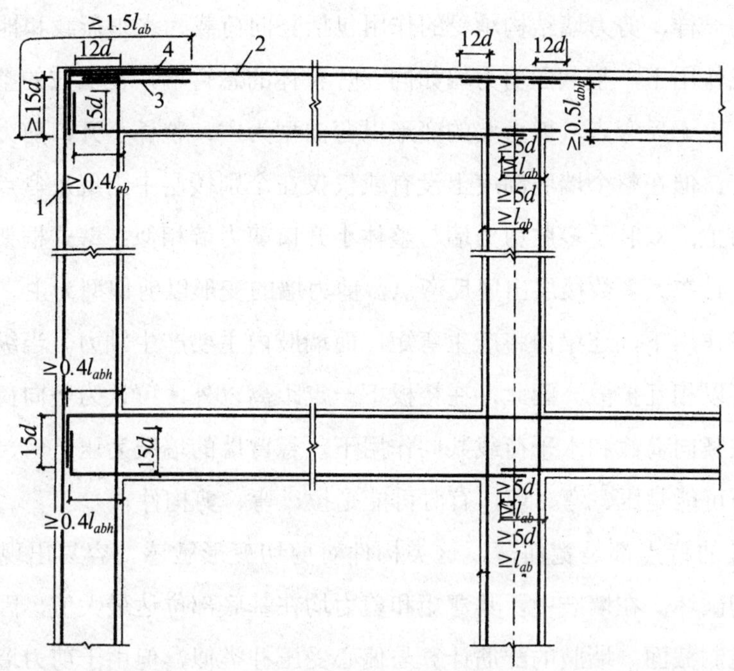

图5-2-4 抗震设计时框架梁、柱纵向钢筋在节点区的锚固示意

1-柱外侧纵向钢筋；2-梁上部纵向钢筋；3-伸入梁内的柱外侧纵向钢筋；

4-不能伸入梁内的柱外侧纵向钢筋，可伸入板内

5.3 剪力墙结构

5.3.1 剪力墙结构的受力特点

开洞剪力墙由墙肢和连梁两种构件组成，不开洞的剪力墙仅有墙肢。按墙面开洞情况，剪力墙可分为四类（见图5-3-1）：整截面剪力墙（不开洞或开洞面积不大于15%的墙）、整体小开口剪力墙（开洞面积大于15%，但相对而言，墙肢较宽，洞口仍较小的墙）、双肢及多肢剪力墙（又叫联肢墙。开口较大、洞口成列布置的剪力墙）、壁式框架（洞口尺寸大，连梁线刚度大于或接近墙肢线刚度的墙）。不同类型的剪力墙具有不同的受力状态和特点。

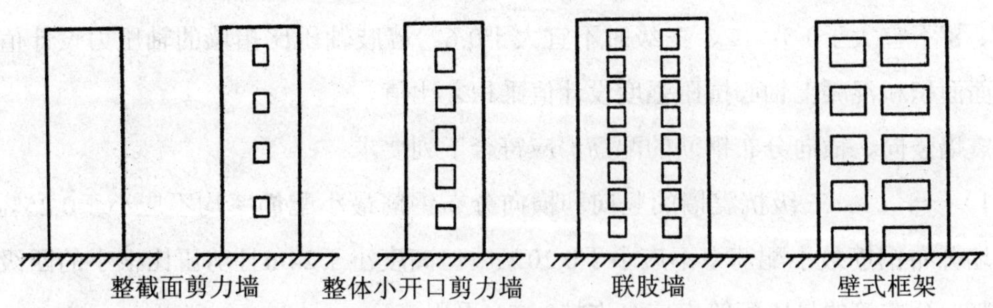

图5-3-1 剪力墙的类型

与框架结构一样，剪力墙结构承受的作用包括竖向荷载、水平荷载和地震作用。

在水平荷载作用下，整截面剪力墙如同一片整体的悬臂墙，在墙肢的整个高度上，弯矩图既不突变，也无反弯点，剪力墙的变形以弯曲型为主；整体小开口剪力墙的弯矩图在连梁处发生突变，但在整个墙肢高度上没有或仅仅在个别楼层中出现反弯点，剪力墙的变形仍以弯曲型为主；双肢及多肢剪力墙与整体小开口剪力墙相似；壁式框架柱的弯矩图在楼层处有突变，且在大多数楼层出现反弯点，剪力墙的变形以剪切型为主。

在竖向荷载作用下，连梁内将产生弯矩，而墙肢内主要产生轴力。当纵墙和横墙整体联结时，荷载可以相互扩散。因此，在楼板下一定距离以外，可认为竖向荷载在纵、横墙内均匀分布。在竖向荷载和水平荷载共同作用下，悬臂墙的墙肢为压、弯、剪构件，而开洞剪力墙的墙肢可能是压、弯、剪，有时可能是拉、弯、剪构件。

连梁及墙肢的特点都是宽而薄，这类构件对剪切变形敏感，容易出现斜裂缝，容易出现脆性的剪切破坏。在墙肢中，其弯矩和剪力均在基底部位达最大值，因此基底截面是剪力墙设计的控制截面。墙肢的配筋计算与偏心受压柱类似，但由于剪力墙截面高度大，在墙肢内除在端部正应力较大部位集中配置竖向钢筋外，还应在剪力墙腹板中设置分布钢筋。竖向与水平分布钢筋共同抵抗压弯作用及墙面混凝土的收缩和温度应力，共同承担剪力作用。连梁承受弯矩、剪力和轴力的共同作用，属于受弯构件。连梁由正截面承载力计算纵向受力钢筋，由斜截面承载力计算箍筋用量。连梁通常采用对称配筋。

5.3.2 剪力墙结构的基本抗震构造措施

抗震墙的厚度，一、二级不应小于160mm且不宜小于层高或无支长度的1/20，三、四级不应小于140mm且不宜小于层高或无支长度的1/25；无端柱或翼墙时,一、二级不宜小于层高或无支长度的1/16，三、四级不宜小于层高或无支长度的1/20。底部加强部位的墙厚，一、二级不应小于200mm且不宜小于层高或无支长度的1/16，三、四级不应小于160mm且不宜小于层高或无支长度的1/20；无端柱或翼墙时,一、二级不宜小于层高或无支长度的1/12，三、四级不宜小于层高或无支长度的1/16。

一、二、三级抗震墙在重力荷载代表值作用下墙肢的轴压比，一级时，9°不宜大于0.4，7°、8°不宜大于0.5；二、三级时不宜大于0.6。墙肢轴压比指墙的轴压力设计值与墙的全截面面积和混凝土轴心抗压强度设计值乘积之比值。

抗震墙竖向、横向分布钢筋的配筋，应符合下列要求：

（1）一、二、三级抗震墙的竖向和横向分布钢筋最小配筋率均不应小于0.25%，四级抗震墙分布钢筋最小配筋率不应小于0.20%。但高度小于24m且剪压比很小的四级抗震墙，其竖向分布筋的最小配筋率应允许按0.15%采用。

（2）部分框支抗震墙结构的落地抗震墙底部加强部位，竖向和横向分布钢筋配筋率均不应小于0.3%。

抗震墙竖向和横向分布钢筋的配置，尚应符合下列规定：

（1）抗震墙的竖向和横向分布钢筋的间距不宜大于300mm，部分框支抗震墙结构的落地抗震墙底部加强部位，竖向和横向分布钢筋的间距不宜大于200mm。

（2）抗震墙厚度大于140mm时，其竖向和横向分布钢筋应双排布置，双排分布钢筋间拉筋的间距不宜大于600mm，直径不应小于6mm。

（3）抗震墙竖向和横向分布钢筋的直径，均不宜大于墙厚的1/10且不应小于8mm；竖向钢筋直径不宜小于10mm。

抗震墙两端和洞口两侧应设置边缘构件，边缘构件包括暗柱、端柱和翼墙，并应符合下列要求：

对于抗震墙结构，底层墙肢底截面的轴压比不大于表5-3-1规定的一、二、三级抗震墙，墙肢两端可设置构造边缘构件，构造边缘构件的范围可按图5-3-2采用，构造边缘构件的配筋除应满足受弯承载力要求外，并宜符合表5-3-2的要求。

表5-3-1 抗震墙设置构造边缘构件的最大轴压比

抗震等级或烈度	一级（9度）	一级（7、8度）	二、三级
轴　压　比	0.1	0.2	0.3

表5-3-2 抗震墙构造边缘构件的配筋要求

抗震等级	底部加强部位			其他部位		
	纵向钢筋最小量（取较大值）	箍筋		纵向钢筋最小量（取较大值）	拉筋	
		最小直径（mm）	沿竖向最大间距（mm）		最小直径（mm）	沿竖向最大间距（mm）
一	$0.010A_C$，6Φ16	8	100	$0.008A_C$，6Φ14	8	150
二	$0.008A_C$，6Φ14	8	150	$0.006A_C$，6Φ12	8	200
三	$0.006A_C$，6Φ12	6	150	$0.005A_C$，4Φ12	6	200
四	$0.005A_C$，4Φ12	6	200	$0.004A_C$，4Φ12	6	250

注：1. A_c为边缘构件的截面面积；

2. 其他部位的拉筋，水平间距不应大于纵筋间距的2倍；转角处宜采用箍筋；

3. 当端柱承受集中荷载时，其纵向钢筋、箍筋直径和间距应满足柱的相应要求。

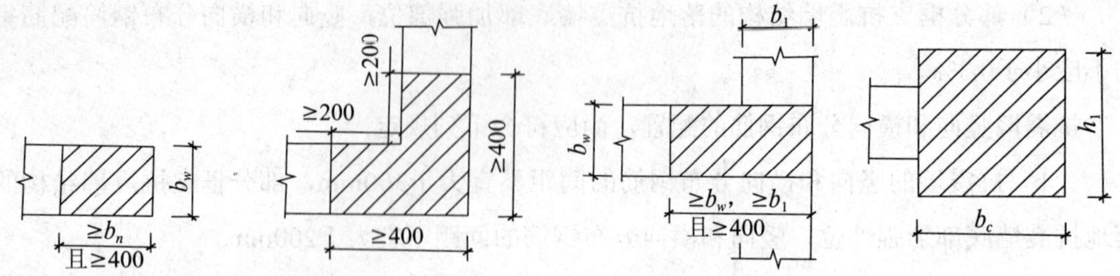

图5-3-2 抗震墙的构造边缘构件范围

底层墙肢底截面的轴压比大于表5-3-1规定的一、二、三级抗震墙，以及部分框支抗震墙结构的抗震墙，应在底部加强部位及相邻的上一层设置约束边缘构件，在以上的其他部位可设置构造边缘构件。约束边缘构件沿墙肢的长度、配箍特征值、箍筋和纵向钢筋宜符合表5-3-3的要求(见图5-3-3)。

表5-3-3 抗震墙约束边缘构件的范围及配筋要求

项目	一级（9度）		一级（8度）		二、三级	
	λ≤0.2	λ>0.2	λ≤0.3	λ>0.3	λ≤0.4	λ>0.4
l_c（暗柱）	$0.20h_w$	$0.25h_w$	$0.15h_w$	$0.20h_w$	$0.15h_w$	$0.20h_w$
l_c（翼墙或端柱）	$0.15h_w$	$0.20h_w$	$0.10h_w$	$0.15h_w$	$0.10h_w$	$0.15h_w$
λ_v	0.12	0.20	0.12	0.20	0.12	0.20
纵向钢筋（取较大值）	$0.012A_C$，8Φ16		$0.012A_C$，8Φ16		$0.010A_C$，6Φ16 （三级6Φ14）	
箍筋或拉筋沿竖向间距	100mm		100mm		150mm	

注：1. 抗震墙的翼墙长度小于其3倍厚度或端柱截面边长小于2倍墙厚时，按无翼墙、无端柱查表；

2. l_c为约束边缘构件沿墙肢长度，且不小于墙厚和400mm；有翼墙或端柱时不应小于翼墙厚度或端柱沿墙肢方向截面高度加300mm；

3. λ_v为约束边缘构件的配箍特征值。

4. h_w为抗震墙墙肢长度；

5. λ为墙肢轴压比；

6. A_c为图5-3-3中约束边缘构件阴影部分的截面面积。

构造边缘构件和约束边缘构件都是剪力墙中特有的构件，它们的作用基本一样，设置在剪力墙的边缘，起到改善受力性能的作用。但约束边缘构件对体积配箍率等要求更严，用在比较重要的受力较大结构部位，尤其是抗震等级较高的建筑，而构造边缘构件的要求相对松一些，这就是两者的主要区别。约束边缘构件的“约束”有两层含义：边缘构件对剪力墙的约束；边缘构件中箍筋对混凝土的约束。尤其是后者，对提高剪力墙在峰值荷载后的变形能力有非常明显的作用，只要约束边沿构件中的混凝土能很好地被约束，剪力墙可在达到峰值荷载后再经历相当大的变形下而承载力不降低。但约束边缘构件对高宽比不同的剪力墙的“约束”效应是有差别的。对一般工程中的高宽比大于2的剪力墙，上述结论才成立，对低矮剪力墙，边缘构件的贡献降低，一般都是腹板混凝土压碎，提高约束边缘构件的配箍对剪力墙的变形能力影响不明显。

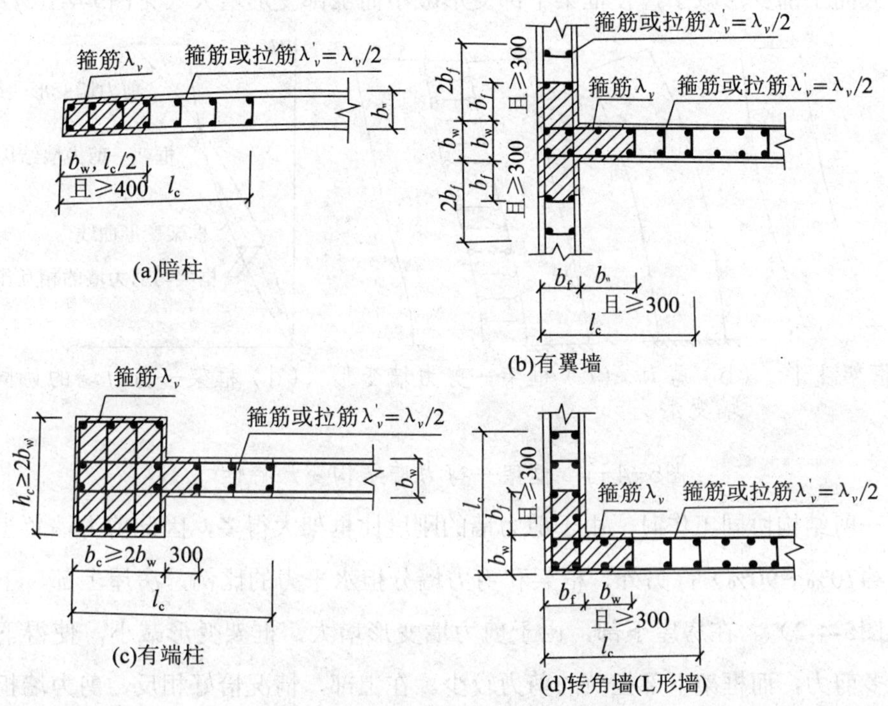

图5-3-3 抗震墙的约束边缘构件

抗震墙的墙肢长度不大于墙厚的3倍时，应按柱的有关要求进行设计；矩形墙肢的厚度不大于300mm时，宜全高加密箍筋。

跨高比较小的高连梁，可设水平缝形成双连梁、多连梁或采取其他加强受剪承载力的构造。顶层连梁的纵向钢筋伸入墙体的锚固长度范围内，应设置箍筋。

5.4 框架—剪力墙结构

5.4.1 框架—剪力墙结构的受力特点

在框架—剪力墙结构中，剪力墙应沿平面的主轴方向布置，并遵循“均匀、对称、分散、周边”的原则布置。抗震剪力墙宜贯通房屋全高，且横向与纵向的剪力墙宜连接。横向剪力墙宜均匀对称地设置在建筑物的端部附近、楼（电）梯间、平面形状变化处以及恒载较大的部位。纵向剪力墙宜布置在单元的中间区段内，当房屋纵向较长时，不宜集中在房屋的两端布置纵向剪力墙。楼盖是框架和剪力墙能够协同工作的基础，宜采用现浇楼盖。

在水平荷载作用下，框架变形的特点是其层间相对水平位移愈到上部愈小（见图5-4-1(a)），而剪力墙的变形特点是其层间相对水平位移愈到上部愈大（见图5-4-1(b)）。两者变形相互协调，使结构的层间变形趋于均匀（见图5-13(d)）。总之，框架—剪结构使剪力墙的下部变形加大而上部变形减小，使框架下部变形减小而上部变形增大（见图5-4-1(c)）。

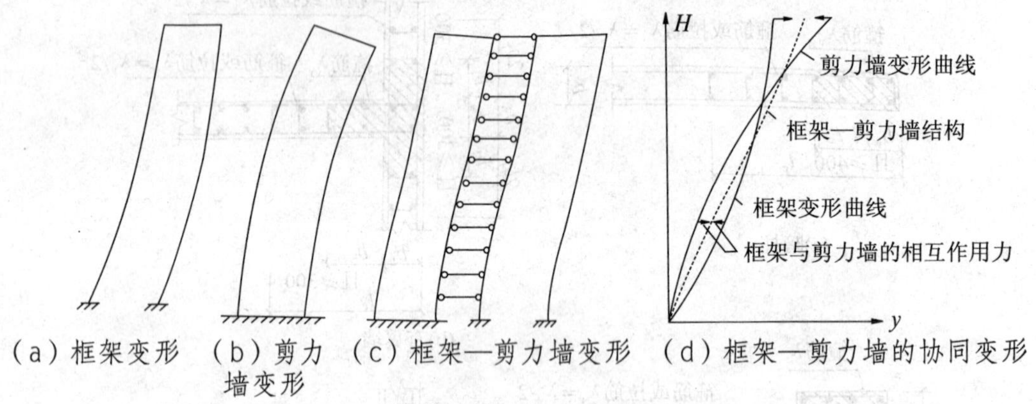

图5-4-1　框架—剪力墙结构变形特性

框架—剪结构协同工作时，由于剪力墙的刚度比框架大得多，因此剪力墙负担大部分水平力（约70%～90%）；另外，框架和剪力墙分担水平力的比例，房屋上部、下部是变化的（见图5-4-2）。在房屋下部，由于剪力墙变形增大，框架变形减小，使得下部剪力墙担负更多剪力，而框架下部担负的剪力较少。在上部，情况恰好相反，剪力墙担负外载减小，而框架担负剪力增大。这样，就使框架上部和下部所受剪力均匀化而受力更合理。从协同变形曲线可以看出，框架—剪结构的层间变形在下部小于纯框架，上部小于纯剪力墙，因此各层的层间变形也将趋于均匀化。

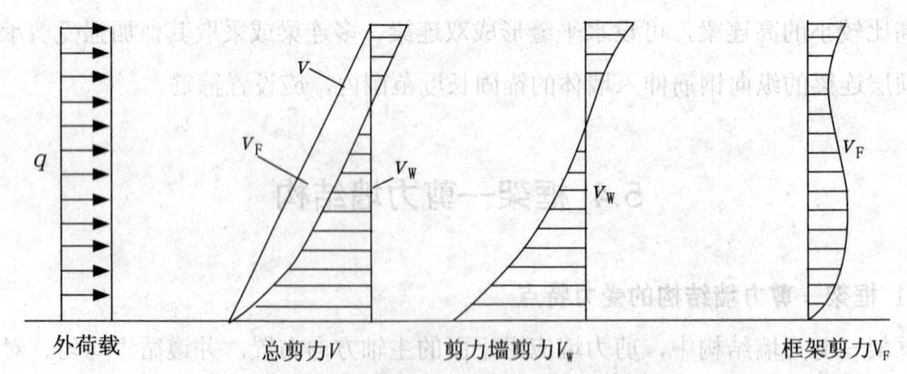

图5-4-2　框架-剪结构的剪力分配

5.4.2 框架—剪力墙结构的基本抗震构造措施

框架—抗震墙结构的抗震墙厚度和边框设置，应符合下列要求：

（1）抗震墙的厚度不应小于160mm且不宜小于层高或无支长度的1/20，底部加强部位的抗震墙厚度不应小于200mm且不宜小于层高或无支长度的1/16。

（2）有端柱时，墙体在楼盖处宜设置暗梁，暗梁的截面高度不宜小于墙厚和400mm的较大值；端柱截面宜与同层框架柱相同，并应满足抗震对框架柱的要求；抗震墙底部加强部位的端柱和紧靠抗震墙洞口的端柱宜按柱箍筋加密区的要求沿全高加密箍筋。

抗震墙的竖向和横向分布钢筋，配筋率均不应小于0.25%，间距不宜大于300mm，并应双排布置，双排分布钢筋间应设置拉筋。

楼面梁与抗震墙平面外连接时，不宜支承在洞口连梁上；沿梁轴线方向宜设置与梁连接的抗震墙，梁的纵筋应锚固在墙内；也可在支承梁的位置设置扶壁柱或暗柱，并应按计算确定其截面尺寸和配筋。

思考题

1.何谓高层建筑？高层建筑混凝土结构体系有哪些？简述各自的优缺点及适用范围。

2.在水平荷载下，框架梁、柱的内力分布特点有哪些？

3.在竖向荷载下，框架梁、柱的内力分布特点有哪些？

4.框架梁、柱的基本抗震构造措施有哪些？

5.框架节点的基本抗震构造措施有哪些？

6.剪力墙可以划分为几类？其受力特点有何不同？

7.剪力墙的基本抗震构造措施有哪些？

8.框架-剪力墙结构的受力特点是什么？

第6章 预应力混凝土构件和钢—混凝土组合结构

6.1 预应力混凝土构件概述

6.1.1 预应力混凝土的基本概念

一般情况下，普通钢筋混凝土构件抗裂性能很差，当钢筋应力超过20～30N/mm^{2}时，混凝土就会开裂。在正常使用条件下，一般均处于带裂缝工作状态。对使用上允许开裂的构件，裂缝宽度一般应限制在0.2～0.3mm，此时钢筋的应力仅为150～250N/mm^2。可见在普通钢筋混凝土构件中，高强度钢筋不能充分利用，因此限制了高强度钢筋的应用。而提高混凝土强度等级对提高构件的抗裂性能和控制裂缝宽度的作用也不大。为了满足变形和裂缝控制的要求，则需增大构件的截面尺寸和用钢量，这将导致自重过大，使钢筋混凝土结构用于大跨度或承受动力荷载的结构成为不可能或很不经济。而对于使用上不允许开裂的构件，普通钢筋混凝土根本无法满足要求。

预应力混凝土结构就是构件在承受外荷载之前，人为地预先通过张拉钢筋对结构使用阶段产生拉应力的混凝土区域施加压力，构件承受外荷载后，此项预压应力将抵消一部分或全部由外荷载所引起的拉应力，从而推迟裂缝的出现和限制裂缝的开展。

预应力混凝土受弯构件的工作原理见表6-1-1。

表6–1–1 预应力混凝土受弯构件的工作原理

名称	预应力作用	外荷载作用（相当于普通混凝土）	预应力+外荷载=预应力混凝土
受力简图	f_1	f_2	f
受力特征	在预压力作用下，截面下边缘产生压应力σ_1，形成反拱f_1	在外荷载作用下，截面下边缘产生拉应力σ_2，其挠度为f_2	在预压力及外荷载作用下，截面下边缘产生应力$\sigma_2-\sigma_1$，其挠度为$f_2-f_1=f$
优点	（1）提高构件的抗裂度（当$\sigma_2-\sigma_1\leqslant 0$时构件不开裂）；（2）减少裂缝宽度，提高耐久性；（3）减小裂缝宽度，提高耐久性；（4）减小挠度，提高刚度，扩大使用范围；（5）充分利用高强材料，减轻自重，节约材料；（6）由于限制裂缝的开展，提高构件抗剪强度；（7）预应力钢筋可减少纵向弯曲，提高受压构件稳定承载力；（8）在循环荷载作用下，减少应力变化幅度，提高构件抗疲劳能力		
缺点	（1）工艺复杂，质量要求高，技术含量高；（2）需要专门设备（如先张法需要张拉台座，后张法需要张拉机具，灌浆设备）；（3）后张法开工费用大，当跨度小，数量少时，成本高；另外锚具用钢量大		
适用范围	大型屋面板、屋面梁、空心板、架下弦、铁路桥梁等		

按照使用荷载下对截面拉应力控制要求的不同，预应力混凝土结构构件可分为三种：

1．全预应力混凝土是指在各种荷载组合下构件截面上均不允许出现拉应力的预应力混凝土构件，大致相当于裂缝控制等级为一级的构件。全预应力混凝土构件具有抗裂性和抗疲劳性好、刚度大等优点，但也存在构件反拱值过大，延性差，预应力钢筋配筋量大，施加预应力工艺复杂、费用高等缺点。因此适当降低预应力，做成有限或部分预应力混凝土构件，即克服了上述全预应力的缺点，同时又可以用预应力改善钢筋混凝土构件的受力性能。

2．有限预应力混凝土是按在短期荷载作用下，容许混凝土承受某一规定拉应力值，但在长期荷载作用下，混凝土按不得受拉的要求设计。相当于裂缝控制等级为二级的构件。

3．部分预应力混凝土是按在使用荷载作用下，容许出现裂缝，但最大裂宽不超过允许值的要求设计。相当于裂缝控制等级为三级的构件。

有限或部分预应力混凝土介于全预应力混凝土和普通钢筋混凝土之间，有很大的选择范围，设计者可根据结构的功能要求和环境条件，选用不同的预应力值以控制构件在使用条件下的变形和裂缝，并使其在破坏前具有必要的延性，因而是当前预应力混凝土结构的一个主要发展趋势。

预应力混凝土构件与普通钢筋混凝土构件相比较，在受力性能上有以下区别：

1. 预应力混凝土构件与普通钢筋混凝土构件在施工阶段，两者钢筋和混凝土材料所处的应力状态不同。普通钢筋混凝土构件中，钢筋和混凝土均处于零应力状态；而预应力混凝土构件中，钢筋和混凝土均有初应力，其中钢筋处于拉应力状态，混凝土处于压应力状态，一旦预应力被抵消，预应力混凝土和普通钢筋混凝土之间没有本质的不同。

2. 预应力混凝土构件出现裂缝比普通钢筋混凝土构件迟得多，但裂缝出现时的荷载与构件破坏时的荷载比较接近。

3. 预应力混凝土构件与条件相同的未加预应力的钢筋混凝土构件承载能力相同，故预加应力能推迟裂缝出现，但不能提高构件承载能力。

6.1.2 施加预应力的方法

给拉区混凝土施加预应力的方法，根据张拉钢筋与浇注混凝土的先后顺序分为先张法及后张法。

1. 先张法

先张法即先张拉钢筋后浇注混凝土。其主要张拉程序为：在台座上按设计要求将钢筋张拉到控制应力→用夹具临时固定→浇注混凝土→待混凝土达到设计强度75%以上切断放松钢筋。其传力途径是依靠钢筋与混凝土的黏结力阻止钢筋的弹性回弹，使截面混凝土获得预压应力，见图6-1-1。

先张法施工简单，靠黏结力自锚，不必耗费特制锚具，临时锚具（一般称工具式锚具或夹具）可以重复使用，大批量生产时经济，质量稳定。适用于中小型构件工厂化生产。

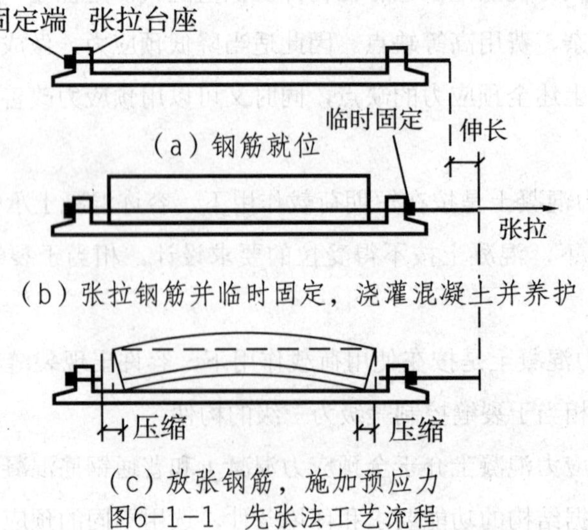

图6-1-1　先张法工艺流程

2．后张法

（1）有黏结预应力混凝土。先浇混凝土，待混凝土达到设计强度75%以上，再张拉钢筋（钢筋束）。其主要张拉程序为：埋管制孔→浇混凝土→抽管→养护穿筋张拉→锚固→灌浆（防止钢筋生锈）。其传力途径是依靠锚具阻止钢筋的弹性回弹，使截面混凝土获得预压应力，如图6-1-2所示。这种做法使钢筋与混凝土结为整体，称为有黏结预应力混凝土。

有黏结预应力混凝土由于黏结力（阻力）的作用使得预应力钢筋拉应力降低，导致混凝土压应力降低，所以应设法减少这种黏结。这种方法设备简单，不需要张拉台座，生产灵活，适用于大型构件的现场施工。

（2）无黏结预应力混凝土。其主要张拉程序为预应力钢筋沿全长外表涂刷油脂等润滑防腐、防锈材料→包上塑料纸或塑料套管（预应力钢筋与混凝土不建立粘结力）→浇混凝土养护→张拉钢筋→锚固。

施工时跟普通混凝土一样，将钢筋放入设计位置可以直接浇混凝土，不必预留孔洞、穿筋、灌浆，简化了施工程序，由于无黏结预应力混凝土有效预压应力增大，降低造价，适用于跨度大的曲线配筋的梁体。

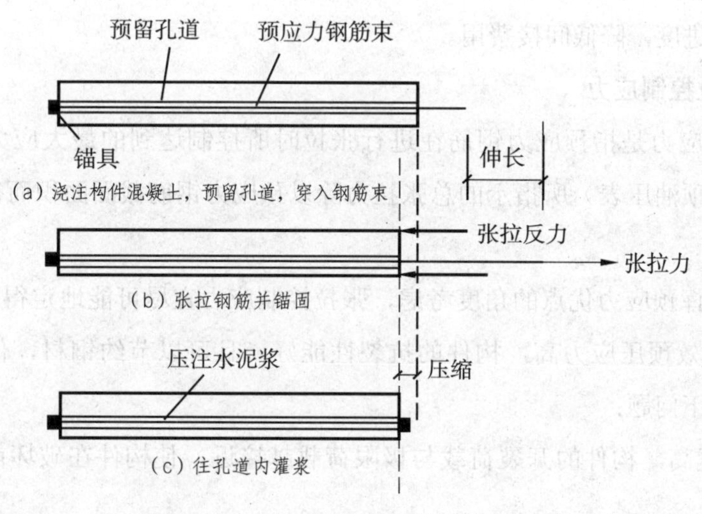

图6-1-2　后张法工艺流程

6.1.3 预应力混凝土对材料的要求

1．钢筋的性能要求

（1）强度高。预应力混凝土构件在制作和使用过程中，由于种种原因，会出现各种预应力损失，为了在扣除预应力损失后，仍然能使混凝土建立起较高的预应力值，需采用较高的张拉应力，因此预应力钢筋必须采用高强钢筋（丝）。

（2）良好的塑性及加工性能。为防止发生脆性破坏，要求预应方钢筋在拉断时，具有一定的伸长率；同时要求钢筋有良好的可焊性，以及钢筋“镦粗”后并不影响原来的物理性能。

（3）良好的黏结性。先张法构件的预应力传递是靠钢筋和混凝土之间的黏结力完成的，因此需要有足够的黏结强度。

（4）低松弛。可减少因预应力筋的松弛而引起的预应力损失。

预应力筋宜采用预应力钢丝、钢绞线和预应力螺纹钢筋。

2．混凝土的性能要求

（1）高强度。《混凝土结构设计规范》GB50010-2010规定：预应力混凝土结构的混凝土强度等级不宜低于C40，且不应低于C30。预应力混凝土只有采用较高强度的混凝土，才能建立起较高的预压应力，并可减少构件截面尺寸，减轻结构自重。对先张法构件，采用较高强度的混凝土可以提高黏结强度，对后张法构件，则可承受构件端部强大的预压力。

（2）收缩小、徐变小。由于混凝土收缩徐变的结果，使得混凝土得到的有效预压力减少，即预应力损失，所以在结构设计中应采取措施减少混凝土收缩徐变。

（3）快硬、早强。这样可以尽早施加预应力，加快台座、锚具、夹具的周转率，以利于加快施工进度，降低间接费用。

6.1.4 张拉控制应力

张拉控制应力是指预应力钢筋在进行张拉时所控制达到的最大应力值。其值为张拉设备（如千斤顶油压表）所指示的总张拉力除以预应力钢筋截面面积而得到的应力值，以σ_{con}表示。

从充分发挥预应力优点的角度考虑，张拉控制应力宜尽可能地定得高一些，σ_{con}定得高，形成的有效预压应力高，构件的抗裂性能好，且可以节约钢材，但如果控制应力过高，会出现以下问题：

1．σ_{con}越高，构件的开裂荷载与极限荷载越接近，使构件在破坏前无明显预兆，构件的延性较差。

2．在施工阶段会使构件的某些部位受到拉力甚至开裂，对后张法构件有可能造成端部混凝土局部受压破坏。

3．有时为了减少预应力损失，需对钢筋进行超张拉，由于钢材材质的不均匀，可能使个别钢筋的应力超过它的实际屈服强度，从而使钢筋产生较大塑性变形或脆断，使施加的预应力达不到预期效果。

4．使预应力损失增大。

但是，σ_{con}也不能定得过低，它应有下限值。否则预应力钢筋在经历各种预应力损失后，对混凝土产生的预压应力过小，同样达不到预期的效果。

《混凝土结构设计规范》GB50010-2010要求预应力筋的张拉控制应力σ_{con}应符合下列规定：

（1）消除应力钢丝、钢绞线：$\sigma_{con}\leqslant 0.75f_{ptk}$

（2）中强度预应力钢丝：$\sigma_{con}\leqslant 0.70f_{ptk}$

（3）预应力螺纹钢筋：$\sigma_{con}\leqslant 0.80f_{pyk}$

其中，f_{ptk}——预应力筋极限强度标准值；

f_{pyk}——预应力螺纹钢筋屈服强度标准值。

消除应力钢丝、钢绞线、中强度预应力钢丝的张拉控制应力值不应小于$0.4f_{ptk}$；预应力螺纹钢筋的张拉应力控制值不宜小于$0.5f_{pyk}$。

当要求提高构件在施工阶段的抗裂性能而在使用阶段受压区内设置的预应力筋或要求部分抵消由于应力松弛、摩擦、钢筋分批张拉以及预应力筋与张拉台座之间的温差等因素产生的预应力损失时，上述张拉控制应力限值可相应提高$0.05f_{ptk}$或$0.05f_{pyk}$。

6.1.5 预应力混凝土构造规定

1．预应力筋的布置形式

预应力纵向钢筋主要有直线布置和曲线布置两种形式。直线布置主要用于跨度和荷载较小的情况，如预应力混凝土板。曲线布置多用于跨度和荷载较大的构件，如预应力混凝土梁。

2．先张法预应力筋的间距

先张法预应力筋之间的净间距不宜小于其公称直径的2.5倍和混凝土粗骨料最大粒径的1.25倍，且应符合下列规定:预应力钢丝，不应小于15mm；三股钢绞线，不应小于20mm；七股钢绞线，不应小于25mm。当混凝土振捣密实性具有可靠保证时，净间距可放宽为最大粗骨料粒径的1.0倍。

3．后张法预应力筋及预留孔道的布置

（1）预制构件中预留孔道之间的水平净间距不宜小于50mm，且不宜小于粗骨料粒径的1.25倍；孔道至构件边缘的净间距不宜小于30mm，且不宜小于孔道直径的50%。

（2）现浇混凝土梁中预留孔道在竖直方向的净间距不应小于孔道外径，水平方向的净间距不宜小于1.5倍孔道外径，且不应小于粗骨料粒径的1.25倍；从孔道外壁至构件边缘的净间距，梁底不宜小于50mm，梁侧不宜小于40mm，裂缝控制等级为三级的梁，梁底、梁侧分别不宜小于60mm和50mm。

（3）预留孔道的内径宜比预应力束外径及需穿过孔道的连接器外径大6～15mm，且孔道的截面积宜为穿入预应力束截面积的3.0～4.0倍。

（4）当有可靠经验并能保证混凝土浇筑质量时，预留孔道可水平并列贴紧布置，但并排的数量不应超过2束。

（5）在现浇楼板中采用扁形锚固体系时，穿过每个预留孔道的预应力筋数量宜为3～5根；在常用荷载情况下，孔道在水平方向的净间距不应超过8倍板厚及1.5m中的较大值。

（6）板中单根无黏结预应力筋的间距不宜大于板厚的6倍，且不宜大于1m；带状束的无粘结预应力筋根数不宜多于5根，带状束间距不宜大于板厚的12倍，且不宜大于2.4m。

（7）梁中集束布置的无黏结预应力筋，集束的水平净间距不宜小于50mm，束至构件边缘的净距不宜小于40mm。

4．后张法外露锚具的保护

（1）无黏结预应力筋外露锚具应采用注有足量防腐油脂的塑料帽封闭锚具端头，并应采用无收缩砂浆或细石混凝土封闭。

（2）对处于二b、三a、三b类环境条件下的无黏结预应力锚固系统，应采用全封闭的防腐蚀体系，其封锚端及各连接部位应能承受10kPa的静水压力而不得透水。

（3）采用混凝土封闭时，其强度等级宜与构件混凝土强度等级一致，且不应低于C30。封锚混凝土与构件混凝土应可靠黏结，如锚具在封闭前应将周围混凝土界面凿毛并冲洗干净，且宜配置1～2片钢筋网，钢筋网应与构件混凝土拉结。

（4）采用无收缩砂浆或混凝土封闭保护时，其锚具及预应力筋端部的保护层厚度不应小于：一类环境时20mm，二a、二b类环境时50mm，三a、三b类环境时80mm。

5．先张法端部构造

（1）单根配置的预应力筋，其端部宜设置螺旋筋。

（2）分散布置的多根预应力筋，在构件端部10d且不小于100mm长度范围内，宜设置3～5片与预应力筋垂直的钢筋网片，此处d为预应力筋的公称直径。

（3）采用预应力钢丝配筋的薄板，在板端100mm长度范围内宜适当加密横向钢筋。

（4）槽形板类构件，应在构件端部100mm长度范围内沿构件板面设置附加横向钢筋，其数量不应少于2根。

6．后张法端部构造

（1）应配置间接钢筋，且在间接钢筋配置区以外，应均匀配置附加防劈裂箍筋或网片。

（2）当构件在端部有局部凹进时，应增设折线构造钢筋，或其他有效的构造钢筋。

（3）当构件端部预应力筋需集中布置在截面下部或集中布置在上部和下部时，应在构件端部0.2h范围内设置附加竖向防端面裂缝构造钢筋。

（4）在预应力混凝土屋面梁、吊车梁等构件靠近支座的斜向主拉应力较大部位，宜将一部分预应力筋弯起配置。

7．预应力混凝土构件抗震构造

（1）预应力混凝土结构可用于抗震设防烈度6度、7度、8度区，当9度区需采用预应力混凝土结构时，应有充分依据，并采取可靠措施。无黏结预应力混凝土结构的抗震设计，应符合专门规定。

（2）抗震设计时，后张预应力框架、门架、转换层的转换大梁，宜采用有黏结预应力筋；承重结构的预应力受拉杆件和抗震等级为一级的预应力框架，应采用有黏结预应力筋。

（3）预应力混凝土框架梁端截面，计入纵向受压钢筋的混凝土受压区高度，同普通混凝土的相关规定；按普通钢筋抗拉强度设计值换算的全部纵向受拉钢筋配筋率不宜大于2.5%。在预应力混凝土框架梁中，应采用预应力筋和普通钢筋混合配筋的方式，梁端截面配筋应符合相关规定。

（4）预应力混凝土框架梁端截面的底部纵向普通钢筋和顶部纵向受力钢筋截面面积的比值，同普通混凝土的相关规定。计算顶部纵向受力钢筋截面面积时，应将预应力筋按抗拉强度设计值换算为普通钢筋截面面积。框架梁端底面纵向普通钢筋配筋率尚不应小于0.2%。

（5）预应力混凝土框架柱的箍筋宜全高加密。大跨度框架边柱可采用在截面受拉较大的一侧配置预应力筋和普通钢筋的混合配筋，另一侧仅配置普通钢筋的非对称配筋方式。

（6）后张预应力筋的锚具、连接器不宜设置在梁柱节点核心区内。

6.2 钢—混凝土组合结构概述

6.2.1 组合结构的基本概念

组合结构(compositestructures)有时称作混合结构(mixedstructures),两者又统称为复合结构(hybridstructures)。组合结构的定义有不同的描述。在土木工程范围内，组合结构是由两种或两种以上不同物理力学性质的材料结合而形成整体的构件，在荷载作用下，构件中不同力学性质的材料能共同工作，这种构件称为组合构件。由组合构件组成的结构即为组合结构。

实际上有些普遍应用的结构也是组合结构。例如钢筋混凝土结构就是钢筋和混凝土组合而成，早已普遍应用，并形成一种独立、成熟的结构形式。现在通常所称的组合结构主要是指钢与混凝土组合而成的结构，也称钢—混凝土组合结构。经过几十年的研究和应用，钢—混凝土组合结构至今已成为一种公认的新的结构体系。其与传统的四大结构：木结构、砌体结构、钢筋混凝土结构、钢结构并列，即为五大结构。

6.2.2 组合结构的优缺点

钢—混凝土组合结构，是一种优于钢结构和钢筋混凝土结构的新型结构，它是分别继承了钢结构和钢筋混凝土结构各自的优点，也克服了两者的缺点而产生的一种新型结构体系。钢—混凝土组合结构能够充分利用钢和混凝土的特点，按照最佳几何尺寸，组成最优的组合构件。其具有构件刚度大，防火，防腐性能好，具有较大的抗扭及抗倾覆能力（与钢结构相比），而且重量轻，构件延性好，增加净空高度和使用面积，同时缩短施工周期，节约模板（以上与钢筋混凝土结构相比）。特别在高层和超高层建筑以及桥梁结构中，更加体现了它的承载能力和克服结构在施工技术难题的优点。

其缺点是结构需要特定的剪力连接件、专门焊接设备和专门焊接技术人员，与钢结构相比，还有一定量的二次抗火设计（指组合构件，而不是劲性构件），还有压型钢板混凝土组合板在施工期间，在混凝土初凝期，当混凝土厚度不够时（一般混凝土板厚应大于100mm），易使混凝土出现临时裂缝，特别指高标号混凝土（由于压型钢板阻止混凝土收缩所致）。

6.2.3 组合结构的类型

钢—混凝土组合结构依照钢材形式与配钢形式的不同又有多种类型，并且一些新的结构形式仍在不断出现。目前研究较为成熟与应用较多的主要有以下几种。

1．压型钢板与混凝土组合板

这是在压成各种形式的凹凸肋与各种形式槽纹的钢板上浇筑混凝土而制成的组合板（见图6-2-1），依靠凹凸肋及不同槽纹使钢板与混凝土组合在一起。一般在与混凝土共同工作性能较差的压型钢板上可焊接附加钢筋或栓钉，以保证钢材与混凝土的完全组合作用。

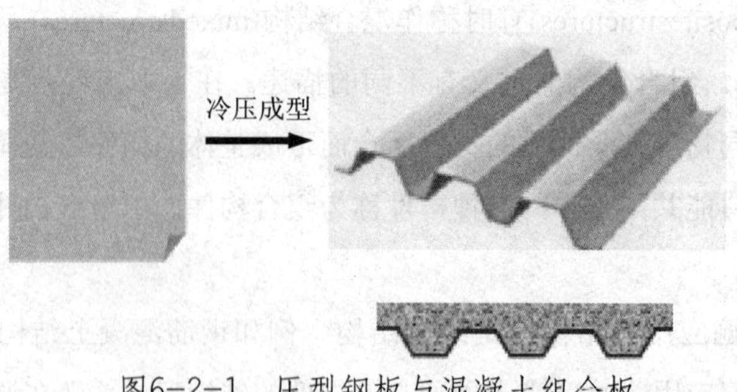

图6-2-1　压型钢板与混凝土组合板

压型钢板可分为彩色压型钢板和建筑压型钢板。压型钢板可作为墙板和屋面板之用，也可用作楼板。压型钢板在施工阶段用作楼面混凝土板的永久性模板。组合板中的压型钢板，在使用阶段当作组合板结构中的下部受力钢筋之用，从而减少混凝土板中的钢筋。

压型钢板与混凝土组合楼板有很多优点：混凝土硬化后，压型钢板可作为混凝土的受拉部分，用来抵抗板面荷载产生的板底拉力；与混凝土共同抵抗剪力，除了在适当部位要设置钢筋减轻混凝土收缩以及温度变化的影响外，还必须另设钢筋；压型钢板相当平整，可直接作为混凝土楼层的顶棚，省工省料，增加了楼层间的有效空间，有效减少各层楼板厚度，可降低层高，节省投资；压型钢板可以作为模板并承接施工荷载，由压型钢板作为永久性的模板，不再需要安装、拆模，施工方便；由于压型钢板本身具有相当的承载力，允许本层浇灌的混凝土尚未达到设定强度值前，就可以继续进行上层混凝土浇筑，加快施工进度，从而带来经济效益。近年来组合板应用发展很快，已在许多工程中用作楼板、屋面板以及工业厂房的操作平台。

2. 钢与混凝土组合梁

钢与混凝土组合梁是将钢梁与混凝土板组合在一起形成组合梁，如图6-2-2所示。组合梁由于能充分发挥钢与混凝土两种材料的力学性能，在国内外获得广泛的发展与应用。

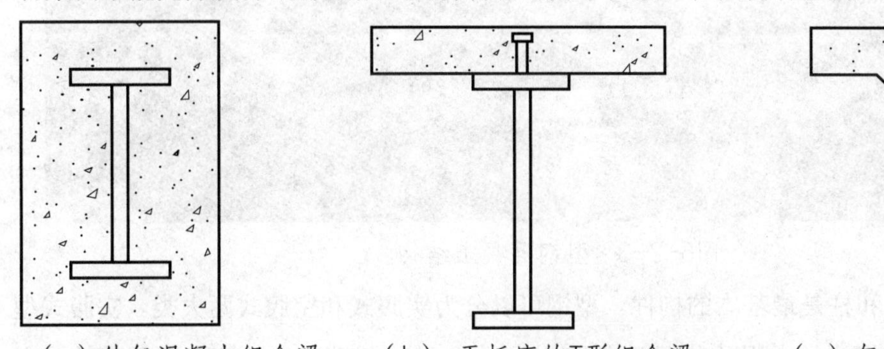
 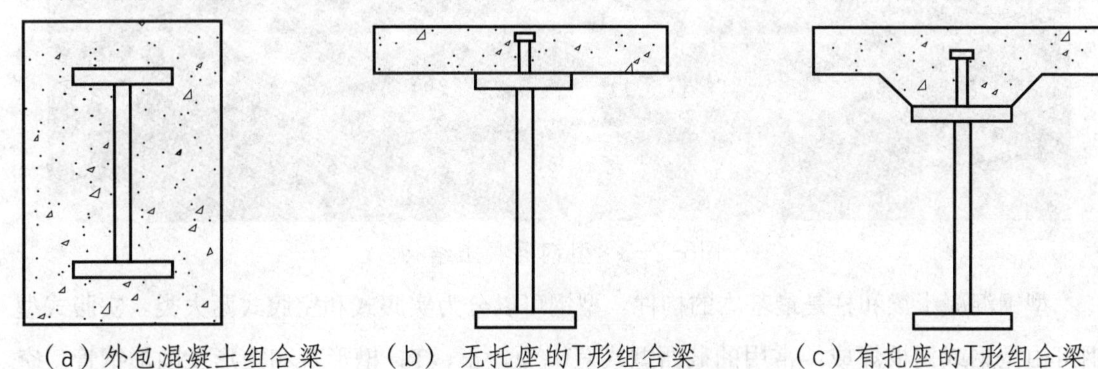

（a）外包混凝土组合梁　（b）无托座的T形组合梁　（c）有托座的T形组合梁

图6-2-2　组合梁的不同截面形式

组合梁结构除了能充分发挥钢材和混凝土两种材料受力特点外，与非组合梁结构比较，具有下列一系列的优点：

（1）节约钢材。由于截面材料受力合理，混凝土替代部分钢材工作，使其用钢量大幅度下降，如果采用塑性理论设计，还可以降低造价。

（2）减少截面高度。由于相当宽的混凝土板参与抗压，组合梁的惯性矩比钢梁大的多，可以达到降低梁高增加层高的效果。

（3）延性好。由于耗能能力强，整体稳定性好，在实际地震中表现出良好的抗震性能。

（4）刚度好。混凝土板与钢梁共同作用，抗弯模量增大，致使挠度减小，刚度增大。

（5）抗冲击、抗疲劳性好。实际工程表明用于梁桥、吊车梁的组合梁比钢梁具有更好的抗冲击、抗疲劳能力。

（6）稳定性好。由于组合梁上翼缘侧向钢度大，所以整体稳定性好；加上钢梁的受压翼缘受到混凝土板的约束，其翼缘与腹板的局部稳定性都得到改善。

（7）使用期延长。由于混凝土板的存在，使得钢梁上翼缘的应力水平降低，由于裂缝引起的损伤减小，比起钢吊车梁的使用寿命提高了许多。

3．型钢混凝土结构

由混凝土包裹型钢做成的结构被称为型钢混凝土结构（见图6-2-3），也称劲性钢筋混凝土结构或钢骨混凝土结构。它的特征是在型钢结构的外面有一层混凝土的外壳。型钢混凝土中的型钢除采用轧制型钢外，还广泛使用焊接型钢。此外，还配合使用钢筋和钢箍。

图6-2-3　型钢混凝土结构

型钢混凝土梁和柱是最基本的构件。型钢可以分为实腹式和空腹式两大类。实腹式型钢可由型钢或钢板焊成，常用的截面型式有I、H、工、T、槽形等和矩形及圆形钢管。空腹式构件的型钢一般由缀板或缀条连接角钢或槽钢而组成。

由型钢混凝土柱和梁可以组成型钢混凝土框架。实腹式型钢梁柱节点常见构造如图6-2-4所示。框架梁可以采用钢梁、组合梁或钢筋混凝土梁。在高层建筑中，型钢混凝土框架中可以设置钢筋混凝土剪力墙，在剪力墙中也可以设置型钢支撑或者型钢桁架，或在剪力墙中设置薄钢板，这样就组成了各种型式的型钢混凝土剪力墙。型钢混凝土剪力墙的抗剪能力和延性比钢筋混凝土剪力墙好，可以在超高层建筑中发挥作用。

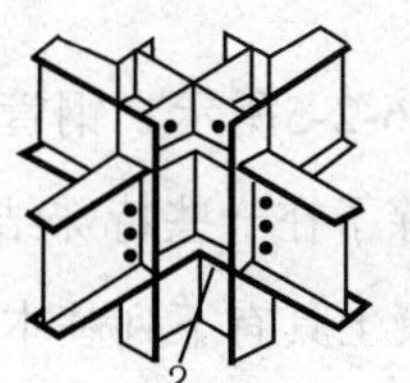

(a) 水平加劲板式

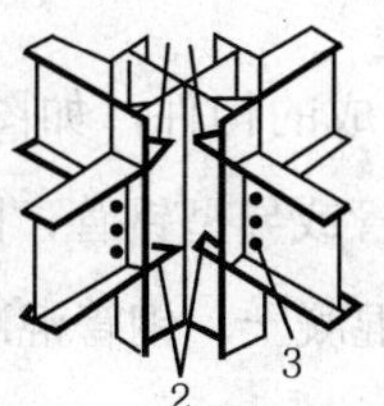

(b) 水平三角加劲板式

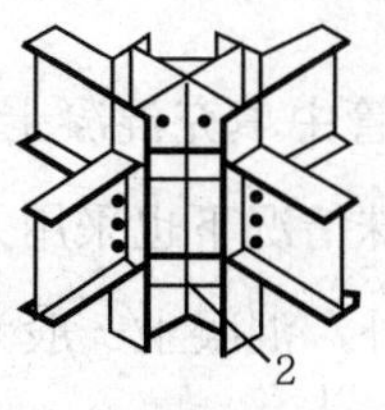

(c) 垂直加劲板式

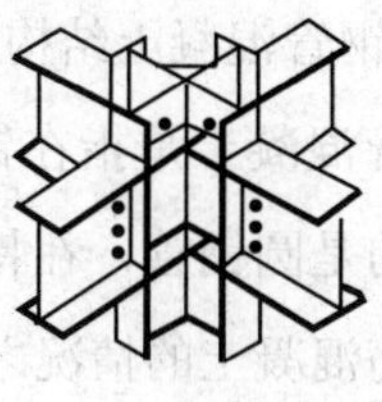

(d) 梁翼缘贯通式

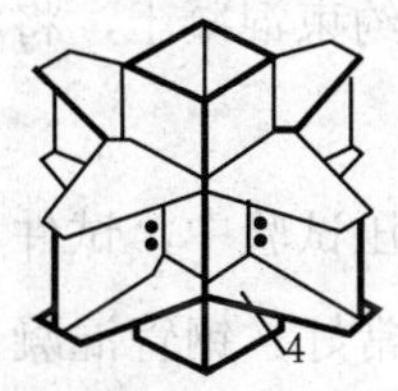

(e) 外隔板式

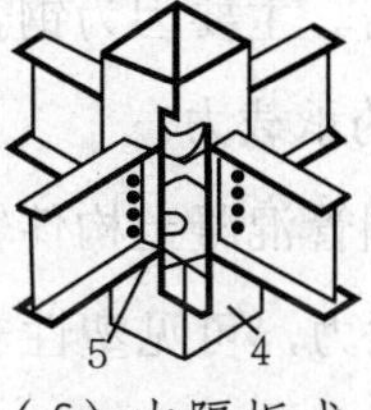

(f) 内隔板式

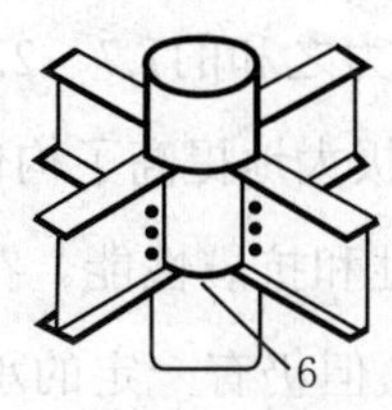

(g) 加劲环式

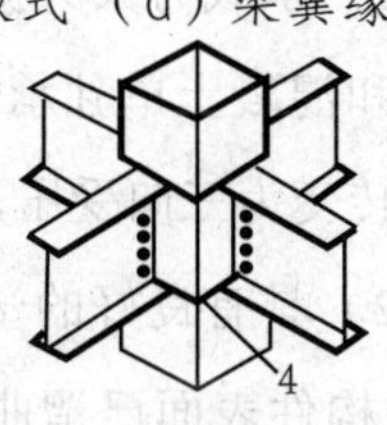

(h) 贯通隔板式

图6-2-4 实腹式型钢梁柱节点常见构造

1—主筋贯通孔；2—加劲板；3—箍筋贯通孔；4—隔板；5—留孔；6—加劲环

型钢混凝土与钢筋混凝土框架相比较具有一系列的优点：

（1）型钢混凝土的型钢可不受含钢率的限制，其承载能力可以高于同样外形的钢筋混凝土构件的承载能力一倍以上；可以减小构件的截面，对于高层建筑，可以增加使用面积和楼层静高。

（2）型钢混凝土结构的施工工期比钢筋混凝土结构的工期大为缩短。型钢混凝土中的型钢在混凝土浇灌前已形成钢结构，具有相当大的承载能力，能够承受构件自重和施工时的活荷载，并可将模板悬挂在型钢上，而不必为模板设置支柱，因而减少了支模板的劳动力和材料。型钢混凝土多层和高层建筑不必等待混凝土达到一定强度就可继续施工上层。施工中不需架立临时支柱，可留出设备安装的工作面，让土建和安装设备的工序实行平行流水作业。

（3）型钢混凝土结构的延性比钢筋混凝土结构明显提高，尤其是实腹式的构件。因此在大地震中此种结构呈现出优良的抗震性能。日本抗震规范规定高度超过45m的建筑物不得使用钢筋混凝土结构。而型钢混凝土结构则不受此限制。

（4）型钢混凝土结构强度、刚度显著提升，使其可以运用于大跨、重荷及高层、超高层建筑中。而钢筋混凝土结构诸如此类情况下的应用已成为不可能或非常不合理。

型钢混凝土框架较钢框架在耐久性、耐火度等方面均胜一筹；并且节省了大量钢材，节省维修费用，降低了造价；同时在超高层和高耸结构中，型钢混凝土的侧向刚度大，侧向变形小，也往往将型钢混凝土结构用于高层、超高层建筑的下面数层。

4. 钢管混凝土结构

钢管混凝土是指在钢管中填充混凝土而形成的构件，如图6-2-5所示。钢管混凝土研究最多的是圆钢管，在特殊情况下也采用方钢管或异型钢管，除了在一些特殊结构当中有采用钢筋混凝土的情况之外，混凝土一般为素混凝土。钢管混凝土具有下列基本特点：

（1）承载力大大提高。试验和理论分析证明，钢管混凝土受压构件的承载力可以达到钢管和混凝土单独承载力之和的1.7～2.0倍。主要因为钢管约束混凝土，将混凝土由单向受压转变为三向受压，极大地提高了构件的承载力。

（2）具有良好的塑性和抗震性能。在钢管混凝土构件轴压试验中，试件压缩到原长的2/3，构件表面已褶曲，但仍有一定的承载力，可见塑性非常好。钢管混凝土构件在压弯剪循环荷载作用下，水平力P与位移之间的滞回曲线十分饱满，表明有很好的吸能能力，基本无刚度退化，它的抗震性能大大优于钢筋混凝土。

（3）经济效果显著。和钢柱相比，可节约钢材50%，降低造价45%；和钢筋混凝土柱相比，可节约混凝土约70%，减少自重约70%，节省模板100%，而用钢量约略相等或略多。

（4）施工简单，可大大缩短工期。和钢柱相比，零件少，焊缝短，且柱脚构造简单，可直接插入混凝土基础预留的杯口中，免去了复杂的柱脚构造；和钢筋混凝土柱相比，免除了支模、绑扎钢筋和拆模等工作；由于自重的减轻，还简化了运输和吊装等工作。

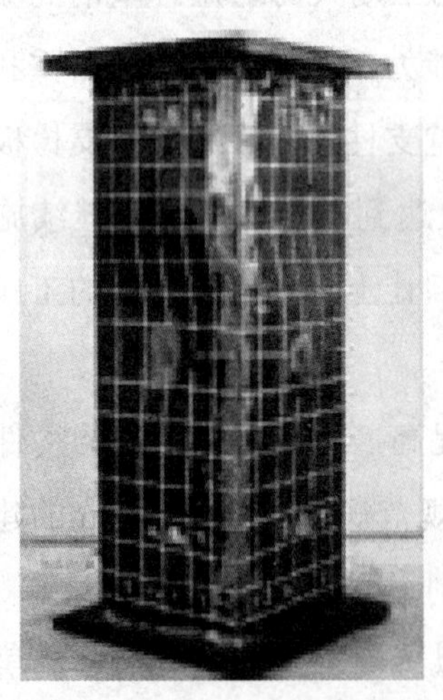
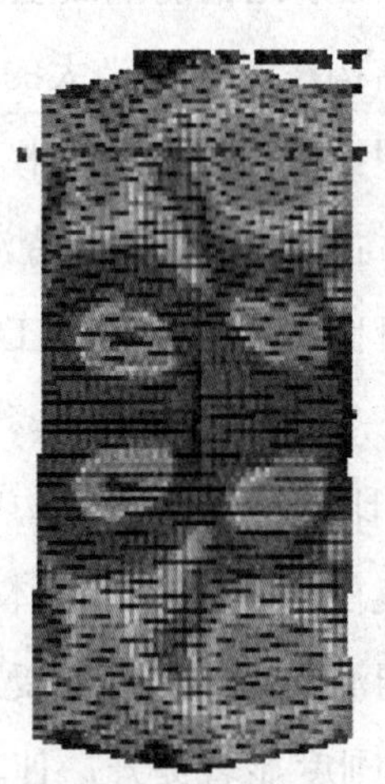

图6-2-5　钢管混凝土数值分析模型

另外，因为钢管混凝土主要是利用强度很高的混凝土受压，所以这种结构最适用于轴心受压和小偏心受压构件。圆钢管是圆形截面，而且断面高度较小，所以在受弯矩作用时显然并无优越可言，而且是不利的。钢管混凝土结构最大弱点是圆形截面的柱与矩形截面的梁连接较复杂，也将耗费相当多的钢材。虽然方钢管具有平面的外表，克服了圆钢管混凝土与梁连接的复杂的致命弱点等特点，但它对混凝土的约束能力显然不如圆钢管。

5．外包钢混凝土结构

外包钢混凝土结构(以下简称外包钢结构)是外部配型钢的混凝土结构，如图6-2-6所示。这是在克服装配式钢筋混凝土结构某些缺点的基础上发展起来的，仿效钢结构的构造方式，是钢与混凝土组合结构的一种新型式。

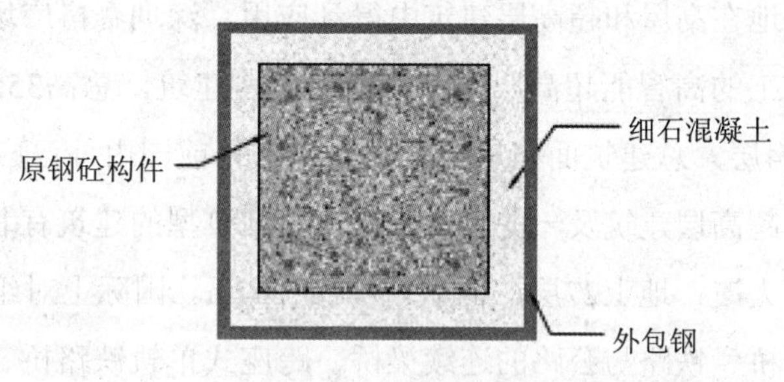

图6-2-6　外包钢混凝土结构

外包钢结构由外包型钢的杆件拼装而成。杆件中受力主筋由角钢代替并设置在杆件四角，角钢的外表面与混凝土表面取平，或稍突出混凝土表面0.5～1.5mm。横向箍筋与角钢焊接成骨架，为了满足箍筋的保护层厚度的要求，可将箍筋两端墩成球状再与角钢内侧焊接。

外包钢混凝土结构主要有以下优点：

（1）构造简单。外包钢结构取消了钢筋混凝土结构中的纵向柔性钢筋以及预埋件，构造简单，有利于混凝土的捣实，也有利于采用高标号混凝土，减小杆件截面，便于构件规格化，简化设计和施工。

（2）连接方便。外包钢结构的主要特点是型钢外露。便于和各种中小的钢附件相连接，杆件的连接可采用钢板焊接的干式接头。管道等的支吊架也可以直接与外包角钢连接。和装配式钢筋混凝土结构相比，可以避免大最钢筋剖口焊和接头的二次浇灌混凝土等工作。

（3）使用灵活。外包角钢和箍筋焊成骨架后，本身就有一定强度和刚度，在施工过程中可用来直接支承模板，承受一定的施工荷载。这样施工方便、速度快，又节约了材料。

（4）抗剪强度提高。双面配置角钢的杆件，极限抗剪强度与钢筋混凝土结构相比提高22%左右。

（5）延性提高。剪切破坏的外包钢杆件，具有很好的变形能力，剪切延性系数和条件相同的钢筋混凝上结构相比要提高一倍以上。

但由于角钢外露，带来的缺点是防锈，防腐蚀，防火性能较差。外包钢混凝土的另一优点是可以用来旧房加固。

6.2.4 组合结构的应用现状

许多发达国家对组合结构的研究和应用都是从桥梁结构开始的，以后再逐步推广到其他结构中。中国在井塔结构、平台结构、吊车梁，一般工业与民用建筑及公共建筑等都进行了推广应用，并取得良好的技术经济效果。与此同时在高层建筑、地下建筑、电力杆塔设备支架中的应用也得到了长足的发展。中国自20世纪80年代开始，钢管混凝土结构逐步地在高屋和超高层建筑中得到应用。深圳赛格广场是目前唯一由中国自行设计和总承包施工的高智能超高层钢管混凝土结构建筑，总高355.8米，总建筑层79层，地上75层，地下4层，总建筑面积达17万平方米。目前国内外已应用型钢混凝土结构建成了大量的高层、超高层建筑及一些工业建筑。中国典型的建筑有北京的香格里拉饭店，高27层；上海瑞金大厦，地上27层，地下1层，高107m。国际上对组合结构在桥梁中的应用最活跃，用于拱桥、铁路与公路的连续梁桥、跨座式单轨铁路桥、组合框架桥、组合衍架桥以及组合桥墩等。现已发展到土木结构的许多领域，例如筒仓的钢板混凝土壁是以两个钢板筒体之间充填混凝土来建造的；核反应堆中的压力容器用钢板作为衬里外包钢筋混凝土而构成组合结构；用连续地下组合墙建造组合井筒型基础；在隧道丁程中坑道采用组合弓形体；离岸工程中海洋石油平台用组合墙作为防冰墙；同时还用于港湾钢结构的加固(在原钢结构损坏部分外包混凝土而构成组合结构)；还有用组合结构来建造防冰堤、深海石油平台的支柱等。

6.2.5 组合结构的发展前景

经过几十年的研究和工程实践，钢—混凝土组合结构在大跨结构、高层和超高层建筑以及大型桥梁结构等很多领域内得到了推广应用。组合结构正由构件层次向体系层次发展。组合结构体系是由组合承重构件和组合抗侧力构件所共同组成的结构体系，可以充分发挥不同材料的特性，并克服传统结构体系的固有缺点。

随着各类结构使用功能的提高、设计计算手段的进步以及新材料、施工新技术的应用，组合结构的发展表现出以下几个特征：

1．由组合构件向组合结构体系的发展。

2．新材料的应用日新月异。

3．新型组合构件的研制与创新。

4．设计方法更加精细化，设计过程更加系统化。

5．组合结构向地下工程、隧道工程、海洋工程和结构加固等领域的发展。

6．组合结构相应的国家标准规范体系进一步完善。

组合结构优良的力学性能和技术经济指标使它在我国有着更广泛的应用前景，随着试验研究和实际应用的不断发展，可以预见，组合结构将迅速推广而成为继混凝土结构、钢结构之后的主要结构形式。

思考题

1.预应力混凝土结构的定义及工作原理是什么？

2.和普通钢筋混凝土构件相比，预应力混凝土构件有何优点？

3.预应力混凝土的材料应满足哪些要求？

4.先张法和后张法有何不同？

5.何谓张拉控制应力？

6.何谓组合结构？

7.组合结构的种类主要有哪些？各自的特点和应用范围是什么？

第7章 砌体结构基本知识

7.1 砌体的类型及力学性能

7.1.1 砌体的材料及种类

1．块材

块材是砌体结构的主要组成部分，包括砖、砌块和石材。砌块按大小分为小型砌块、中型砌块、大型砌块；按材料分为混凝土空心砌块、加气混凝土砌块、硅酸盐砌块。

(1)砖

①普通砖：为实心砖，尺寸为240mm×115mm×53mm。

②空心砖：以黏土、页岩、矸石或粉煤灰为主要原料，经焙烧而成，孔洞率大于15%的砖。全国无统一规格，目前最常用的是黏土空心砖。

1)承重黏土空心砖：是以黏土为主要原料，经焙烧而成，孔洞率在15%～40%，孔的尺寸小而数量多，主要用于承重部位的砖。目前最常用的空心砖规格有：KP1型：240×115×90；KP2型：240×180×115；配砖尺寸：240×115×115或180×115×115；KM1型：190×190×90，如图7-1-1 所示。

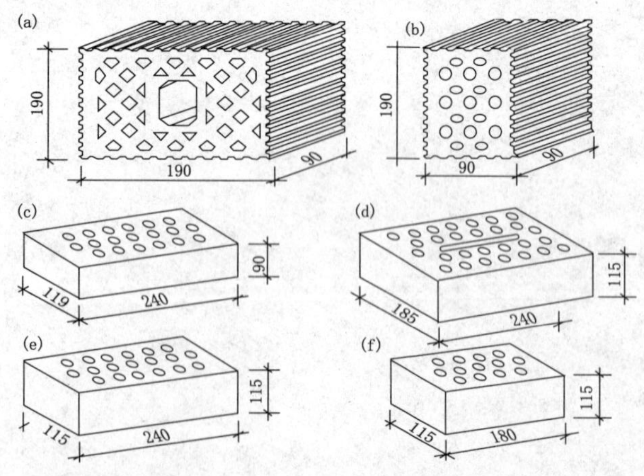

图7-1-1 承重黏土空心砖砌体分类

2)非承重黏土空心砖：一般用于非承重墙，重量较轻且隔热、隔声性能好，孔洞率一般为40%～60%，又称大孔空心砖如图7-1-2所示。

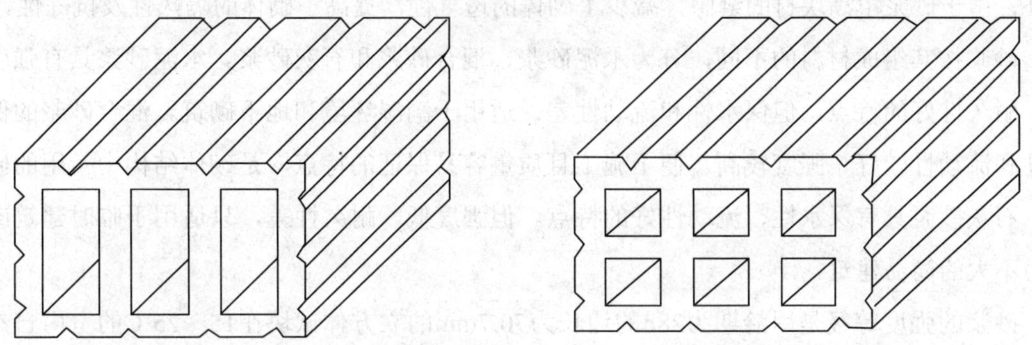

图7-1-2 非承重黏土空心砖砌体分类

(2)石材

按照加工的程度：分细料石、粗料石和毛料石。

(3)砌块

①按大小分为小型砌块、中型砌块、大型砌块如图7-1-3所示。

②按材料分为混凝土空心砌块、加气混凝土砌块、硅酸盐砌块。

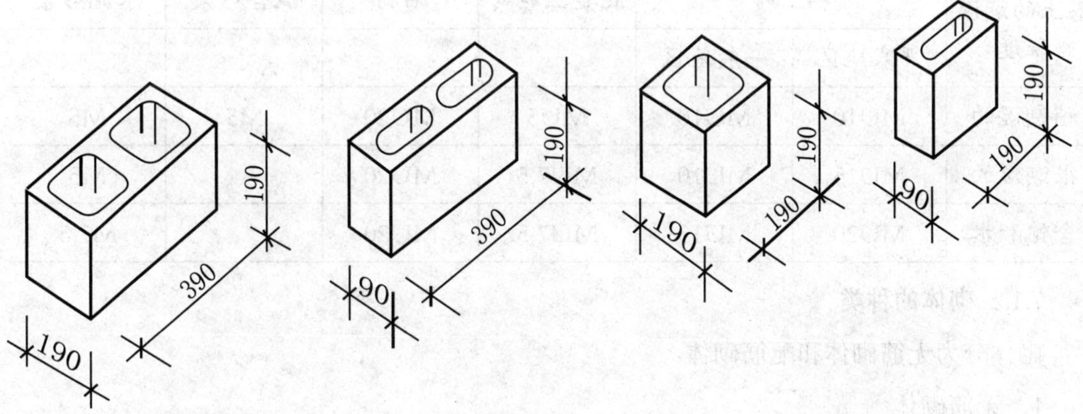

图7-1-3 混凝土砌块

(4)块材的强度等级划分：

烧结普通砖、烧结多孔砖：MU25、MU20、MU15、MU10。

压灰砂砖，蒸压粉煤灰砖：MU25、MU20、MU15、MU10。

石材：MU100、MU80、MU60、MU50、MU40、MU30、MU20。

砌块：MU20、MU15、MU10、MU7.5、MU5。

其中，MU——块材强度等级的符号，如MU15表示该块材的强度等级为15MPa。

2．砂浆

砂浆在砌体中的作用是将块材连成整体并使应力均匀分布，保证砌体结构的整体性。此外，由于砂浆填满块材的缝隙，减少了砌体的透气性，提高了砌体的隔热性及抗冻性。

砂浆按其组成材料的不同，分为水泥砂浆、混合砂浆和石灰砂浆。水泥砂浆具有强度高、耐久性好的特点，但保水性和流动性差，适用于潮湿环境和地下砌筑。混合砂浆的保水性和流动性较好、强度较高、便于施工且质量容易保证的特点，是砌体结构中常用的砂浆。石灰砂浆具有保水性、流动性好的特点。但强度低、耐久性差，只适用于临时建筑或受力不大的简易建筑。

砂浆的强度等级是用龄期为28d的边长为70.7mm的立方体试块在15～25℃的室内自然条件下养护24小时，拆模后再在同样的条件下养护28天，加压所测得的抗压强度极限值。

砂浆的强度等级：M15、M10、M7.5、M5、M2.5。

3．砖石和砂浆的选择

(1)强度要求见表7-1-1。

(2)耐久性的要求：耐久性不足时，经冻融循环后会引起砖石剥落和强度降低。

表7-1-1 地面以下或防潮层以下的砌体、潮湿房间墙所用材料的最低强度等级

基土的潮湿程度	黏土砖		混凝土砌砖	石材	混合砂浆	水泥砂浆
	严寒地区	一般地区				
稍潮湿的	MU10	MU10	MU5	MU20	M5	M5
很潮湿的	MU15	MU10	MU7.5	MU20		M5
含饱和水	MU20	MU15	MU7.5	MU20		M7.5

7.1.2 砌体的种类

砌体分为无筋砌体和配筋砌体。

1．无筋砌体

由块材和砂浆组成的砌体。无筋砌体包括砖砌体、砌块砌体和石砌体，应用范围广泛，但抗震性能较差。

(1)砖砌体

①实心砌体砌筑方法如图7-1-4所示。

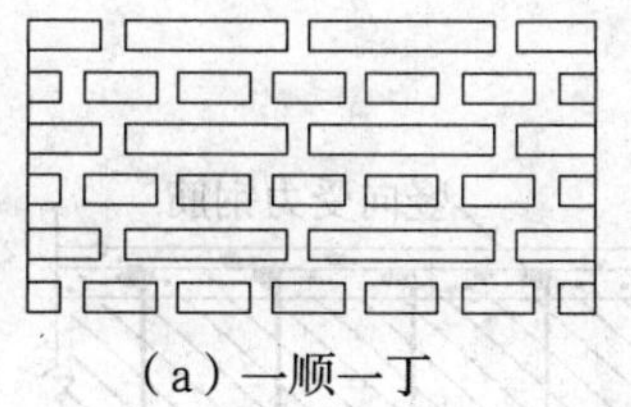

（a）一顺一丁

（b）梅花丁

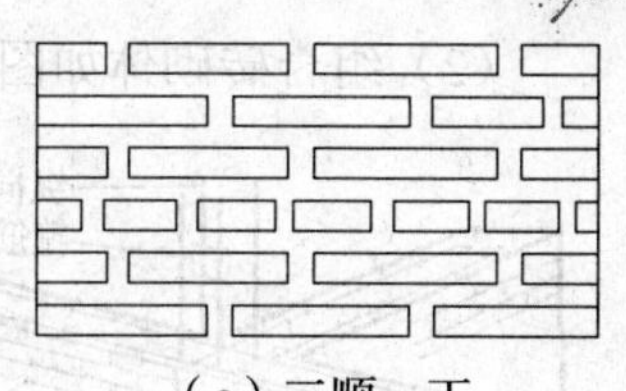

（c）三顺一丁

图7-1-4　实心砖的砌筑方式

②空心砌体。由于整体性差而较少使用。

（2）石砌体

由砂浆或石材和混凝土砌筑而成的砌体，分为料石砌体、毛石砌体和毛石混凝土砌体。

（3）砌块砌体

由砌块和砂浆砌筑而成的砌体统称为砌块砌体。我国多采用混凝土小型空心砌块砌体和加气混凝土砌块砌体，如图7-1-5所示。

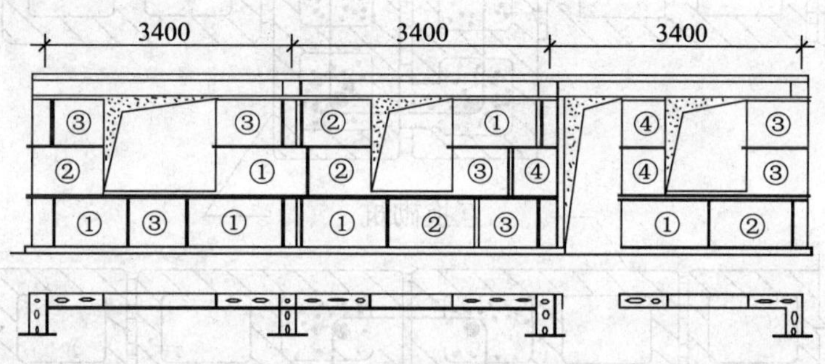

图7-1-5　混凝土砌块砌体

2．配筋砌体

在砌体中设置了钢筋或钢筋混凝土材料的砌体。

特点：配筋砌体的抗拉、抗弯、抗剪强度远大于无筋砌体且具有良好的抗震性能。

根据在砖砌体中配筋形式的不同以及设置钢筋混凝土部件的位置和方法不同可分为：横向配筋砖砌体、组合砖砌体和配筋混凝土空心砌块砌体。

（1）横向配筋砌体如图7-1-6所示。

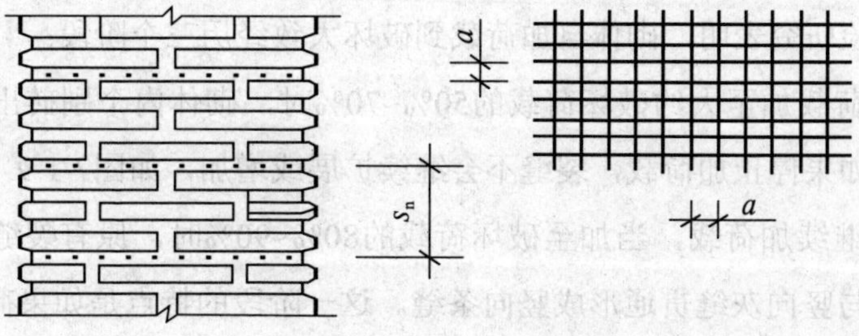

图7-1-6　横向配筋砌体

（2）组合砖砌体如图7-1-7所示。

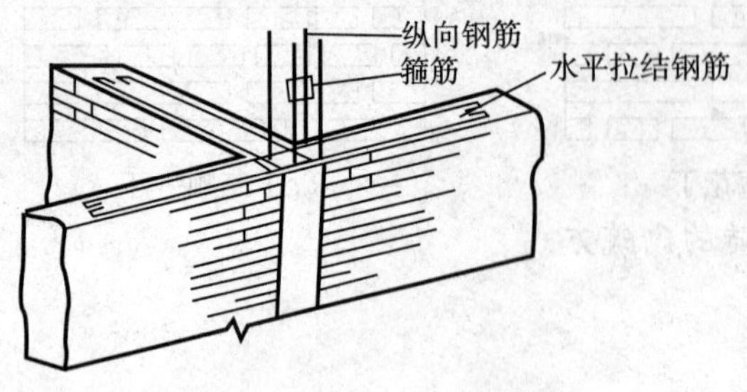

（a）内嵌式

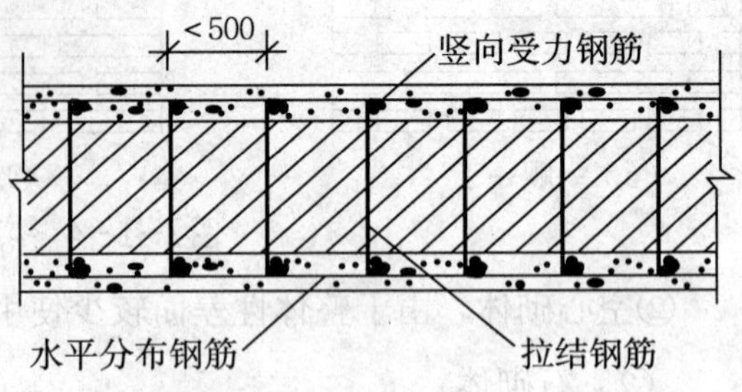

（b）外包式

图7-1-7 组合砖砌体

（3）配筋混凝土空心砌块砌体如图7-1-8所示。

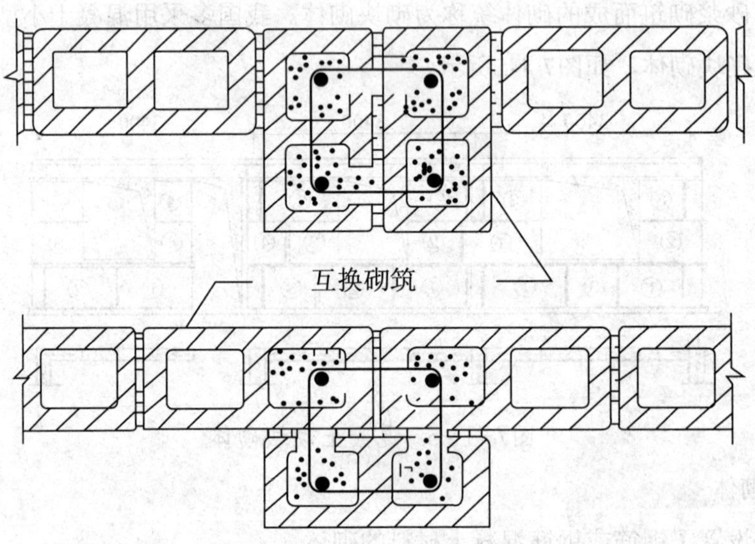

图7-1-8 配筋混凝土空心砌块砌体

7.1.3 砌体的抗压性

1．砌体轴心受压破坏特征

砌体为脆性材料,主要用于轴心受压和小偏心受压构件。现以砖砌体为例来研究砌体的抗压性能。试验研究表明，砌体自加荷载到破坏大致经历三个阶段：

第一阶段：荷载加至大约破坏荷载的50%~70%时，砌体内个别砖出现竖向裂缝。这一阶段的特点是如果停止加荷载，裂缝不会继续扩展或增加，如图7-1-9（a）所示。

第二阶段：继续加荷载，当加至破坏荷载的80%~90%时，原有裂缝不断扩展，同时产生新裂缝，并与竖向灰缝贯通形成竖向条缝。这一阶段的特点是如果荷载不再增加，裂缝仍将继续发展，如图7-1-9（b）所示。

第三阶段：继续加荷载，裂缝迅速发展、宽度增加，连续贯通裂缝将砌体分割成几个小砖柱，最终被压碎或失稳而破坏，如图7-1-9（c）所示。

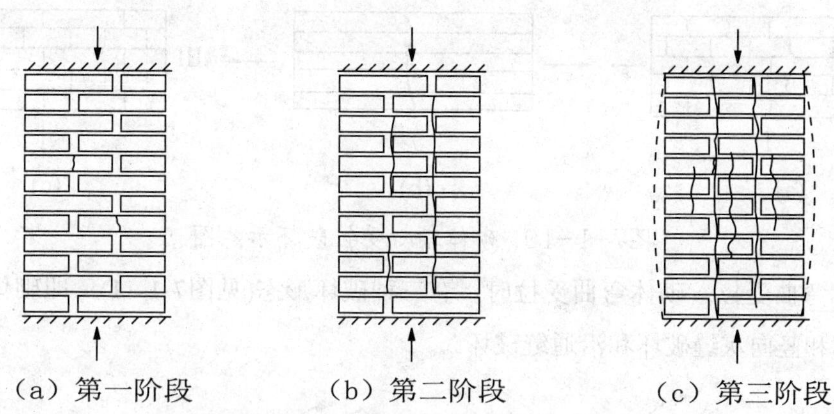

图7-1-9 砖砌体轴心受压破坏特征

2．影响砌体抗压强度主要因素

（1）块材和砂浆强度的影响

块材和砂浆强度是影响砌体抗压强度的主要因素，砌体强度随块材和砂浆强度的提高而提高。对提高砌体强度而言，提高块材强度比提高砂浆强度更有效。一般情况下，砌体强度低于块材强度。当砂浆强度等级较低时，砌体强度高于砂浆强度；当砂浆强度等级较高时，砌体强度低于砂浆强度。

（2）块材的表面平整度和几何尺寸的影响

块材表面愈平整，灰缝厚薄愈均匀，砌体的抗压强度可提高。当块材翘曲时，砂浆层严重不均匀，将产生较大的附加弯曲应力使块材过早破坏。块材高度大时，其抗弯、抗剪和抗拉能力增大；块材较长时，在砌体中产生的弯剪应力也较大。

（3）砌筑质量的影响

砌体砌筑时水平灰缝的厚度、饱满度、砖的含水率及砌筑方法，均影响到砌体的强度和整体性。水平灰缝厚度应为8～12mm(一般宜为10mm)；水平灰缝饱满度应不低于80%；砌体砌筑时，应提前将砖浇水湿润，含水率不宜过大或过低(一般要求控制在10%～15%)；砌筑时砖砌体应上下错缝，内外搭接。

（4）砌体的受拉、受弯和受剪性能

①砌体轴心受拉：根据拉力作用方向，有三种破坏形态(见图7-1-10)。当轴心拉力与砌体水平灰缝平行时，砌体可能沿灰缝I—I截面破坏(见图7-1-10(a))，也可能沿块体和竖向灰缝破坏(见图7-1-10(b))；当轴心拉力与砌体水平灰缝垂直时，砌体沿通缝截面破坏(见图7-1-10(c))。当块材强度较高而砂浆强度较低时，砌体沿齿缝受拉破坏；当块材强度较低而

砂浆强度较高时，砌体受拉破坏可能通过块体和竖向灰缝连成的截面发生。

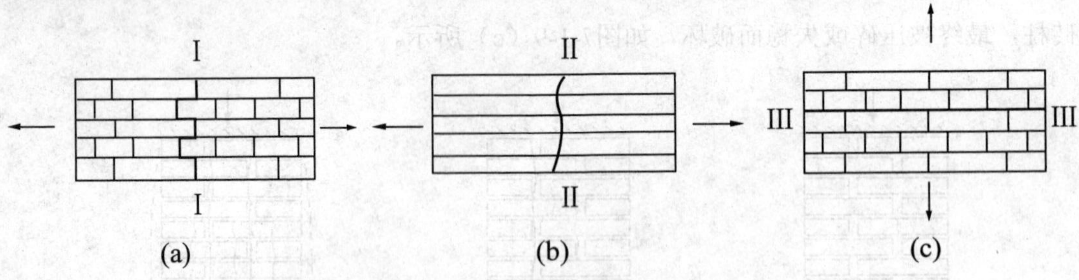

图7-1-10　砌体轴心受拉破坏示意图

②砌体弯曲受拉：砌体弯曲受拉时，有三种破坏形态(见图7-1-11)，即砌体沿齿缝破坏；沿块体和竖向灰缝破坏和沿通缝破坏。

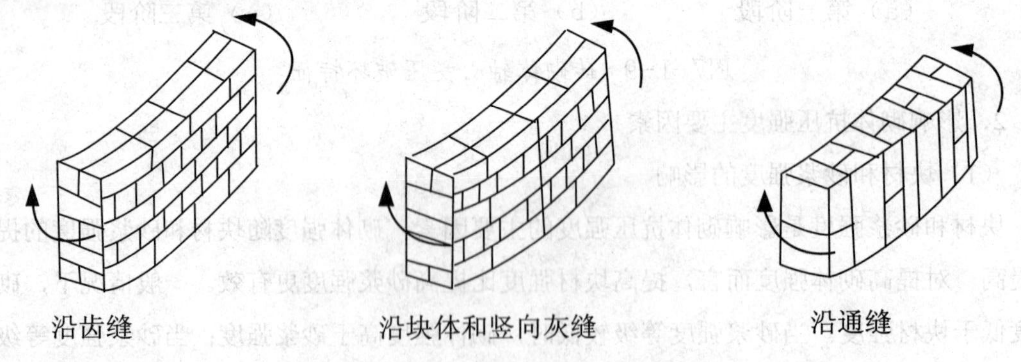

图7-1-11　砌体弯曲受拉破坏

③砌体抗剪强度：砌体受抗剪破坏时，有三种破坏形态，即沿通缝剪切破坏、沿齿缝剪切破坏和沿阶梯形缝剪切破坏(见图7-1-12)。

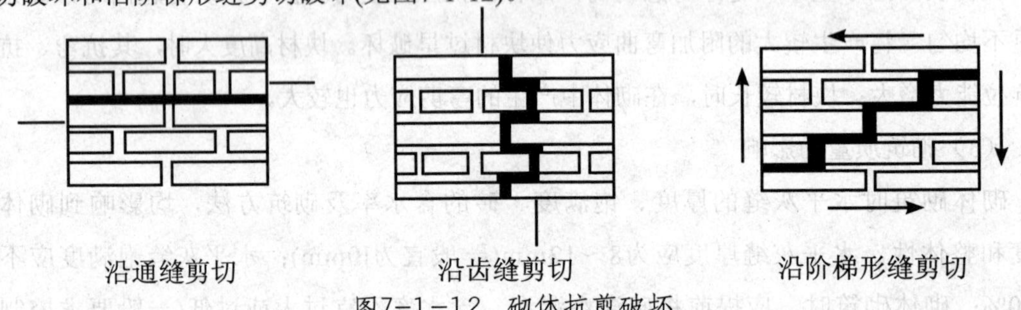

图7-1-12　砌体抗剪破坏

(5)砌筑质量的影响

砌筑质量主要与砂浆饱满度和砌筑时块体的含水率有关。当砌体内水平灰缝砂浆饱满度大于92%，竖向灰缝内未灌砂浆；或当水平灰缝砂浆饱满度大于80%，竖向灰缝内砂浆饱满度大于40%时，砌体的抗剪强度可达到规范规定值。砖砌筑时，随含水量的增加砌体抗剪强度相应提高。当砖含水量约为10%时，砌体抗剪强度最高。砌体抗剪强度主要取决于水平灰缝中砂浆与块体的黏结强度(见表7-1-2)。

表7-1-2 砌体施工质量控制等级

项目	施工质量控制等级		
	A	B	C
现场适量管理	制度健全，并严格执行；非施工方质量监督人员经常到现场，或现场设有常驻代表；施工方有在岗专业技术管理人员，人员齐全，并持证上岗	适度基本健全，并能执行；非施工方质量监督人员间断地到现场进行质量控制；施工方有在岗专业技术人员，并持证上岗	有制度；非施工方质量监督人员很少作现场质量控制；施工方有在岗专业技术管理人员
砂浆、混凝土强度	试块按规定制作，强度满足验收规定，离散性小	试块按规定制作，强度满足验收规定，离散性小	试块强度满足验收规定，离散性大
砂紫拌合方式	机械拌合；配合比计量控制严格	机械拌合；配合比计量控制一般	机械或人工拌合；配合比计量控制较差
砌筑工人	中级工以上，其中高级工不少于20%	高，中级工不少于70%	初级工以上

7.2 蒸压加气混凝土砌块

7.2.1 使用范围

（1）蒸压加气混凝土砌块适用于各类建筑地面（±0.000）以上的内外填充墙和地面以下的内填充墙（有特殊要求的墙体除外）。

（2）蒸压加气混凝土砌块不应直接砌筑在楼面、地面上。对于厕浴间、露台、外阳台以及设置在外墙面的空调机承托板与砌体接触部位等经常受干湿交替作用的墙体根部，宜浇筑宽度同墙厚、高度不小于0.2m的C20素混凝土墙垫；对于其他墙体，宜用蒸压灰砂砖在其根部砌筑高度不小于0.2m的墙垫。

（3）蒸压加气混凝土砌块不得使用在下列部位：

①建筑物±0.000以下（地下室的室内填充墙除外）部位。

②长期浸水或经常干湿交替的部位。

③受化学侵蚀的环境，如强酸、强碱或高浓度二氧化碳等的环境。

④砌体表面经常处于80℃以上的高温环境。

⑤屋面女儿墙。

7.2.2 蒸压加气混凝土砌块和砂浆

用于外墙的蒸压加气混凝土砌块，强度级别不宜小于A7.5、不应小于A5.0，干密度级

别不宜小于B07，也不宜大于B08。用于外墙的砌筑砂浆强度级别不应小于M7.5。用于内墙的砌筑砂浆强度级别、蒸压加气混凝土砌块的强度级别和干密度级别宜与外墙相同。内外墙的砌筑砂浆强度级别不应低于砌块的强度级别。砌筑砂浆、找平砂浆、饰面砖黏结砂浆和涂料面层的抹面砂浆应选用保水、专用砂浆。

7.2.3 砌体抗裂要求

（1）下列部位宜设置构造柱或抗裂柱（以下统称抗裂柱），抗裂柱的平面位置应在结构平面图中表示出来：

①宽度大于2m的洞口两侧；

②厂房门、车房门、安全门以及洞口宽度大于1.5m的重型门两侧；

③墙长大于5m时，每隔不超过5m的部位；

④支承于悬臂梁、悬臂板上的砌体；

⑤窗间墙长度小于0.6m且其侧向无墙处。

（2）常规抗裂柱的设计及施工宜符合下列要求：

①抗裂柱截面不宜大于墙厚×0.2m、或墙厚×窗间墙长度。拉结筋设置同结构柱，纵筋不小于4φ12，纵筋中心间距不大于0.2m，纵筋搭接长度不小于0.6m，上下楼层交接处纵筋应连续贯通，端部进入基础梁或屋面梁的锚固长度各不小于0.5m，箍筋φ6@200，纵筋搭接范围内箍筋间距减半。

②抗裂柱的混凝土应分段浇筑。上段柱的混凝土强度等级同结构柱并与结构柱一齐浇筑，下段柱的混凝土应待上层抗裂柱的上段柱浇筑完毕后再浇筑，混凝土强度等级不宜小于C20，如图7-2-1所示。下段柱的进料口宜留在有砌体一侧，混凝土浇筑高度比上段柱柱底高0.1m，砌块锯成相应形状与其砌结，露出砌体部分应待浇筑7d后再凿除。

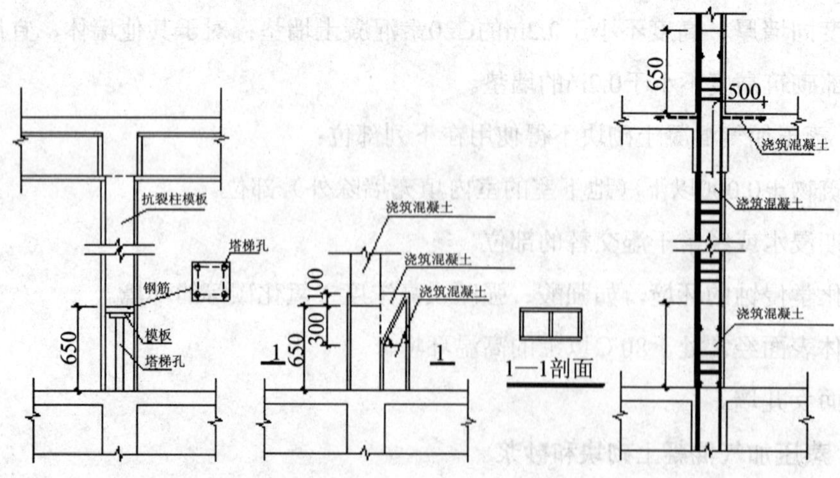

图7-2-1　抗裂柱模板安装、钢筋安装及分段浇筑混凝土

（3）支承在悬臂板上的抗裂柱，与梁同标高部位应与梁同时安装模板、钢筋和浇筑混凝土。

7.3 砌体房屋构造要求

7.3.1 一般构造要求

工程实践表明，为了保证砌体结构房屋有足够的耐久性和良好的整体工作性能，必须采取合理的构造措施。

1．最小截面规定

为了避免墙柱截面过小导致稳定性能变差，以及局部缺陷对构件的影响增大，《规范》规定了各种构件的最小尺寸：承重的独立砖柱截面尺寸不应小于240mm×370mm；毛石墙的厚度不宜小于350mm；毛料石柱截面较小边长不宜小于400mm；当有振动荷载时，墙、柱不宜采用毛石砌体。

2．墙、柱连接构造

为了增强砌体房屋的整体性和避免局部受压损坏，规范规定：

（1）跨度大于6m的屋架和跨度大于下列数值的梁，应在支承处砌体设置混凝土或钢筋混凝土垫块。当墙中设有圈梁时，垫块与圈梁宜浇成整体。

1）对砖砌体为4.8m；

2）对砌块和料石砌体为4.2m；

3）对毛石砌体为3.9m。

（2）当梁的跨度大于等于下列数值时，其支承处宜加设壁柱或采取其他加强措施：

1）对240mm厚的砖墙为6m，对180mm厚的砖墙为4.8m；

2）对砌块、料石墙为4.8m。

（3）预制钢筋混凝土板的支承长度，在墙上不宜小于100mm；在钢筋混凝土圈梁上不宜小于80mm；当利用板端伸出钢筋拉结和混凝土灌注时，其支承长度可为40mm，但板端缝宽不小于80mm，灌缝混凝土强度等级不宜低于C20。

（4）预制钢筋混凝土梁在墙上的支承长度不宜小于180～240mm，支承在墙、柱上的吊车梁、屋架以及跨度大于或等于下列数值的预制梁的端部，应采用锚固件与墙、柱上的垫块锚固。

1)砖砌体为9m；

2)对砌块和料石砌体为7.2m。

（5）填充墙、隔墙应采取措施与周边构件可靠连接。一般是在钢筋混凝土结构中预埋拉接筋，在砌筑墙体时，将拉接筋砌入水平灰缝内。

（6）山墙处的壁柱宜砌至山墙顶部，屋面构件应与山墙可靠拉结。

3．砌块砌体房屋

（1）砌块砌体应分皮错缝搭砌，上下皮搭砌长度不得小于90mm。当搭砌长度不满足上述要求时，应在水平灰缝内设置不少于2ф4的焊接钢筋网片（横向钢筋间距不宜大于200mm），网片每段均应超过该垂直缝，其长度不得小于300mm。

（2）砌块墙与后砌隔墙交接处，应沿墙高每400mm在水平灰缝内设置不少于2ф4、横筋间距不大于200mm的焊接钢筋网片（见图7-3-1）。

（3）混凝土砌块房屋，宜将纵横墙交接处、距墙中心线每边不小于300mm范围内的孔洞，采用不低于Cb20灌孔混凝土将孔洞灌实，灌实高度应为墙身全高。

（4）混凝土砌块墙体的下列部位，如未设圈梁或混凝土垫块，应采用不低于Cb20灌孔混凝土将孔洞灌实。

1）搁栅、檩条和钢筋混凝土楼板的支承面下，高度不应小于200mm的砌体；

2）屋架、梁等构件的支承面下，高度不应小于600mm，长度不应小于600mm的砌体；

3）挑梁支承面下，距墙中心线每边不应小于300mm，高度不应小于600mm的砌体。

4．砌体中留槽洞或埋设管道时的规定

（1）不应在截面长边小于500mm的承重墙体、独立柱内埋设管线。

（2）不宜在墙体中穿行暗线或预留、开凿沟槽，无法避免时应采取必要的措施或按削弱后的截面验算墙体承载力。对受力较小或未灌孔砌块砌体，允许在墙体的竖向孔洞中设置管线。

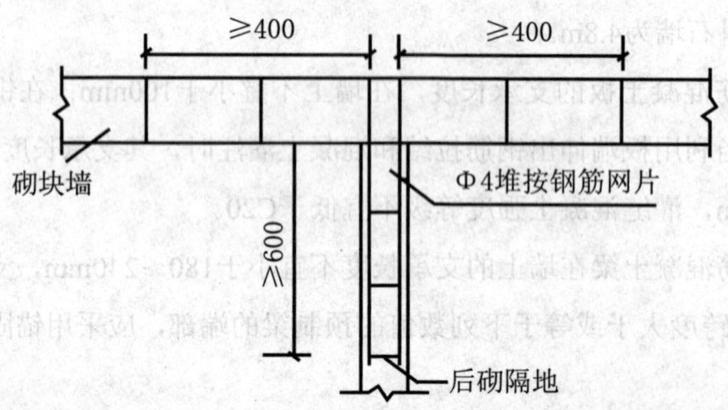

图7-3-1　砌块墙与后砌隔墙交接处的焊接钢筋网片

7.3.2 防止或减轻墙体开裂的主要措施

1．墙体开裂的原因

产生墙体裂缝的原因主要有三个：外荷载、温度变化、地基不均匀沉降。墙体承受外荷载后，按照规范要求，通过正确的承载力计算，选择合理的材料并满足施工要求，受力裂缝是可以避免的。

（1）因温度变化和砌体干缩变形引起的墙体裂缝（见图7-3-2）。

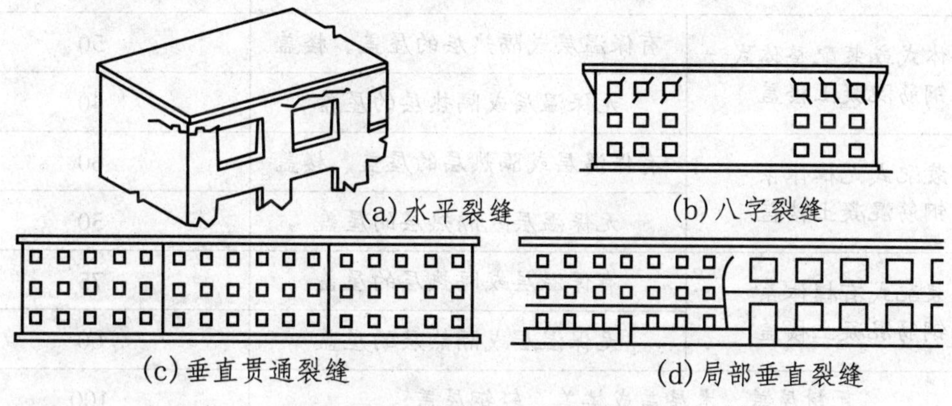

(a) 水平裂缝　(b) 八字裂缝　(c) 垂直贯通裂缝　(d) 局部垂直裂缝

图7-3-2　温度与干缩裂缝形态

1）温度裂缝形态有水平裂缝、八字裂缝两种。水平裂缝多发生在女儿墙根部、屋面板底部、圈梁底部附近以及比较空旷、高大房间的顶层外墙门窗筒口上下水平位置处；八字裂缝多发生在房屋顶层墙体的两端，且多数出现在门窗洞口上下，呈八字形。

2）干缩裂缝形态有垂直贯通裂缝、局部垂直裂缝两种。

（2）因地基发生过大的不均匀沉降而产生的裂缝（见图7-3-3）。

常见的因地基不均匀沉降引起的裂缝形态有：正八字形裂缝、倒八字形裂缝、高层沉降引起的斜向裂缝、底层窗台下墙体的斜向裂缝。

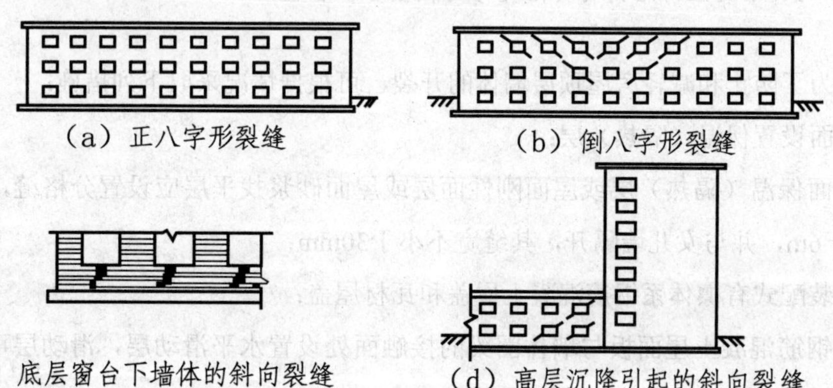

（a）正八字形裂缝　（b）倒八字形裂缝　（c）底层窗台下墙体的斜向裂缝　（d）高层沉降引起的斜向裂缝

图7-3-3　由地基不均匀沉降引起的裂缝

2. 防止墙体开裂的措施

（1）为了防止或减轻房屋在正常使用条件下，由温度和砌体干缩引起的墙体竖向裂缝，应在墙体中设置伸缩缝。伸缩缝应设置在因温度和收缩变形可能引起应力集中、砌体产生裂缝可能性最大的地方。伸缩缝的间距可参照表7-3-1。

表7-3-1 砌体房屋伸缩缝的最大间距

屋盖或楼盖类别		间距（m）
整体式或装配整体式钢筋混凝土楼盖	有保温层或隔热层的屋盖、楼盖	50
	无保温层或隔热层的屋盖	40
装配式无檩体系钢筋混凝土楼盖	有保温层或隔热层的屋盖、楼盖	60
	无保温层或隔热层的屋盖	50
装配式有檩体系钢筋混凝土楼盖	有保温层或隔热层的屋盖	75
	无保温层或隔热层的屋盖	60
瓦材屋盖、木屋盖或楼盖、轻钢屋盖		100

注：1. 对烧结普通砖、多孔砖、配筋砌块砌体房屋取表中数值；对石砌体、蒸压灰砂砖、蒸压粉煤灰砖和混凝土砌块房屋取表中数值乘以0.8的系数。当有实践经验并采取可靠措施时，可不遵守本表规定。

2. 在钢筋混凝土屋面上挂瓦的屋盖应按钢筋混凝土屋盖采用。

3. 按本表设置的墙体伸缩缝，一般不能同时防止由于钢筋混凝土屋盖的温度变形和砌体干缩变形引起的墙体局部裂缝。

4. 层高大于5m的烧结普通砖、多孔砖、配筋砌块砌体结构单层房屋，其伸缩缝间距可按表中数值乘以1.3。

5. 温差较大且变化频繁地区和严寒地区不采暖的房屋及构筑物墙体的伸缩缝的最大间距，应按表中数值予以适当减小。

6. 墙体的伸缩缝应与结构的其他变形缝相重合，在进行立面处理时，必须保证缝隙的伸缩作用。

（2）为了防止和减轻房屋顶层墙体的开裂，可根据情况采取下列措施：

1）屋面设置保温（隔热）层；

2）屋面保温（隔热）层或屋面刚性面层或屋面砂浆找平层应设置分格缝，分格缝间距不宜大于6m，并与女儿墙隔开，其缝宽不小于30mm；

3）用装配式有檩体系钢筋混凝土屋盖和瓦材屋盖；

4）在钢筋混凝土屋面板与墙体圈梁的接触面处设置水平滑动层，滑动层可采用两层油毡夹滑石粉或橡胶片等；

5）顶层屋面板下设置现浇钢筋混凝土圈梁，并沿内外墙拉通，房屋两端圈梁下的墙

体宜适当设置水平钢筋；

6）顶层挑梁末端下墙体灰缝内设置3道焊接钢筋网片（纵向钢筋不宜少于2Φ4，横筋间距不宜大于200mm）或2Φ6钢筋，钢筋网片或钢筋应自挑梁末端伸入两边墙体不小于1m（见图7-3-4）；

7）顶层墙体有门窗洞口时，在过梁上的水平灰缝内设置2～3道焊接钢筋网片或2Φ6钢筋，并应伸入过梁两边墙体不小于600mm；

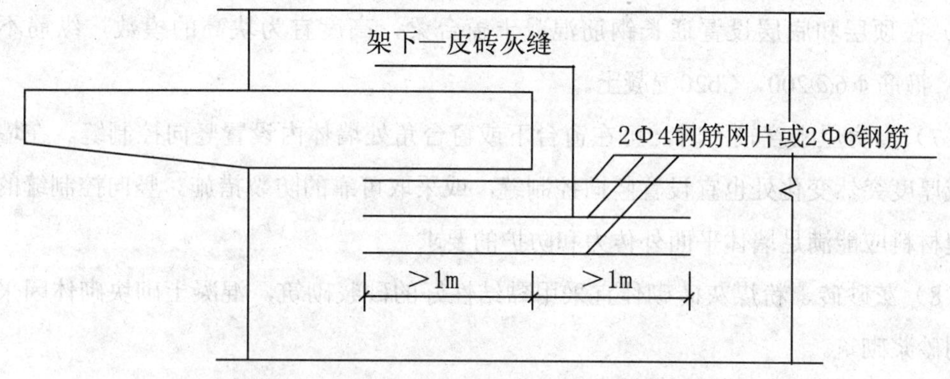

图7-3-4 顶层挑梁末端钢筋网片或钢筋

8）顶层及女儿墙砂浆强度等级不低于M5；

9）女儿墙应设置构造柱，构造柱间距不宜大于4m，构造柱应伸至女儿墙顶并与现浇钢筋混凝土压顶整浇在一起；

10）房屋顶层端部墙体内应适当增设构造柱。

（3）防止或减轻房屋底层墙体裂缝的措施

底层墙体的裂缝主要是由地基不均匀沉降引起的，或由地基反力不均匀引起的，因此防止或减轻房屋底层墙体裂缝可根据情况采取下列措施。

1）增加基础圈梁的刚度；

2）在底层的窗台下墙体灰缝内设置3道焊接钢筋网片或2Φ6钢筋，其伸入两边窗间墙的长度应不小于600mm；

3）采用钢筋混凝土窗台板，窗台板嵌入窗间墙内长度不小于600mm。

（4）墙体转角处和纵横墙交接处宜沿竖向每隔400～500mm设置拉结钢筋，其数量为每120mm墙厚不少于1Φ6或焊接钢筋网片，埋入长度从墙的转角或交接处算起，每边不少于600mm。

（5）对于灰砂砖、粉煤灰砖、混凝土砌块或其他非烧结砖，宜在各层门、窗过梁上方的水平灰缝内及窗台下第一、二道水平灰缝内设置焊接钢筋网片或2Φ6钢筋，焊接钢筋网片或钢筋伸入两边窗间墙内的长度应不小于600mm。

（6）为防止或减轻混凝土砌块房屋顶层两端和底层第一、二开间门窗洞口处开裂，可采取下列措施：

1）在门窗洞口两侧不少于一个孔洞中设置1ф12的钢筋，钢筋应在楼层圈梁或基础锚固，并采取不低于Cb20的灌孔混凝土灌实；

2）在门窗洞口两边的墙体的水平灰缝内，设置长度不小于900mm，竖向间距为400mm的2ф4焊接钢筋网片；

3）在顶层和底层设置通长钢筋混凝土窗台梁，高度宜为块高的模数，纵筋不少于4ф10，箍筋ф6@200，Cb20混凝土。

（7）当房屋刚度较大时，可在窗台下或窗台角处墙体内设置竖向控制缝。在墙体的高度或厚度突然变化处也宜设置竖向控制缝，或采取可靠的防裂措施。竖向控制缝的构造和嵌缝材料应能满足墙体平面外传力和防护的要求。

（8）灰砂砖、粉煤灰砖砌体宜采用黏结性好的砂浆砌筑，混凝土砌块砌体因采用砌块专用砂浆砌筑。

（9）对防裂要求较高的墙体，可根据实际情况采取专门措施。

（10）防止墙体因为地基不均匀沉降而开裂的措施有：

1）设置沉降缝，在地基土性质相差较大，房屋高度、荷载、结构刚度变化较大处，房屋结构形式变化处，高低层的施工时间不同处设置沉降缝，将房屋分割为若干刚度较好的独立单元；

2）加强房屋整体刚度；

3）对处于软土地区或土质变化较复杂地区，利用天然地基建造房屋时，房屋体型力求简单，采用对地基不均匀沉降不敏感的结构形式和基础形式；

4）合理安排施工顺序，先施工层数多、荷载大的单元，后施工层数少、荷载小的单元。

7.4 过梁、墙梁、挑梁

7.4.1 过梁

1．过梁的种类与构造

过梁是砌体结构中门窗洞口上承受上部墙体自重和上层楼盖传来的荷载的梁，常用的过梁有四种类型（见图7-4-1）。

（1）砖砌平拱过梁（见图7-4-1(a)）

高度不应小于240mm，跨度不应超过1.2m。砂浆强度等级不应低于M5。此类过梁适用于无振动、地基土质好、无抗震设防要求的一般建筑。

（2）砖砌弧拱过梁（见图7-4-1(b)）

竖放砌筑砖的高度不应小于120mm，当矢高$f=(1/8\sim1/12)l$，砖砌弧拱的最大跨度为2.5～3m；当矢高$f=(1/5\sim1/6)l$时，砖砌弧拱的最大跨度为3～4m。

（3）钢筋砖过梁（见图7-4-1(c)）

过梁底面砂浆层处的钢筋，其直径不应小于5mm，间距不宜大于120mm，钢筋伸入支座砌体内的长度不宜小于240mm，砂浆层厚度不宜小于30mm；过梁截面高度内砂浆强度等级不应低于M5；砖的强度等级不应低于MU10；跨度不应超过1.5m。

（4）钢筋混凝土过梁（见图7-4-1(d)），其端部支承长度，不宜小于240mm，当墙厚不小于370mm时，钢筋混凝土过梁宜做成L型。

工程中常采用钢筋混凝土过梁。

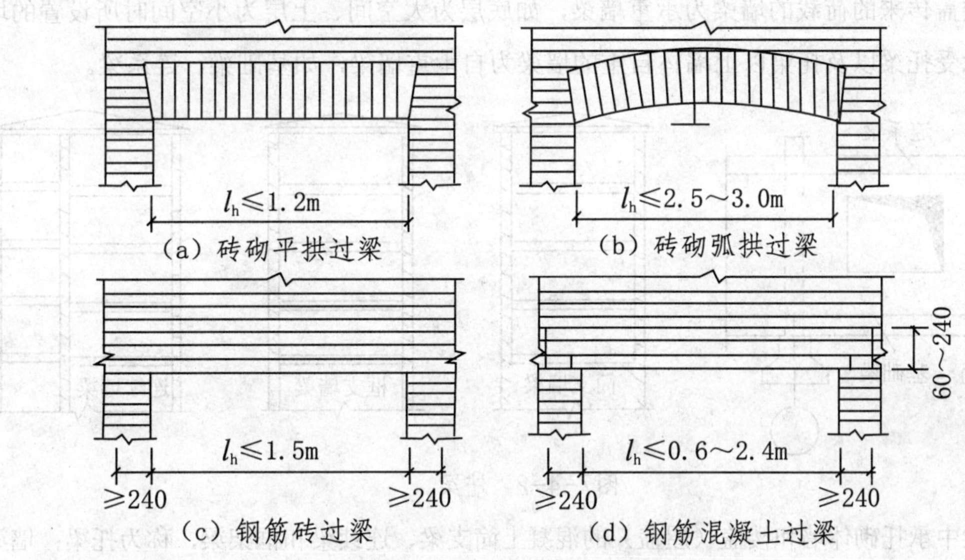

图7-4-1　过梁的常用类型

2. 过梁的受力特点

作用在过梁上的荷载有砌体自重和过梁计算高度内的梁板荷载。

（1）墙体荷载：对于砖砌墙体，当过梁上的墙体高度$h_w<l_n/3$时，应按全部墙体的自重作为均布荷载考虑。当过梁上的墙体高度$h_w \geqslant l_n/3$时，应按高度/3的墙体自重作为均布荷载考虑。对于混凝土砌块砌体，当过梁上的墙体高度$h_w<l_n/2$时，应按全部墙体的自重作为均布荷载考虑。当过梁上的墙体高度$h_w \geqslant l_n/2$时，应按高度y_2的墙体自重作为均布荷载考虑。

（2）梁板荷载：当梁、板下的墙体高度$h_w<l_n$时，应计算梁、板传来的荷载，如

$h_w \geq l_n$，则可不计梁、板的作用。

砖砌过梁承受荷载后，上部受拉、下部受压，像受弯构件一样受力。随着荷载的增大，当跨中竖向截面的拉应力或支座斜截面的主拉应力超过砌体的抗拉强度时，将先后在跨中出现竖向裂缝，在靠近支座处出现阶梯形斜裂缝。对于钢筋砖过梁，过梁下部的拉力将由钢筋承担；对砖砌平拱，过梁下部拉力将由两端砌体提供的推力来平衡，对于钢筋混凝土过梁与钢筋砖过梁类似。实验表明，当过梁上的墙体达到一定高度后，过梁上的墙体形成内拱将产生卸载作用，将一部分荷载直接传递给支座。

7.4.2 墙梁

由钢筋混凝土托梁及其以上计算高度范围内的墙体共同工作，一起承受荷载的组合结构称为墙梁(见图7-4-2)。墙梁按支承情况分为简支墙梁、连续墙梁、框支墙梁；按承受荷载情况可分为承重墙梁和自承重墙梁。除了承受托梁和托梁以上的墙体自重外，还承受由屋盖或楼盖传来的荷载的墙梁为承重墙梁，如底层为大空间、上层为小空间时所设置的墙梁，只承受托梁以及托梁以上墙体自重的墙梁为自承重墙梁，如基础梁、连系梁。

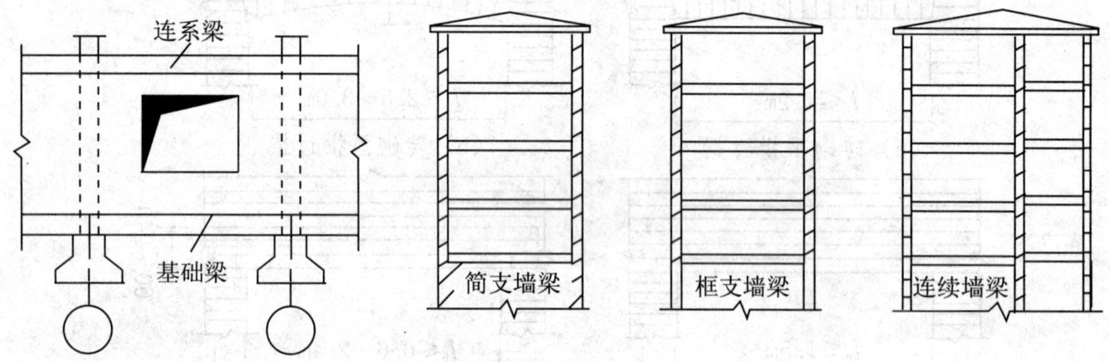

图7-4-2 墙梁

墙梁中承托砌体墙和楼盖（屋盖）的混凝土简支梁、连续梁和框架梁，称为托梁；墙梁中考虑组合作用的计算高度范围内的砌体墙，称为墙体；墙梁的计算高度范围内墙体顶面处的现浇混凝土圈梁，称为顶梁；墙梁支座处与墙体垂直相连的纵向落地墙，称为翼墙。

1．受力特点

当托梁及其上砌体达到一定强度后，墙和梁共同工作形成墙梁组合结构。实验表明，墙梁上部荷载主要是通过墙体的拱作用传向两边支座，托梁承受拉力，两者形成一个带拉杆拱的受力结构。这种受力状况从墙梁开始一直到破坏。

墙梁是一个偏心受拉构件，影响其承载力的因素有很多，根据因素的不同，墙梁可能发生的三种破坏形态：正截面受弯破坏、墙体或托梁受剪破坏和支座上方墙体局部受压破坏（见图7-4-3）。托梁纵向受力钢筋配置不足时，发生正截面受弯破坏；当托梁的箍筋配置不足时，可能发生托梁斜截面剪切破坏；当托梁的配筋较强，并且两端砌体局部受压承载力得到保证时，一般发生墙体剪切破坏。墙梁除上述主要破坏形态外，还可能发生托梁端部混凝土局部受压破坏、有洞口墙梁洞口上部砌体剪切破坏等。因此，必须采取一定的构造措施，防止这些破坏形态的发生。

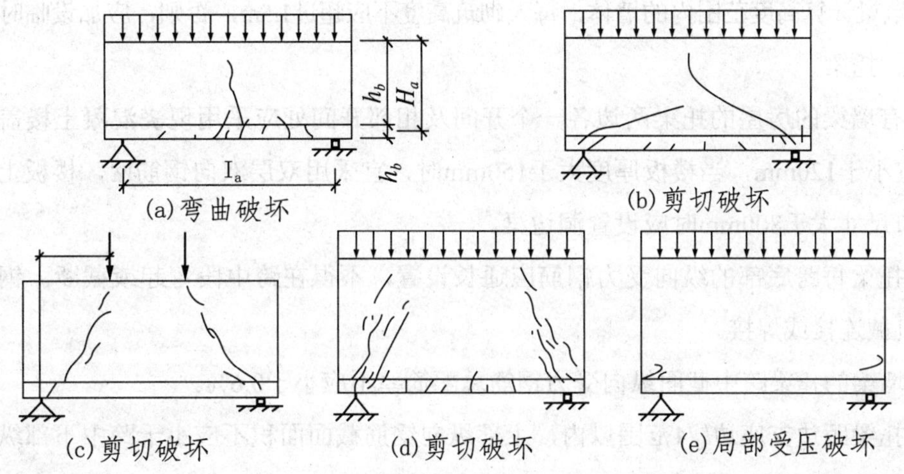

图7-4-3 墙梁破坏形态

2．构造要求

墙梁除应符合《砌体规范》和现行国家标准《混凝土规范》有关构造外，尚应符合下列构造要求。

（1）材料

1)托梁的混凝土强度等级不应低于C30；

2)纵向钢筋宜采用HRB335、HRB400、RRB400级钢筋；

3)承重墙梁的块材强度等级不应低于MU10，计算高度范围内墙体的砂浆强度等级不应低于M10。

（2）墙体

1）框支墙梁的上部砌体房屋，以及设有承重的简支墙梁或连续墙梁的房屋，应满足刚性方案房屋的要求。

2）计算高度范围内的墙体厚度，对砖砌体不应小于240mm，对混凝土小型砌块不应小于190mm。

3）墙梁洞口上方应设置混凝土过梁，其支承长度不应小于240mm，洞口范围内不应施加集中荷载。

4）承重墙梁的支座处应设置落地翼墙，翼墙厚度，对砖砌体不应小于240mm，对混

凝土砌块砌体不应小于190mm；翼墙宽度不应小于墙梁墙体厚度的3倍，并于墙梁墙体同时砌筑。当不能设置翼墙时，应设置落地且上下贯通的构造柱。

5）当墙梁墙体在靠近支座1／3跨度范围内开洞时，支座处应设置上下贯通的构造柱，并于每层圈梁连接。

6）墙梁计算高度范围内的墙体，每天砌筑高度不应超过1.5m，否则，应加设临时支撑。

（3）托梁

1）有墙梁的房屋的托梁两边各一个开间及相邻开间处应采用现浇混凝土楼盖，楼板厚度不宜小于120mm，当楼板厚度大于150mm时，宜采用双层双向钢筋网，楼板上应少开洞，洞口尺寸大于800mm时应设置洞边梁。

2）托梁每跨底部的纵向受力钢筋应通长设置，不得在跨中段弯起或截断。钢筋接长应采用机械连接或焊接。

3）墙梁的托梁跨中截面纵向受力钢筋总配筋率不应小于0.6%。

4）托梁距边支座边$l_0/4$范围以内，上部纵向钢筋截面面积不应小于跨中下部纵向钢筋截面面积的1／3。连续墙梁或多跨框支墙梁的托梁中支座上部附加纵向钢筋从支座算起每边延伸不得少于$l_0/4$。

5）承重墙梁的托梁在砌体墙、柱上的支承长度不应小于350mm。纵向受力钢筋伸入支座应符合受拉钢筋的锚固要求。

6）当托梁高度$h_b \geqslant 500$mm时，应沿梁高设置通长水平腰筋，直径不得小于12mm，间距不应大于200mm。

7）墙梁偏开通口的宽度及两侧各一个梁高h_b范围内直至靠近洞口支座边的托梁箍筋直径不宜小于8mm，间距不应大于100mm（见图7-4-4）。

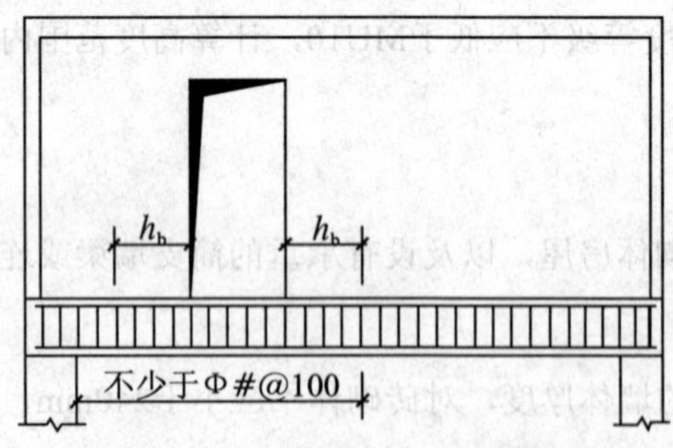

图7-4-4　偏开洞时托梁箍加密区

1. 挑梁的受力特点

挑梁在悬挑端集中力F、墙体自重以及上部荷载作用下，共经历三个工作阶段。

（1）弹性工作阶段：挑梁在未受外荷载之前，墙体自重及其上部荷载在挑梁埋入墙体部分的上、下界面产生初始压应力，当挑梁端部施加外荷载F后，随着F的增加，将首先达到墙体通缝截面的抗拉强度而出现水平裂缝，出现水平裂缝时的荷载约为倾覆时的外荷载的20%～30%，此为第一阶段。

（2）带裂缝工作阶段：随着外荷载F继续增加，最开始出现的水平裂缝将不断向内发展，同时挑梁埋入端下界面出现水平裂缝并向前发展。随着上、下界面的水平裂缝的不断发展，挑梁埋入端上界面受压区和墙边下界面受压区也不断减小，从而在挑梁埋入端上角砌体处产生裂缝。随着外荷载的增加，此裂缝将沿砌体灰缝向后上方发展为阶梯型裂缝，此时的荷载约为倾覆时外荷载的80%。斜裂缝的出现预示着挑梁进入倾覆破坏阶段，在此过程中，也可能出现局部受压裂缝。

（3）破坏阶段：挑梁可能发生的破坏形态有以下三种（见图7-4-5）：

1）挑梁倾覆破坏：挑梁倾覆力矩大于抗倾覆力矩，挑梁尾端墙体斜裂缝不断发展，挑梁绕倾覆点发生倾覆破坏。

2）梁下砌体局部受压破坏：当挑梁埋入墙体较深、梁上墙体高度较大时，挑梁下靠近墙边小部分砌体由于压应力过大发生局部受压破坏。

3）挑梁弯曲破坏剪切破坏。

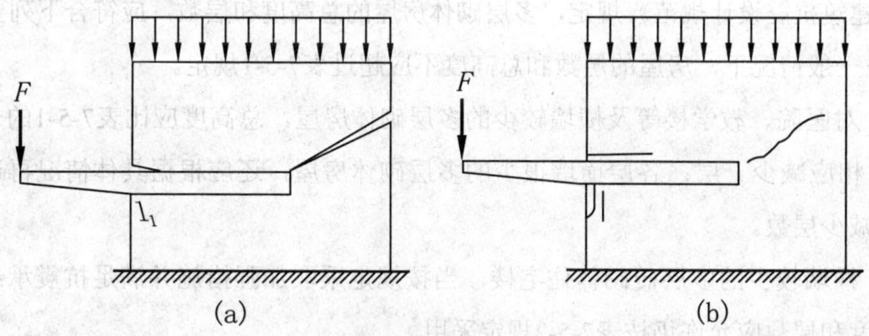

图7-4-5 挑梁破坏形态

2．挑梁的构造要求

挑梁设计除应满足现行国家规范《混凝土规范》的有关规定外，尚应满足下列要求。

（1）纵向受力钢筋至少应有1/2的钢筋面积伸入梁尾端，且不少于2Φ12。其余钢筋伸入支座的长度不应小于$2l_1/3$。

（2）挑梁埋入砌体长度l_1与挑出长度l之比宜大于1.2；当挑梁上无砌体时，l_1与l之比宜大于2。

7.5 砌体结构抗震构造

在强烈的地震作用下，多层砌体房屋的破坏部位，主要是墙身和构件间的连接处。

（1）墙身的破坏。这类墙体往往因为主拉应力强度不足而引起斜裂缝破坏。由于水平地震的反复作用，两个方向的斜裂缝组成交叉的X形裂缝，这种裂缝在多层砌体房屋中的一般规律是下重上轻，这是因为多层房屋墙体下部地震剪力大的缘故。

（2）墙角转角处的破坏。由于墙角位于房屋尽端，房屋对它的约束作用减弱，故该处抗震能力相对较低，特别是当房屋在地震中发生扭转时，墙角处位移反应最大。

（3）楼梯间墙体的破坏。

（4）内外墙连接处的破坏。

（5）楼盖预制板的破坏。

（6）突出屋面的屋顶间等附属结构的破坏。

7.5.1 抗震设计一般规定

历次地震表明，在一般场地情况下，砌体房屋层数越多，高度越高，它的破坏率也就越大。《建筑抗震设计规范》规定，多层砌体房屋的总高度和层数，应符合下列要求。

（1）一般情况下，房屋的层数和总高度不应超过表7-5-1规定。

（2）对医院、教学楼等及横墙较少的多层砌体房屋，总高度应比表7-5-1的规定降低3m，层数相应减少一层；各层横墙很少的多层砌体房屋，还应根据具体情况再适当降低总高度和减少层数。

（3）横墙较少的多层砖砌体住宅楼，当按规定采取加强措施并满足抗震承载力要求时，其高度和层数应允许仍按表7-5-2规定采用。

表7-5-1 多层砌体房屋总高度和层数的限制

砌体类别	最小墙厚（mm）	烈度							
		6度		7度		8度		9度	
		高度	层数	高度	层数	高度	层数	高度	
普通砖	240	24	8	21	7	18	6	12	
多孔砖	240	21	7	21	7	18	6	12	
多孔砖	190	21	7	18	6	15	5	不宜采用	
小砌块	190	21	7	21	7	18	6		

表7-5-2 多层砌体房屋最大高宽比限值

烈 度	6度	7度	8度	9度
最大高度比	2.5	2.5	2.0	1.5

（4）房屋抗震横墙间距。

1)多层砌体房屋横向水平地震作用主要是由横墙来承受，横墙除应具有足够的抗震承载力外，其间距还应满足楼盖传递水平地震作用所需的刚度要求。而横墙间距则必须根据楼盖的水平刚度给予一定的限制。

2)当横墙间距过大，纵向砖墙会因过大的层间变形而出现平面的弯曲破坏，这样楼盖就失去传递水平地震作用到横墙的能力，结果是地震力还未传到横墙，纵墙就已先破坏，所以对横墙间距应加以限制。

3)抗震规范中关于抗震横墙最大间距的规定，如表7-5-3所示。

表7-5-3 房屋抗震横墙最大间距

房屋类别6	烈 度			
	6	7	8	9
现浇或装配整体式钢筋混凝土楼、屋盖	18	18	15	11
装配式钢筋混凝土楼、屋盖	15	15	11	7
木楼、屋盖	11	11	7	4

（5）房屋的局部尺寸限制。

1)在地震作用下，房屋首先在薄弱部位破坏，这些薄弱部位一般是窗间墙、近端墙段、突出屋顶的女儿墙等。

2)为了保证在地震时，不因局部墙段的首先破坏而造成整片墙体连续破坏，导致整体结构倒塌，因此，必须对窗间墙、近端墙段、突出屋顶的女儿墙的尺寸加以限制。抗震规范中关于房屋局部尺寸的规定如表7-5-4所列。

表7-5-4 房屋的局部尺寸限制

部 位	6度	7度	8度	9度
承重窗间墙最小宽度	1.0	1.0	1.2	1.5
承重外墙尽端至门窗洞边的最小距离	1.0	1.0	1.2	1.5
非承重外墙尽端至门窗洞边的最小距离	1.0	1.0	1.0	1.0
内墙阳角至门窗洞边的最小距离	1.0	1.0	1.5	2.0
无锚固女儿墙（非出入口处）最大高度	0.5	0.5	0.5	0.0

（6）层砌体房屋的结构布置。

1）应优先采用横墙承重或纵横墙共同承重的结构体系。

2）纵横墙的布置宜均匀对称，沿平面内宜对齐，沿竖向应上下连续；同一轴线上的窗间墙宽度宜均匀。

3）房屋有下列情况之一时宜设置防震缝，缝两侧均应设置墙体，缝宽应根据烈度和房屋高度确定，可采用50～100mm。

①房屋立面高差在6m以上；

②房屋有错层，且楼板高差较大；

③各部分结构刚度、质量截然不同。

4）楼梯间不宜设置在房屋的尽端和转角处。

5）烟道、风道、垃圾道等不应削弱墙体；当墙体被削弱时，应对墙体采取加强措施；不宜采用无竖向配筋的附墙烟囱及出屋面的烟囱。

6）不应采用无锚固的钢筋混凝土预制挑檐。

7.5.2 多层砖砌体房屋的抗震构造措施

1．构造柱的截面尺寸、配筋和连接的要求

(1)构造柱设置位置一般情况如表7-5-5所示。

表7–5–5 构造柱的设置位置

<table>
<tr><th colspan="4">房屋层数</th><th colspan="2" rowspan="2">设置部位</th></tr>
<tr><th>6度</th><th>7度</th><th>8度</th><th>9度</th></tr>
<tr><td>四、五</td><td>三、四</td><td>二、三</td><td></td><td rowspan="3">外墙四角，错层部位与外纵墙交接处，较大洞口两侧，大房间内外墙交接处</td><td>7~8度时，楼、电梯的四角每隔15m左右的横墙与内纵墙交接处，或单元横墙与外墙交接处</td></tr>
<tr><td>六、七</td><td>五</td><td>四</td><td>二</td><td>隔开间横墙（轴线）与外墙交接处，山墙与内纵墙交接处，7~9度时，楼、电梯的四角</td></tr>
<tr><td>八</td><td>六、七</td><td>五、六</td><td>三、四</td><td>横墙（轴线）与外墙交接处，内墙的局部较小墙垛处，7~9度时，楼、电梯的四角，9度时，内纵墙与横墙（轴线）交接处</td></tr>
</table>

(2)构造柱最小截面可采用240mm×180mm，纵向钢筋宜采用4Φ12，箍筋间距不宜大于250mm。且在柱上下端宜适当加密；7度时超过六层、8度时超过五层和9度时，构造柱纵向钢筋宜采用4Φ14，箍筋间距不宜大于200mm，房屋四角的构造柱可适当加大截面及配筋，以考虑角柱可能受到双向荷载的共同作用及扭转影响（见图7-5-1）。

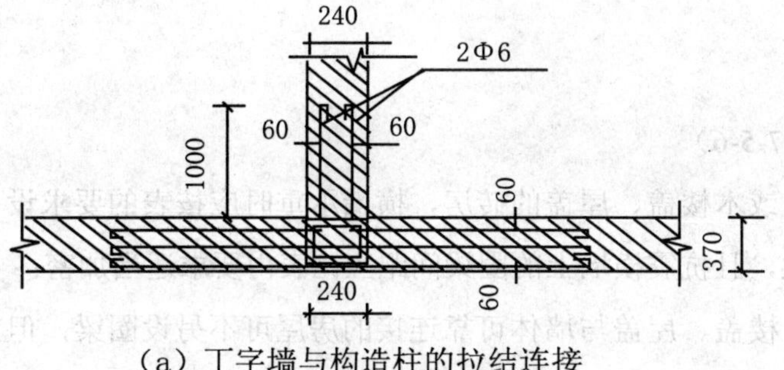

（a）丁字墙与构造柱的拉结连接

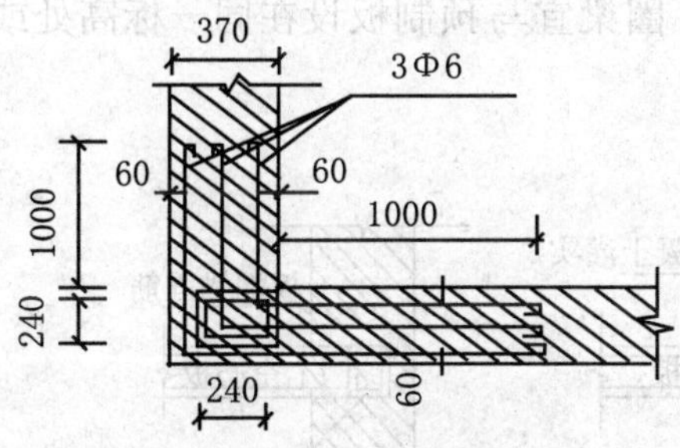

（b）转角墙与构造柱的拉结连接

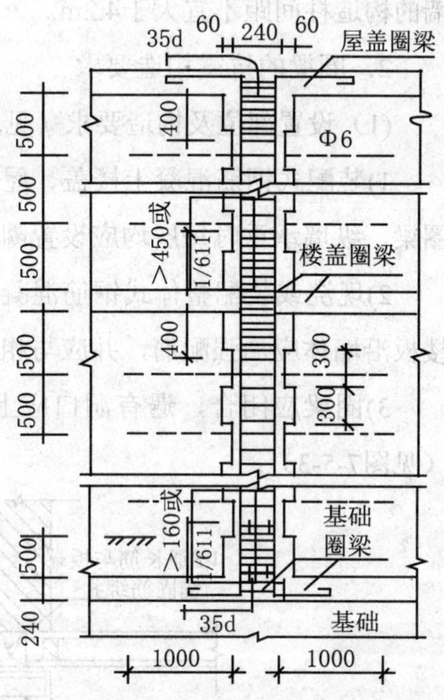

（c）圈梁与构造柱的连接，H为层高

图7-5-1　构造柱截面尺寸、配筋和连接构造

(3)设置构造住处应先砌砖墙后浇筑混凝土，构造柱与墙连接处应砌成马牙槎（见图7-5-2），以加强构造柱与砖墙之间的整体性，并应沿墙高每隔500mm设2Φ6拉结钢筋，每边伸入墙内不宜小于1m。

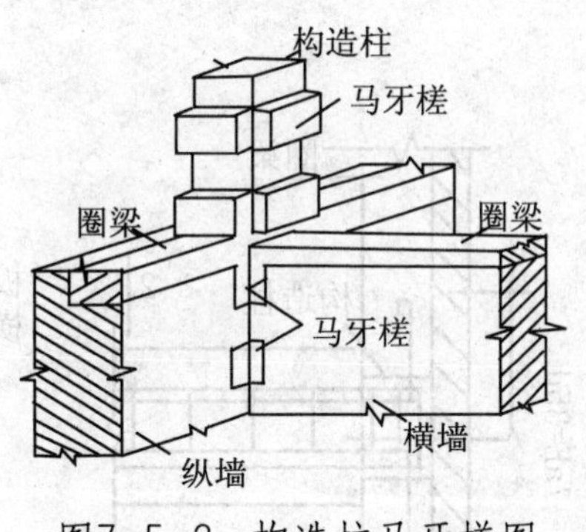

图7-5-2　构造柱马牙槎图

(4)构造柱与圈梁连接处，构造柱的纵筋应穿过圈梁，保证构造柱纵筋上下贯通。

(5)构造柱可不单独设置基础，但应伸入室外地面下500mm，或与埋深小于500mm的基础圈梁相连。

(6)房屋高度和层数接近表7-5-1的限制时，纵横墙内构造柱间距尚应符合下列要求：

1)横墙内构造柱间距不宜大于层高的2倍，下部1/3的楼层的构造柱间距适当减少。

2)外墙的构造柱间距应每开间设置一柱；当开间大于3.9m时，应另设加强措施。内纵墙的构造柱间距不宜大于4.2m。

2．圈梁的抗震构造要求

(1）设置部位及构造要求（见表7-5-6）

1)装配式钢筋混凝土楼盖、屋盖或木楼盖、屋盖的砖房，横墙承重时应按表的要求设圈梁，纵墙承重时每层均应设置圈梁，且抗震横墙上的圈梁间距应比表内要求适当加密；

2)现浇或装配整体式钢筋混凝土楼盖、屋盖与墙体可靠连接的房屋可不另设圈梁，但楼板沿墙体应加强配筋，并应与相应的构造柱钢筋可靠连接；

3)圈梁应闭合，遇有洞口应上下搭接，圈梁宜与预制板设在同一标高处或紧靠板底（见图7-5-3）；

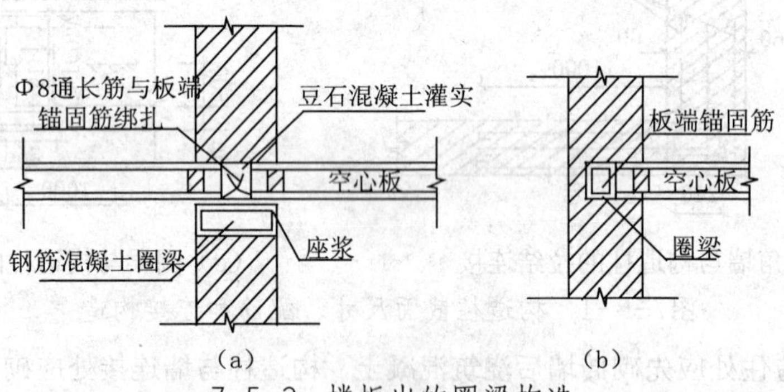

7-5-3　楼板出的圈梁构造

4)圈梁在规范要求的间距内无横墙时，应利用梁或板缝中配筋替代圈梁（见图7-5-4）。

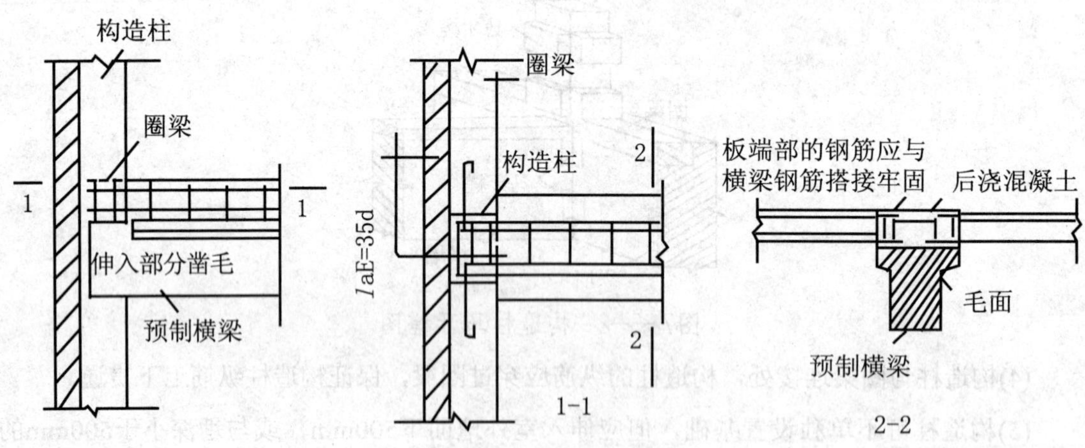

图7-5-4　圈梁上板缝配筋

(2)圈梁截面尺寸及配筋

1)圈梁的截面高度不应小于120mm，配筋应符合表7-5-7的要求；

2)当地基为软弱黏性土、液化土、新近填土或严重不均匀土时，应估计地震时地基不均匀沉降或其他不利影响，为加强基础整体性而增设的基础圈梁，截面高度不应小于180mm，配筋不应少于4Φ12；

3)墙体间的拉结（见图7-5-5）7度时长度大于7.2m的大房间，以及8度和9度时，外墙转角及内外墙交接处，应沿墙高每隔500mm配置2Φ6拉结钢筋，并每边伸入墙内不宜小于1m；

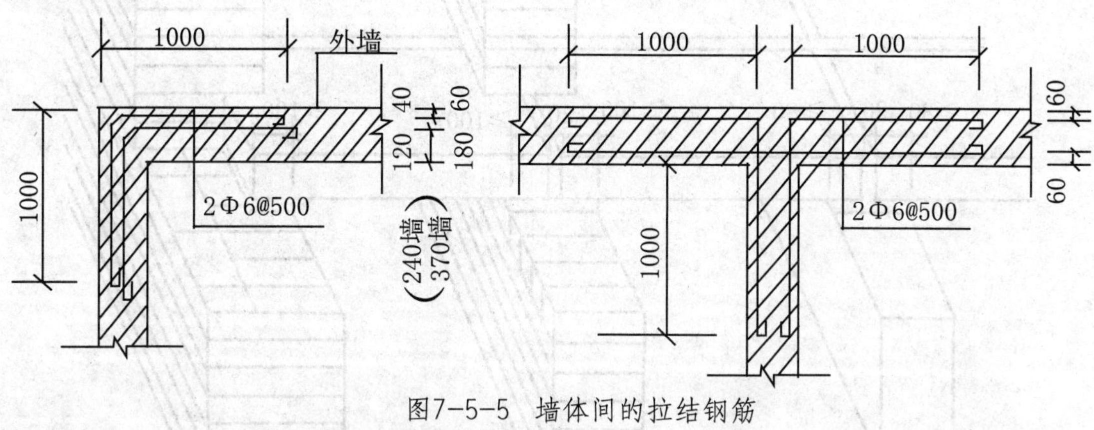

图7-5-5　墙体间的拉结钢筋

4)后砌的非承重砌体隔墙应沿墙高每隔500mm配置2Φ6钢筋与承重墙或柱拉结，并每边伸入墙内不应小于500mm；8度和9度时长度大于5.0m的后砌非承重砌体隔墙的墙顶尚应与楼板或梁拉结。

表7-5-6 圈梁设置位置与构造要求

墙　类	烈度		
	6、7	8	9
外墙及内纵墙	屋盖处及每层楼盖处	层盖处及每层楼盖处	层盖处及每层楼盖处
内 横 墙	同上；层盖处间距不应大于7m，楼盖处间距不应大于15m；构造柱对应部位	同上；层盖处所有横墙，且间距不应大于7m，楼盖处间距不应大于7m；构造柱对应部位	同上；各层所有横墙

表7-5-6 圈梁尺寸和配筋要求

配　筋	烈度		
	6、7度	8度	9度
最小纵筋	4Φ8	4Φ10	4Φ12
最大箍筋间距	250mm	200mm	150mm

3．楼板的搁置长度

(1)现浇钢筋混凝土楼板或屋面板伸进纵、横墙内的长度均不应小于120mm；

(2)装配式钢筋混凝土楼板或屋面板，当圈梁未设在板的同一标高时，板端伸进外墙的长度不应小于120mm，伸进内墙的长度不宜小于100mm，在梁上不应小于80mm。

(3)预制板在梁、墙上的搁置构造如图7-5-6所示。

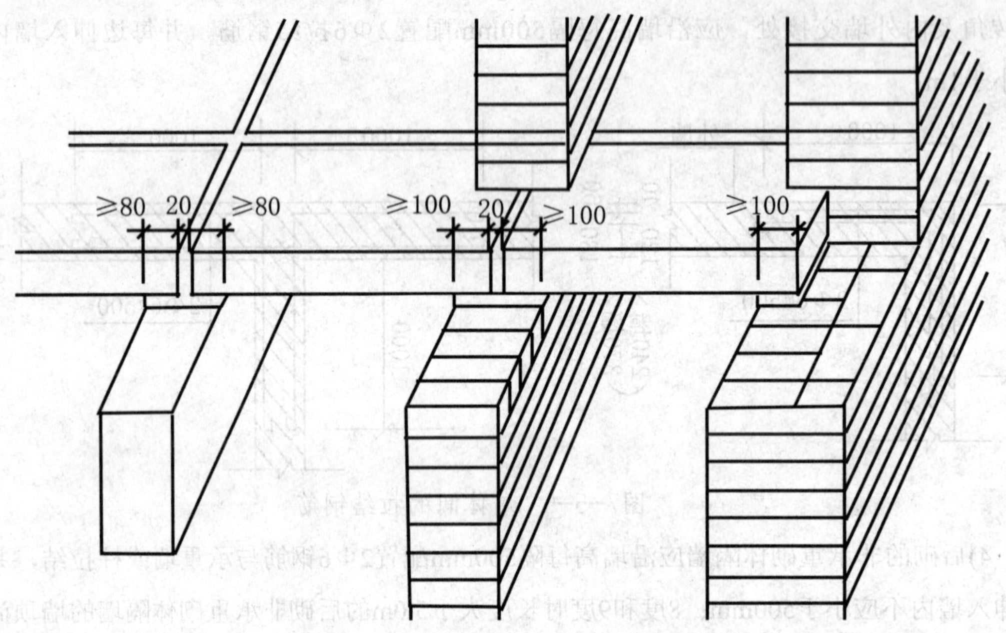

图7-5-6 预制板在梁墙上的搁置构造

(4)楼板与圈梁、墙体的拉结如图7-5-7所示。

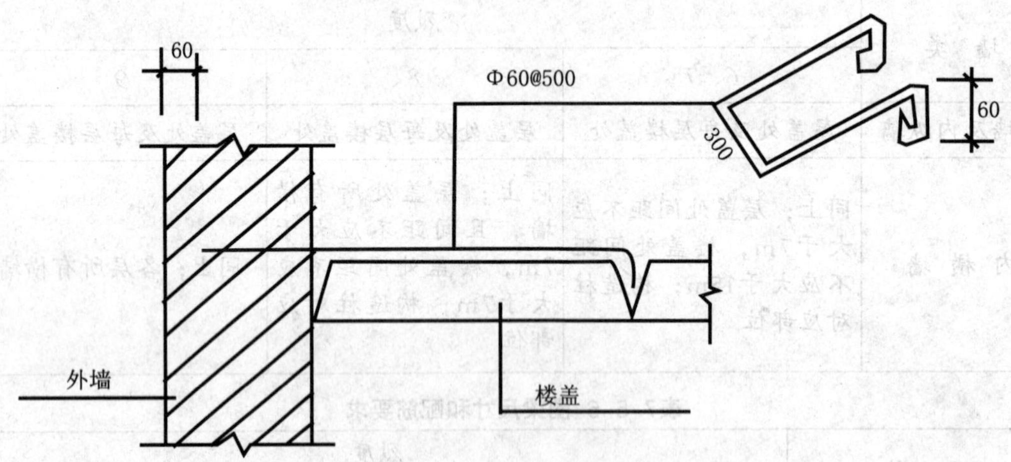

图7-5-7 板与圈梁、墙体的连接

1)当板的跨度大于4.8m并与外墙平行时，靠外墙的预制板侧边应与墙或圈梁拉结；

2)对于房屋端部大房间的楼盖，8度时房屋的屋盖和9度时房屋的楼、屋盖，以及圈梁设在板底的情况，其中的钢筋混凝土预制板应相互拉结，并应与梁、墙或圈梁拉结。

(5)屋架(梁)与墙柱的锚拉

楼、屋盖的钢筋混凝土梁或屋架，应与墙、柱(包括构造柱)或圈梁可靠连接，梁与砖柱的连接不应削弱柱的截面，各层独立砖柱顶部应在两个方向均有可靠拉结。

4．楼梯间

(1)历次地震震害表明，楼梯间由于比较空旷常常破坏严重，在9度及9度以上地区曾多处发生楼梯间的局部倒塌，当楼梯间设在房屋尽端时破坏尤为严重。

(2)楼梯间不宜设在房屋的尽端和转角处，应加强楼梯间的整体性。

(3)楼梯间应符合下列要求：

1）8度和9度时，顶层楼梯间横墙和外墙应沿墙高每隔500mm设2Φ6通长钢筋；9度时其他各层楼梯间墙体应在休息平台或楼层半高处设置60mm厚的钢筋混凝土带或配筋砖带，其砂浆强度等级不应低于M7.5，纵向钢筋不应少于2Φ10。

2）8度和9度时，楼梯间及门厅内墙阳角处的大梁支承长度不应小于500mm，并应与圈梁连接。

3）装配式楼梯段应与平台板的梁可靠连接；不应采用墙中悬挑式踏步或踏步竖肋插入墙体的楼梯，不应采用无筋砖砌栏板。

4）突出屋顶的楼、电梯间，构造柱应伸到顶部，并与顶部圈梁连接，内外墙交接处应沿墙高每隔500mm设2Φ6拉结钢筋，且每边伸入墙内长度不应小于1m。

5．横墙较少砖房的有关规定与加强措施

对横墙较少的多层普通砖、多孔砖住宅楼的总高度和层数接近或达到表的规定限值，应采取下列加强措施。

(1)房屋的最大开间尺寸不宜大于6.6m。

(2)同一结构单元内横墙错位数量不宜超过横墙总数的1/3，且连续错位不宜多于2道；错位的墙体交接处均应增设构造柱，且楼、屋面板应采用现浇钢筋混凝土板。

(3)横墙和内纵墙上洞口的宽度不宜大于1.5m；外纵墙上洞口的宽度不宜大于2.1m或开间尺寸的一半；且内外墙上洞口位置不应影响内外纵墙与横墙的整体连接。

(4)所有纵横墙均应在楼、屋盖标高处设置加强的现浇钢筋混凝土圈梁：圈梁的截面高度不宜小于150mm，上下纵筋各不应少于3Φ10，箍筋不小于Φ6，间距不大于300mm。

(5)所有纵横墙交接处及横墙的中部，均应增设满足下列要求的构造柱：在横墙内的柱距不宜大于层高，在纵墙内的柱距不宜大于4.2m，最小截面尺寸不宜小于240mm×240mm，配筋宜符合表7-5-8的要求。

(6)同一结构单元的楼、屋面板应设置在同一标高处。

(7)房屋底层和顶层的窗台标高处，宜设置沿纵横墙通长的水平现浇钢筋混凝土带；其截面高度不小于60mm，宽度不小于240mm，纵向钢筋不少于3Φ6。

表7–5–8 增设构造柱的纵筋和箍筋设置要求

位置	纵向钢筋			箍筋		
	最大配筋（%）	最小配筋（%）	最小直径（mm）	加密区范围（mm）	加密区间距（mm）	最小直径（mm）
角柱	1.8	0.8	14	全高	100	6
边柱			14	上端700下端500		
中柱	1.4	0.6	12			

7.5.3 多层砌块砌体房屋的抗震构造措施

1. 设置钢筋混凝土芯柱

(1)芯柱的设置部位及数量（见表7-5-9）。为了增加混凝土中、小型砌块房屋的整体性和延性，提高其抗倒塌能力，可结合空心砌块的特点，在墙体的规定部位将砌块竖孔浇筑混凝土而形成钢筋混凝土芯柱。

(2)芯柱截面尺寸、混凝土强度等级和配筋。

1)混凝土小砌块房屋的芯柱截面，不宜小于120mm×120mm；

2)芯柱混凝土强度等级，不应低于C20；

3)芯柱的竖向插筋应贯通墙身且与圈梁连接；插筋不应小于1Φ12，7度时超过五层、8度时超过四层和9度时，插筋不应小于1Φ14；

4)芯柱应伸入室外地面下500mm或与埋深小于500mm的基础圈梁相连。为提高墙体抗震受剪承载力而设置的芯柱，宜在墙体内均匀布置，最大净距不宜大于2.0m。

2. 砌块房屋中替代芯柱的钢筋混凝土构造柱

当混凝土小型砌块房屋中，用钢筋混凝土构造柱替代芯柱时，替代芯柱的钢筋混凝土构造柱，应符合下列构造要求：

(1)构造柱最小截面可采用190mm×190mm，纵向钢筋宜采用4Φ12，箍筋间距不宜大于250mm，且在柱上下端宜适当加密；7度时超过五层、8度时超过四层和9度时，构造柱纵向钢筋宜采用4Φ14，箍筋间距不应大于200mm；外墙转角的构造柱可适当加大截面及配筋。

(2)构造柱与砌块墙连接处应砌成马牙槎，与构造柱相邻的砌块孔洞，6度时宜填实、7度时应填实、8度时应填实并插筋；沿墙高每隔600mm应设拉结钢筋网片，每边伸入墙内长度不宜小于1m。

(3)构造柱与圈梁连接处，构造柱的纵筋应穿过圈梁，保证构造柱纵筋上下贯通。

(4)构造柱可不单独设置基础，但应伸入室外地面下500mm，或与埋深小于500mm的基础圈梁相连。

3．设置钢筋混凝土圈梁

砌块房屋均应设置现浇钢筋混凝土圈梁，圈梁截面尺寸、混凝土强度等级和配筋应符合下列要求：

(1)混凝土小砌块房屋的现浇钢筋混凝土圈梁应按表7-5-10的要求设置；

(2)圈梁宽度不应小于190mm；

(3)配筋不应少于4Φ12，箍筋间距不应大于200mm。

4．砌块墙体的拉结

小砌块房屋墙体交接处或芯柱与墙体连接处应设置拉结钢筋网片，网片可采用直径4mm的钢筋点焊而成，沿墙高每隔600mm设置，每边伸入墙内长度不宜小于1m。

5．设置钢筋混凝土带

小砌块房屋的层数，6度时七层、7度时超过五层、8度时超过四层，在底层和顶层的窗台标高处，沿纵横墙应设置通长的水平现浇钢筋混凝土带；其截面高度不小于60mm，纵筋不少于2Φ10，并应有分布拉结钢筋；其混凝土强度等级不应低于C20。

6.其他构造措施

其他构造措施与多层砖房相应要求相同。

表7-5-9 小砌块房屋芯柱设置要求

房屋层数			设置部位	设置数量
6度	7度	8度		
四、五	三、四	二、三	外墙四角，楼梯间四角，大房间内外墙交接处；隔15m或单元横墙与外纵墙交接处	外墙转角，灌实3个孔；内外墙交接处，灌实4个孔
六	五	四	外墙四角，楼梯间四角，大房间内外墙交接处，山墙与内纵墙交接处，隔开间横墙（轴线）与外纵墙交接处	
七	六	五	外墙四角，楼梯间四角；各内墙（轴线）与外纵墙交接处，8～9度时，内纵墙与横墙（轴线）交接处和洞口两侧	外墙转角，灌实5个孔；内外墙交接处，灌实4个孔；内墙交接处，灌实4～5个孔；洞口两侧各灌实1个孔

续 表

房屋层数			设置部位	设置数量
6度	7度	8度		
	七	六	同上；横墙内芯柱间距不宜大于2m	外墙转角，灌实7个孔；内外墙交接处，灌实5个孔；内墙交接处，灌实4～5个孔；洞口两侧各灌实1个孔

表7-5-10 小砌块房屋圈梁设置要求

墙类	烈度	
	6，7	8
外墙和内纵墙	屋盖处及每层楼盖处	无盖处及每层楼盖处
内横墙	同上；屋盖处眼所有横墙；楼盖处间距不应大于7m，构造柱对应部位	同上；各层所有横墙

思考题

1.砌体材料中的砌块和砂浆都有哪几级？

2.砌体的种类有哪些？

3.为什么砌体的抗压强度远小于砌块的抗压强度？

4.影响砌体抗压强度的主要因素有哪些？

5.多层砌体结构的一般抗震要求有哪些？

6.有抗震要求时多层砌体结构房屋如何合理布置房屋的结构体系？

7.简述构造柱的设置原则和构造要求。

8.简述圈梁的设置原则和构造要求。

第 8 章 钢结构

8.1 概 述

8.1.1 钢结构的特点、应用和发展

1．钢结构的特点

（1）经济性

钢结构建筑采用先进的设计和加工工艺以及大规模的生产方式，可大大地降低造价。同时由于安装简单、迅速而节省大量的施工费用，并使得企业或开发商可以更快投产见效。

传统的钢筋混凝土建筑土建费用高，工期较长，费用易受不可预料因素的影响，如自然灾害，冬季、雨季施工，材料价格上涨，等等。

（2）施工进度

钢结构建筑能够快速地交货和安装，在合同签订后的四五个月内建筑物可望安装完成，且基本不受冬季施工的影响。

传统的钢筋混凝土结构施工速度较慢，工期可达8~10个月或更长。

（3）承载能力

钢材强度高，重量轻，钢与砖石和混凝土相比，虽然密度较大，但强度更高，故其密度与强度的比值较小，承受同样荷载时，钢结构要比其他结构轻。例如，当跨度和荷载均相同时，钢屋架的重量仅为钢筋混凝土屋架的1/3～1/4，冷弯薄壁型钢屋架甚至接近1/10，为运输和吊装提供了方便。由于钢构件常较柔细，因此稳定问题比较突出，应给予充分关注。钢结构建筑重量通常仅相当于其设计承载能力的1/6，构件重量大大轻物钢筋混凝土构件。

传统的钢筋混凝土建筑，其结构本身的重量往往等于其设计承载能力，预制构件重，对吊装的设备要求较高。

（4 ）基础造价

钢结构建筑由于结构重量轻，柱底反力较小，从而节省大量的地基处理费用。

传统的钢筋混凝土建筑，由于本身结构自重复杂，因而基础处理较复杂。在不良土质情况下，结构总造价的一半以上要用于基础。

（5）抗震性

钢结构建筑在破坏前有较大的变形，易于觉察和躲避。同时，由于重量轻和节点力学特性，钢结构建筑具有较好的抗震性能。

传统的钢筋混凝土建筑基于混凝土的材料特性，钢筋混凝土建筑与轻钢结构相比更易产生脆性破坏，且抗震性能要明显低于钢结构建筑。

（6）大空间及平面布置

钢结构建筑内部空间宽敞，最多可以达到60m的跨度。可较轻松地进行扩建和改建，可灵活布设各种工业管线。

传统的钢筋混凝土建筑跨度受限制，必须采用预应力等技术才能达到15m以上跨度，内部空间布置受限制，柱多，空间浪费大。建成后，较难改变其结构。结构设计与其他专业配合较为复杂。

（7）移动性

钢结构建筑可采用螺栓连接，花费不多即可很容易地被拆散、转移和易地组装，有很强的移动性。传统的钢筋混凝土建筑基本上不存在移动的可能性。

（8）美观性

钢结构建筑如何网架结构等，具有较强烈的时代感和多变的外表，适于表达建筑师的想象。

传统的钢筋混凝土建筑，尤其是工业建筑，开工比较单一、呆板，缺少变化。

（9）抗腐蚀性和耐火性

钢结构建筑如果长期暴露于空气或潮湿的环境中而未加有效的防护时，表面就会锈蚀。锈蚀就能引起应力集中，促使结构早期破坏。钢结构建筑耐热不耐火，由于钢材的特性，钢结构在450~650℃就会失去承载能力。一般未加保护的钢结构耐火性很低，需要采取保护措施，从而大大增加费用。

传统的钢筋混凝土结构具有较强的抗腐蚀性和较强的耐火性。从这方面讲，钢筋混凝土结构建筑的经济性较好。

（10）钢结构的低温冷脆倾向

由厚钢板焊接而成的承受拉力和弯矩的构件及其连接节点，在低温下有脆性破坏的倾向，应引起足够的重视。

（11）钢材的可重复使用性

钢结构加工制造过程中产生的余料和碎屑，以及废弃和破坏了的钢结构或构件，均可回炉重新冶炼成钢材重复使用。因此，钢材被称为绿色建筑材料或可持续发展的材料。

（12）良好的加工性能和焊接性能

钢材具有良好的冷热加工性能和焊接性能，便于在专业化的金属结构厂大批量生产出精度较高的构件，然后运至现场，进行工地拼接和吊装，既可保证质量，又可缩短施工周期。

2. 钢结构的应用

（1）大跨结构

结构跨度越大，自重在荷载中所占的比例就越大，减轻结构的自重会带来明显的经济效益。钢材强度高结构重量轻的优势正好适合于大跨结构，因此钢结构在大跨空间结构和大跨桥梁结构中得到了广泛的应用。所采用的结构形式有空间桁架、网架、网壳、悬索（包括斜拉体系）、张弦梁、实腹或格构式拱架和框架等。

（2）工业厂房

吊车起重量较大或者工作较繁重的车间的主要承重骨架多采用钢结构。另外，有强烈辐射热的车间，也经常采用钢结构。结构形式多为由钢屋架和阶形柱组成的门式刚架或排架，也有采用网架做屋盖的结构形式

（3）受动力荷载影响的结构

由于钢材具有良好的韧性，设有较大锻锤或产生动力作用的其他设备的厂房，即使屋架跨度不大，也往往由钢制成。对于抗震能力要求高的结构，采用钢结构也是比较适宜的。

（4）多层和高层建筑

由于钢结构的综合效益指标优良，近年来在多、高层民用建筑中也得到了广泛的应用。其结构形式主要有多层框架、框架－支撑结构、框筒、悬挂、巨型框架等。

（5）高耸结构

高耸结构包括塔架和桅杆结构，如高压输电线路的塔架、广播、通信和电视发射用的塔架和桅杆、火箭（卫星）发射塔架等。

（6）可拆卸的结构

钢结构不仅重量轻，还可以用螺栓或其他便于拆装的手段来连接，因此非常适用于需要搬迁的结构，如建筑工地、油田和需野外作业的生产和生活用房的骨架等。钢筋混凝土

结构施工用的模板和支架，以及建筑施工用的脚手架等也大量采用钢材制作。

（7）容器和其他构筑物

冶金、石油、化工企业中大量采用钢板做成的容器结构，包括油罐、煤气罐、高炉、热风炉等。此外，经常使用的还有皮带通廊栈桥、管道支架、锅炉支架等其他钢构筑物，海上采油平台也大都采用钢结构。

（8）轻型钢结构

钢结构重量轻不仅对大跨结构有利，对屋面活荷载特别轻的小跨结构也有优越性。因为当屋面活荷载特别轻时，小跨结构的自重也成为一个重要因素。冷弯薄壁型钢屋架在一定条件下的用钢量可比钢筋混凝土屋架的用钢量还少。轻钢结构的结构形式有实腹变截面门式刚架、冷弯薄壁型钢结构（包括金属拱形波纹屋盖）以及钢管结构等。

3．钢结构的发展

（1）发展趋势

1）高效钢材

①低合金钢。利用添加少量合金元素（锰、钒、钛、稀土等）提高钢材的强度和改善一些性能，从而达到降低钢材用量和延长钢材使用寿命等目的，以取得良好的经济效益。其中耐候钢（耐大气腐蚀钢）亦是低合金钢中大力发展的钢种。由于耐候钢暴露在大气条件下，表面可形成一层非常致密且附着力很强的稳定锈层，从而阻止外界腐蚀介质的侵入，减缓金属继续腐蚀的速度。因此，耐候钢可大量节约涂漆和维护费用。

②热强化钢材。热强化钢材系经控制轧制（控制终轧温度及压缩率，加大轧制压力）、控制冷却（包括轧制候余热直接淬火）和热处理（淬火、淬火加回火、正火等）的各类钢材。由于经热强化后，钢材的内部组织经过调整，其强度、韧性等均有显著提高，如钢轨经热强化后，寿命可较一般钢延长1～2倍。

③经济截面钢材。经济截面钢材包括H形钢、T形钢、异形型钢、钢管及冷弯型钢、压型钢板等。由于截面形状合理，故在用钢量相等的情况下，其截面惯性矩可比一般截面型材的大，且使用方便，能高效地发挥钢材的性能，节约钢材和降低钢结构制造费用。

④镀层、涂层、复合等表面处理钢材。镀层、涂层、复合等表面处理钢材包括镀保护金属（锌、铝或铝锌合金）的镀层钢板、涂有机物（油漆和塑料）的涂层钢材、表面复合不同钢种的复合钢材。它们亦可统称为覆层钢材。

⑤冷加工钢材。冷加工钢材系指经过冷轧、冷拔和冷挤压的钢材。由于产生冷加工硬化，故其强度大为提高，可节约钢材，但应注意塑性、韧性会降低。目前应用较广的冷轧薄板，一般可节约钢材约为30%，而生产费用仅增加约10%。

⑥金属制品。一般是指钢铰线、钢丝、钢丝绳等。由于经冷拔的钢丝及其制品钢铰线、钢丝绳等有较高的抗拉强度，可比普通线材极大地节约钢材。钢丝、钢铰线除用于预应力结构中，钢铰线亦是钢结构中悬索结构的主要材料。

2）新型结构

①轻型钢结构。

②空间结构。

③预应力结构。

④组合结构。

（2）发展前景

1）物质基础：

①1996年至今，中国钢产量屡创新高，连续居世界之首；

②国内生产的钢材规格完全可以满足钢结构建筑所需。

2）政策支持：20世纪90年代，国家提出发展推广钢结构的政策，由原来的“节约用钢”改为“合理用钢”。

3）由于经济发展的需要，机场、剧院、体育馆等高层、大跨度、大空间的建筑工程与日俱增，这些建筑物大多采用钢结构。

4）钢结构建筑由于取材对环境破坏小，造型美观，施工周期短，抗震性能好，造价容易控制，适合不同气候条件和大气环境等优点，已经越来越为业主青睐。目前主要应用于厂房、超市、展厅、体育馆、大跨($L \geqslant 60$m)、多层、高层、桥梁等。

8.1.2 钢材的主要力学性能

钢材种类繁多，性能差别很大，适用于钢结构的钢材仅是其中的一小部分。用作钢结构的钢材必须具备下列性能：较高的强度、较强的变形能力、良好的加工性能。此外，根据结构的具体工作条件，还要求钢材具有适应低温、高温和腐蚀性环境的能力。同时钢材还应价格便宜，以降低工程造价。

1．钢材的机械性能

钢材的机械性能反映了钢材的内在质量及受力后的特性，需经拉伸试验、冷弯试验和冲击韧性试验测定。

（1）强度和塑性

强度是材料受力时抵抗破坏的能力。图8-1-1所示为低碳钢在常温、静载条件下，单向拉伸试验时的应力—应变曲线。拉伸试验提供三项机械性能指标：屈服点（屈服强度）、抗拉强度和伸长率。

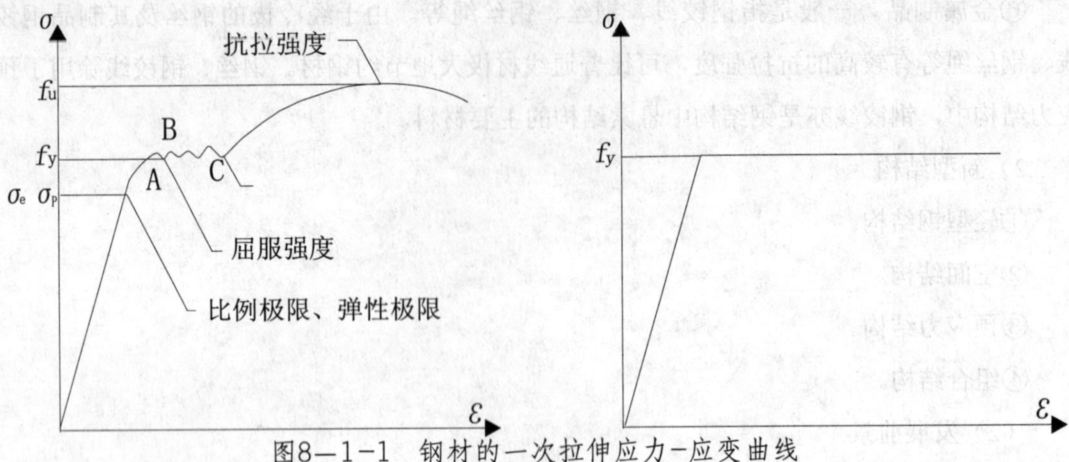

图8—1—1　钢材的一次拉伸应力-应变曲线

①屈服点f_y。钢材的屈服点（屈服强度）是衡量结构承载能力和确定强度设计值的指标。如图8-1-1所示，当应力达到屈服点(A点)之后，钢材便产生了较大且明显的应变（B-C段），使结构的变形迅速增加而不能继续使用。因而设计时取屈服点f_y作为确定材料强度设计值的依据。

②抗拉强度f_u。抗拉强度是应力—应变曲线上的最高点对应的应力值，是钢材能够达到的最大应力值，屈服强度与抗拉强度的比值能够反映钢材的强度储备。

③伸长率δ。伸长率是反映钢材塑性性能的重要指标，伸长率用试件被拉断时的最大伸长值（塑性变形值）与原标距之比的百分数表示，即：

$$\delta = \frac{l_1 - l_0}{l_0} \times 100$$

式中：l_1——试件拉断后的标距长度；

l_0——试件原标距长度，一般取5d或10d（d为试件直径）；

δ——伸长率，对不同标距用下标区别，如δ_5、δ_{10}。伸长率越大，说明材料破坏前产生的变形越大，塑性性能越好。

2)冷弯性能

冷弯试验如图8-1-2所示。在试验机上，按规定的弯心直径d将试件冷弯180°，观察试件外表面有无裂纹、分层等。

冷弯性能是衡量钢材在常温下经受冷加工的能力，是衡量钢材质量的综合指标。

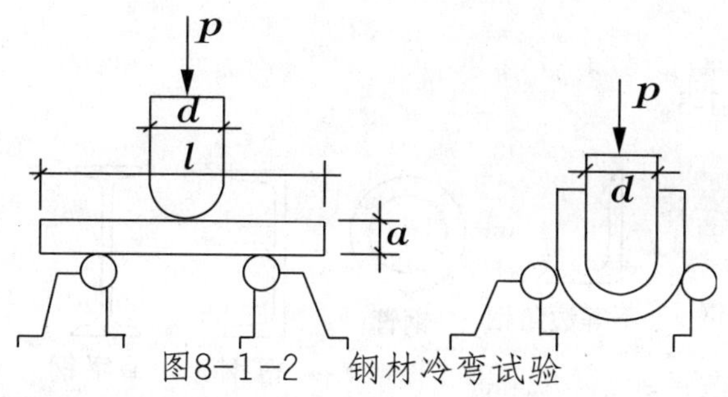

图8-1-2 钢材冷弯试验

2．钢材强度设计指标

钢材的强度设计值见表8-1-1。

表8-1-1 钢材的强度设计值 单位：N/mm^2

钢材		抗拉、抗压和抗弯f	抗剪f_v	端面承压(刨平顶紧)f_{ce}
牌号	厚度或直径(mm)			
Q235钢	≤16	215	125	325
	＞16～40	205	120	
	＞40～60	200	115	
	＞60～100	190	110	
Q345钢	≤16	310	180	400
	＞16～40	295	170	
	＞40～60	265	155	
	＞60～100	250	145	
Q390钢	≤16	350	205	415
	＞16～40	335	190	
	＞40～60	315	180	
	＞60～100	295	170	
Q420钢	≤16	380	220	440
	＞16～40	360	210	
	＞40～60	340	195	
	＞60～100	325	185	

注：附表中厚度系指计算点的钢材厚度，对轴心受拉和轴心受压构件系指截面中较厚板件的厚的。

8.1.3 钢材的规格、品种及选用

1．钢材的规格

钢结构所用的钢材品种主要有热轧钢板和型钢，以及冷弯薄壁型钢和压型钢板。

（1）钢板

钢板有薄钢板、厚钢板和扁钢。钢板用“－宽×厚×长”或“－宽×厚”表示，单位为mm，如－450×8×3100，－450×8。

（2）型钢

型钢的规格见图8-1-3。

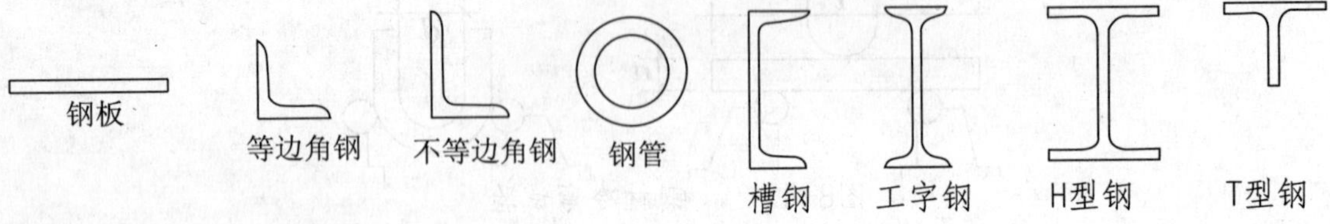

图8-1-3　型钢的规格

角钢：分等肢（边）角钢和不等肢（边）角钢两种。等肢角钢的表示方法："L肢宽×肢厚"。如L110×8，表示肢宽110mm，肢厚8mm的等肢角钢；不等肢角钢的表示方法：L100×80×10，表示长肢宽100mm，短肢宽80mm，肢厚10mm的不等肢角钢。

槽钢：分普通槽钢和轻型槽钢两种。普通槽钢用代表槽钢的符号及截面高度的厘米数表示：如［30a表示截面高度300mm，肢板厚度较薄的普通槽钢；轻型槽钢的表示方法是在前述普通槽钢符号后加"Q"，即表示轻型槽钢。如［25Q表示截面高度为250mm的轻型槽钢。因轻型槽钢腹板均较薄，故不再按厚度划分。

工字钢：工字钢也分普通工字钢和轻型工字钢两种。其表示方法与槽钢类似。如工32a表示截面高度为320mm，腹板较薄的普通工字钢。工32Q表示截面高度为320mm的轻型工字钢。

H型钢：H型钢是世界各国广泛使用的热轧型钢，与普通工字钢相比，其翼缘内外两侧平行，便于与其他构件相连。它分为宽翼缘H型钢（代号HW）、中翼缘H型钢（代号HM）、窄翼缘H型钢（代号HN）。各种H型钢均可剖分为T型钢使用，代号分别为TW、TM和TN。H型钢和T型钢的表示方法：高度H×宽度B×腹板厚度t_1×翼缘厚度t_2。如HM340×250×9×14，其剖分T型钢为TM170×250×9×14，单位均为mm。

钢管：分无缝钢管和焊接钢管两种。以"Φ"后面加"外径×厚度"（mm）表示，如Φ400×6，表示外径为400mm，厚度为6mm的钢管。

（3）冷弯薄壁型钢和压型钢板

薄壁型钢是用1.5~6mm薄钢板经冷弯或模压而成型的。压型钢板（见图8-1-4）是薄壁型钢的一种形式，用厚度为0.4~2mm的薄钢板、镀锌钢板或表面涂有彩色油漆的彩色涂层钢板经冷轧（压）成型，是近年才发展起来的一种新型板材，多用做轻型屋面板等构件。

薄壁型钢和压型钢板自重轻，节省材料，十分经济，但薄壁对锈蚀的影响比较敏感。

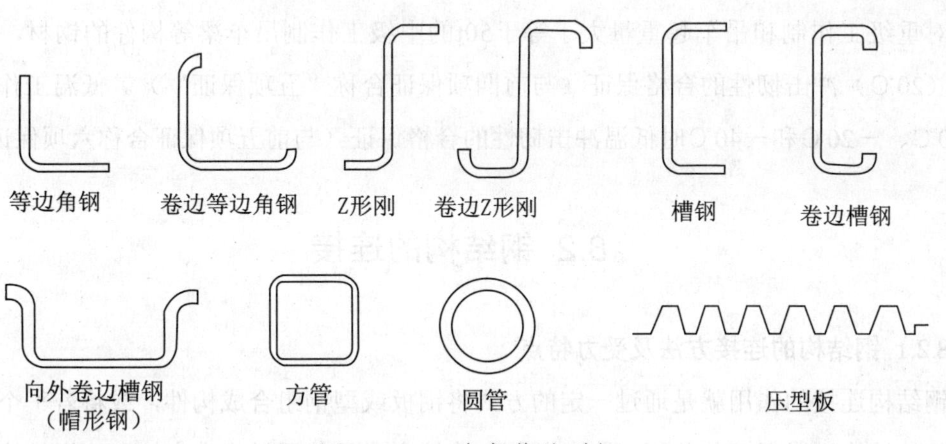

图8-1-4 冷弯薄壁型钢

2. 钢材的品种

钢材的种类繁多，按化学成分可分为碳素钢和低合金钢；按用途可分为结构钢、工具钢和特殊用途钢；按冶炼方法可分为平炉钢、氧气转炉钢等；按浇铸方法可分为沸腾钢、半镇静钢、镇静钢和特殊镇静钢。我国建筑结构用钢中常见的钢材是碳素结构钢和低合金钢。

碳素结构钢的牌号由屈服点的汉语拼音开头字母Q、屈服点数值、质量等级符号(A、B、C、D)、脱氧方法符号四个部分按顺序组成，如Q235-A•F代表屈服点为235N/mm^2，质量等级为A级的沸腾钢；Q235-B代表屈服点为235N/mm^2，质量等级为B级的镇静钢。

3. 钢材的选用

钢材选用的原则是：结构安全可靠，用材经济合理。一般应考虑以下几点：

（1）结构的重要性。重要结构或构件对钢材要求高。

（2）荷载的特征。承受动力荷载的结构对钢材要求较高。

（3）连接方法。焊接结构要求钢材具有可焊性。

（4）工作条件。如环境温度对钢材的要求。

（5）钢材厚度。钢材机械性能一般随厚度增大而降低，钢材经多次轧制后，钢的内部组织更为紧密，强度更高，质量更好。

一般钢结构的构件，多选用Q235钢，对荷载和跨度较大、低温环境以及承受较大动力荷载的构件，可选用Q345或Q390。建筑结构中通常采用Q235沸腾钢便可满足要求，但低温条件和较大动力荷载下不宜用沸腾钢。

结构用钢至少必须有屈服强度、抗拉强度和伸长率三项机械性能指标（统称“三项保证”），同时还应有硫、磷含量的合格保证。焊接结构还需碳含量的合格保证。

对某些重要结构的钢材，如吊车梁、大跨度厂房的屋架、托架和柱等，应有冷弯试验的合格保证（与前三项保证合称“四项保证”）。

对重级工作制和吊车起重量大于等于50t的中级工作制吊车梁等构件的钢材，应具有常温（20℃）冲击韧性的合格保证（与前四项保证合称“五项保证”）。低温工作时，还需有0℃、－20℃和－40℃时低温冲击韧性的合格保证（与前五项保证合称六项保证）。

8.2 钢结构的连接

8.2.1 钢结构的连接方法及受力特点

钢结构连接的作用就是通过一定的方式将钢板或型钢组合成构件，或将若干个构件组合成整体结构，以保证其共同工作。因此，连接方式及其质量优劣直接影响钢结构的工作性能。钢结构的连接必须符合安全可靠、传力明确、构造简单、制造方便和节约钢材的原则。连接接头应有足够的强度，要有实施连接的足够空间。

钢结构的连接方法可分为焊接、铆钉连接和螺栓连接（见图8-2-1）。

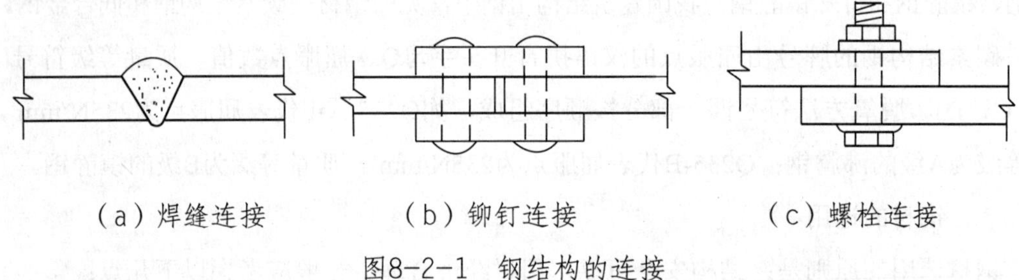

图8-2-1　钢结构的连接

焊缝连接是目前钢结构最主要的连接方法。它的优点是不削弱焊件截面，连接的刚性好，构造简单，便于制造，并且可以采用自动化操作；缺点是会产生残余应力和残余变形，连接的塑性和韧性较差。

铆钉连接的优点是塑性和韧性较好，传力可靠，质量易于检查，适用于直接承受动力荷载结构的连接，如铁路桥梁；缺点是构造复杂，用钢量多，目前已很少采用。

螺栓连接又分为普通螺栓连接和高强度螺栓连接。普通螺栓连接的优点是施工简单、拆卸方便；缺点是用钢量多。其适用于安装连接和需要经常拆卸的结构。普通螺栓又分为C级（粗制）螺栓和A级、B级（精制）螺栓。A级与B级为精制螺栓，螺栓表面光滑，尺寸准确，对成孔质量要求高。由于精度较高，因而受剪性能较C级螺栓好。但由于制作和安装复杂，价格较高，很少使用。C级为粗制螺栓，由未经加工的圆钢压制而成，表面粗糙。由于栓杆与栓孔间的间隙较大，因此受剪力作用时，变形较大，工作性能差。但安装方便，且能有效地传递拉力，故一般可用于沿螺栓杆受拉的连接中，以及次要结构的抗剪连接或安装时的临时固定。

高强度螺栓连接和普通螺栓连接的主要区别是：普通螺栓扭紧螺帽时螺栓产生的预拉力很小，由板面挤压力产生的摩擦力可以忽略不计。普通螺栓连接抗剪时是依靠孔壁承压和螺杆抗剪来传力。高强度螺栓除了其材料强度高之外，施工时还给螺杆施加很大的预拉力，使被连接构件的接触面之间产生挤压力，因此板面之间垂直于螺杆方向受剪时有很大的摩擦力。依靠接触面间的摩擦力来阻止其相互滑移，以达到传递外力的目的，高强度螺栓抗剪连接分为摩擦型连接和承压型连接。前者以滑移作为承载能力的极限状态，后者的极限状态和普通螺栓连接相同。

高强度螺栓摩擦型连接只利用摩擦传力这一工作阶段，具有连接紧密、受力良好、耐疲劳、可拆换、安装简单以及动力荷载作用下不易松动等优点，在钢结构中得到广泛应用。高强度螺栓承压型连接，起初由摩擦传力，后期则依靠螺杆抗剪和承压传力，其承载能力比摩擦型的高，可以节约钢材，也具有连接紧密、可拆换、安装简单等优点。但这种连接的剪切变形较大，不能用于直接承受动力荷载的结构。

8.2.2 焊接

1．焊接方法

电弧焊是最常用的一种焊接方法，俗称“电焊”。它是利用金属焊条与焊接件之间所形成的电弧产生高温，使焊件局部金属熔化（一般有1~2mm深度，称为熔深），同时把熔化了的焊条金属熔滴，填充到两焊件之间的缝隙中，这样，冷却后两个构件便结成一个整体。

一般常用的电焊有手工电弧焊（见图8-2-2）、自动（或半自动）埋弧焊（见图8-2-3）以及气体保护焊。

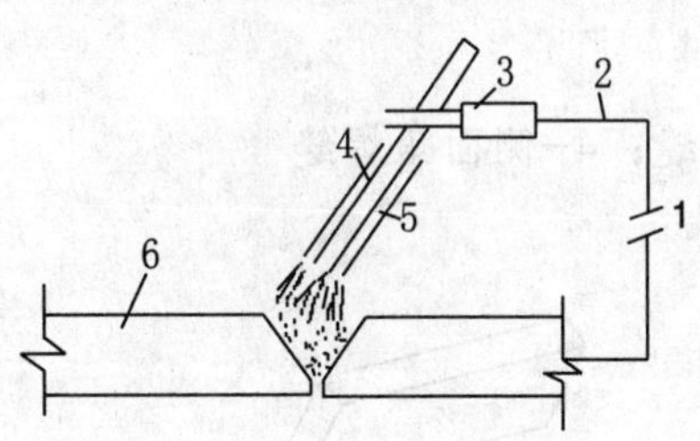

图8−2−2　手工电弧焊

1、2—导线；3—夹具；4—焊条；5—药皮；6—焊件

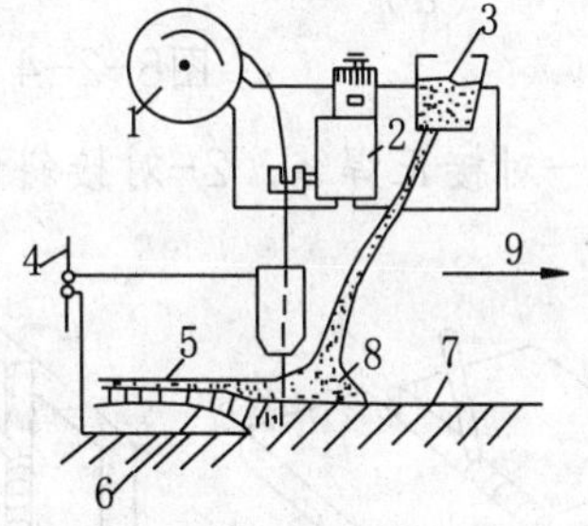

图8−2−3　自动和半自动埋弧焊

1—电源；21—焊丝转盘；2—转动焊丝的电动机；3—焊剂漏斗；4—电源；5—熔化的焊剂；6—焊缝金属；7—焊件；8—焊剂；9—移动方向

2．焊接结构的特点

焊缝连接有下列特点：不需要在钢材上打孔钻眼，既省工省时，又不使材料的截面积受到减损，使材料得到充分利用，节约钢材；任何形状的构件都可以直接连接，一般不需

要辅助零件，连接构造简单，传力路线短，适应面广；焊接连接的气密性和水密性都好，结构刚性也较大，结构的整体性较好。但是，由于高温作用在焊缝附近形成热影响区，钢材的金属组织和机械性能发生变化，材质变脆；焊接的残余应力会使结构发生脆性破坏和降低压杆稳定的临界荷载，同时残余变形还会使构件尺寸和形状发生变化。焊接结构具有连续性，局部裂缝一经发生便容易扩展到整体，造成整体破坏。

3．焊缝和焊缝连接形式

焊缝连接的形式，可按不同的归类方式进行分类。按被连接构件之间的相对位置，可分为平接（又称对接）、搭接、顶接（又称T形连接）和角接四种类型。

按焊缝的构造不同，可分为对接焊缝和角焊缝两种形式。按受力方向，对接焊缝又可分为正对接缝（正缝）和斜对接缝（斜缝）；角焊缝可分为正面角焊缝（端缝）和侧面角焊缝（侧缝）等基本形式（见图8-2-4）。

按照施焊位置的不同，可分为平焊、立焊、横焊和仰焊四种（见图8-2-5）。其中平焊施焊条件最好，质量易保证；仰焊的施焊条件最差，质量不易保证，在设计和制造中应尽量避免采用。

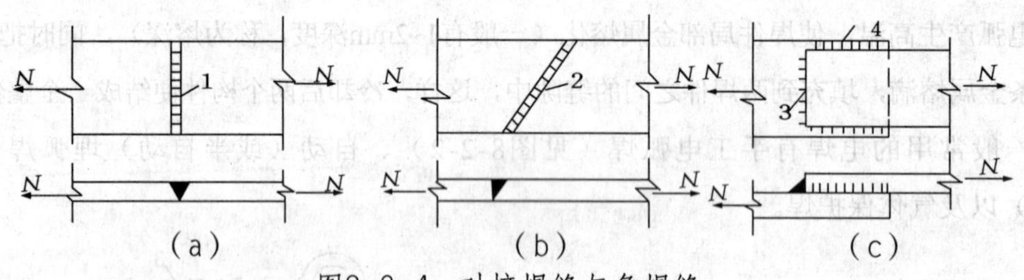

图8-2-4　对接焊缝与角焊缝

1-对接正焊缝；2-对接斜焊缝；3-正面角焊缝；4-侧面角焊缝

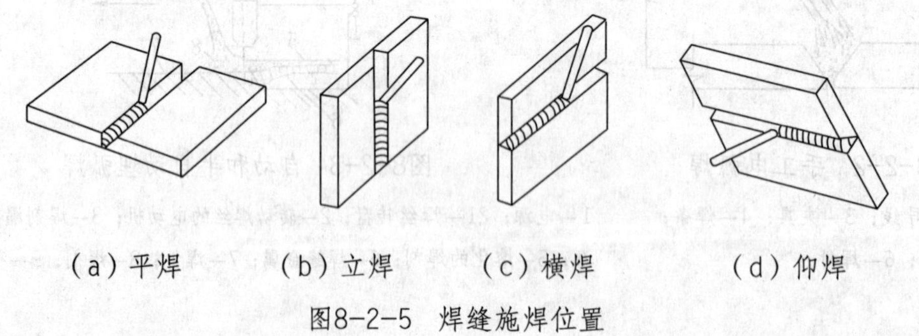

(a) 平焊　(b) 立焊　(c) 横焊　(d) 仰焊

图8-2-5　焊缝施焊位置

4．焊接质量检查

《钢结构工程施工质量验收规范》规定，焊缝按其检验方法和质量要求分三级。其

中三级焊缝只要求对全部焊缝作外观检查；二级焊缝要求在外观检查的基础上再作无损检验，用超声波检验每条焊缝的20%长度，且不小于200mm；一级焊缝要求在外观检查的基础上用超声波检验每条焊缝全部长度，以便揭示焊缝内部缺陷。

8.2.3 螺栓连接

螺栓连接可分为普通螺栓连接和高强螺栓连接两种。普通螺栓通常采用Q235钢材制成，安装时用普通扳手拧紧；高强螺栓则用高强度钢材经热处理制成，用能控制扭矩或螺栓拉力的特制扳手拧紧到规定的预拉力值，把被连接件夹紧。

1．螺栓的排列

螺栓在构件上排列应简单、统一、整齐而紧凑，通常分为并列和错列两种形式（见图8-2-6）。并列式比较简单、整齐，所用连接板尺寸小，但由于螺栓孔的存在，对构件截面削弱较大。错列式可以减小螺栓孔对截面的削弱，但螺栓孔排列不如并列式紧凑，连接板尺寸较大。

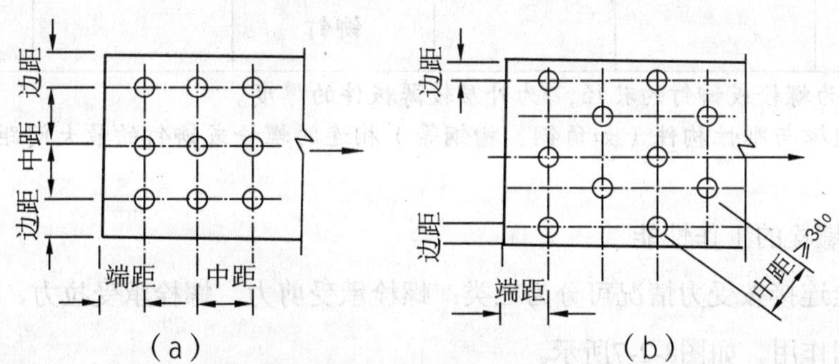

图8-2-6 钢板上的螺栓（铆钉）排列

螺栓在构件上的布置、排列应满足受力要求、构造要求和施工要求。

（1）受力要求

在受力方向，螺栓的端距过小时，钢板有冲剪破坏的可能。当各排螺栓距离过小时，构件有沿直线或折线破坏的可能。对受压构件，当沿作用力方向的螺栓距过大时，在连接的板件间易发生张口或鼓曲现象。因此，从受力的角度规定了最大和最小的容许间距。

（2）构造要求

当螺栓距及线距过大时，被连接的构件接触面就不够紧密，潮气容易侵入缝隙而产生腐蚀，所以规定了螺栓的最大容许间距。

（3）施工要求

为了施工方便，便于转动螺栓扳手，规定了螺栓最小容许间距。

根据上述要求，规定了螺栓（或铆钉）的最大、最小容许距离，见表8-2-1。

表8-2-1 螺栓和铆钉的最大、最小容许距离

<table>
<tr><th>名称</th><th colspan="3">位置和方向</th><th>最大容许距离（取两者的较小值）</th><th>最小容许距离</th></tr>
<tr><td rowspan="3">中心间距</td><td rowspan="3">任意方向</td><td colspan="2">外排</td><td>$8d_0$或$12t$</td><td rowspan="3">$3d_0$</td></tr>
<tr><td rowspan="2">中间排</td><td>构件受压力</td><td>$12d_0$或$18t$</td></tr>
<tr><td>构件受压力</td><td>$16d_0$或$24t$</td></tr>
<tr><td rowspan="4">中心至构件边缘的距离</td><td colspan="3">顺内力方向</td><td rowspan="4">$4d_0$或$8t$</td><td>$2d_0$</td></tr>
<tr><td rowspan="3">垂直内力方向</td><td colspan="2">切割边</td><td rowspan="2">$1.5d_0$</td></tr>
<tr><td rowspan="2">轧制边</td><td>高强度螺栓</td></tr>
<tr><td>其他螺栓或铆钉</td><td>$1.2d_0$</td></tr>
</table>

注：1. d_0为螺栓或铆钉的孔径，t为外层较薄板件的厚度。

2. 钢板边缘与刚性构件（如角钢、槽钢等）相连的螺栓或铆钉的最大间距，可按中间排的数值采用。

2．普通螺栓的工作性能

普通螺栓连接按受力情况可分为三类：螺栓承受剪力、螺栓承受拉力、螺栓承受拉力和剪力的共同作用。如图8-2-7所示。

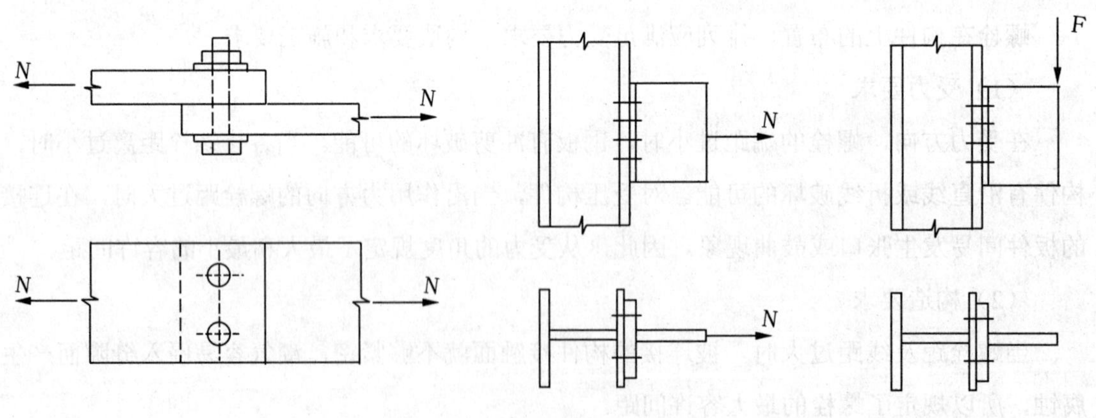

（a）抗剪连接　　（b）抗拉连接　　（c）同时抗拉抗剪连接

图8-2-7 普通螺栓按受力方式分类

受剪螺栓连接达到极限承载力时，螺栓连接破坏时可能出现五种破坏形式：

（1）螺栓杆剪断；

（2）孔壁挤压(或称承压)破坏；

（3）钢板净截面被拉断；

（4）钢板端部或孔与孔间的钢板被剪坏；

（5）螺栓杆弯曲破坏。

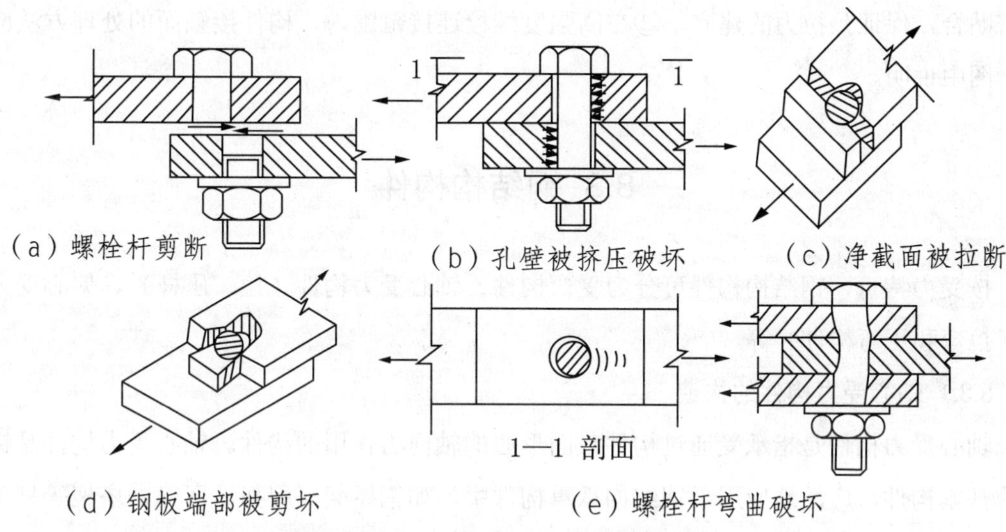

图8-2-8 受剪螺栓连接的破坏形式

以上五种破坏形式的前三种通过相应的强度计算来防止，后两种可采取相应的构造措施来防止。一般当构件上的螺栓孔的端距大于$2d_0$时，可以避免端部冲剪破坏；当螺栓夹紧长度不超过其直径5倍时，则可防止螺栓杆产生过大的弯曲变形。

在受拉螺栓连接中，螺栓承受沿螺杆长度方向的拉力，螺栓受力的薄弱处是螺纹部分，破坏产生在螺纹部分。

3．高强度螺栓的工作性能

高强度螺栓采用强度高的钢材制作，所用材料一般有两种，一种是优质碳素钢，另一种是合金结构钢；性能等级有8.8级（35号钢、45号钢和40B钢）和10.9级（有20MnTiB钢和36VB钢）。级别划分的小数点前数字是螺栓热处理后的最低抗拉强度，小数点后数字是材料的屈强比。高强度螺栓连接是依靠构件之间很高的摩擦力传递全部或部分内力的，故必须用特殊工具将螺帽旋得很紧，使被连接的构件之间产生预压力（螺栓杆产生预拉力）。同时，为了提高构件接触面的抗滑移系数，常需对连接范围内的构件表面进行粗糙处理。高强度螺栓连接虽然在材料、制作和安装等方面都有一些特殊要求，但由于它有强度高、工作可靠、不易松动等优点，故是一种广泛应用的连接形式。

高强度螺栓的预拉力是通过扭紧螺帽实现的。一般采用扭矩法和扭剪法。扭矩法是采用可直接显示扭矩的特制扳手，根据事先测定的扭矩和螺栓拉力之间的关系施加扭矩，使之达到预定预拉力。扭剪法是采用扭剪型高强度螺栓，该螺栓端部设有梅花头，拧紧螺帽时，靠拧断螺栓梅花头切口处截面来控制预拉力值。

高强度螺栓连接除需满足与普通螺栓连接相同之排列布置要求外，尚须注意以下两点：①当型钢构件拼接采用高强度螺栓连接时，其拼接件宜采用钢板，以使被连接部分能紧密贴合，保证预拉力的建立。②在高强度螺栓连接范围内，构件接触面的处理方法应在施工图中说明。

8.3 钢结构构件

按受力特点，钢结构构件可分为受弯构件、轴心受力构件（拉、压杆）、偏心受力构件（拉弯和压弯构件）等。

8.3.1 轴心受力构件的构造

轴心受力构件是指承受通过构件截面形心的轴向力作用的构件。轴心受力构件是钢结构的基本构件，广泛地应用于钢结构承重构件中，如钢屋架、网架、网壳、塔架等杆系结构的杆件，平台结构的支柱等。这类构件，在节点处往往做成铰接连接，节点的转动刚度在确定杆件计算长度时予以适当考虑，一般只承受节点荷载，杆件受轴心力作用。根据杆件承受的轴心力的性质可分为轴心受拉构件和轴心受压构件。

轴心受压柱由柱头、柱身和柱脚三部分组成。柱头支撑上部结构，柱脚则把荷载传给基础。轴心受力构件可分为实腹式和格构式两大类（见图8-3-1）。

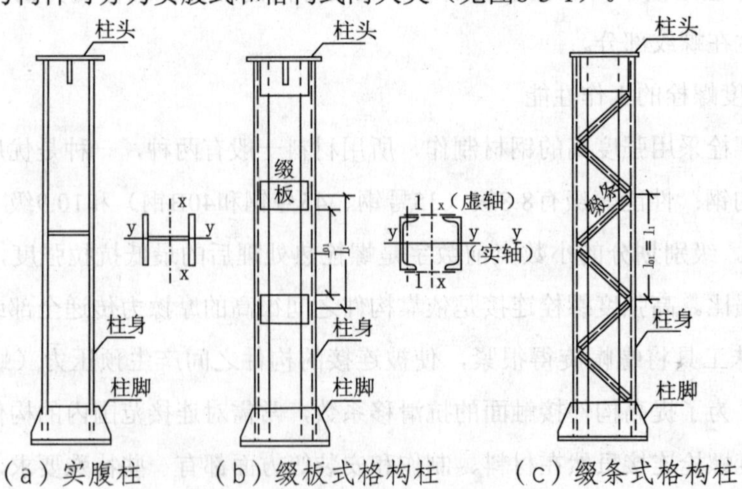

（a）实腹柱　（b）缀板式格构柱　（c）缀条式格构柱

图8-3-1　柱的形式和组成

轴心受力构件常见的截面形式有三种：一种是热轧型钢截面，如图8-3-2(a)中的工字钢、H形钢、槽钢、角钢、T形钢、圆钢、圆管、方管等；第二种是冷弯薄壁型钢截面，如图8-3-2(b)中冷弯角钢、槽钢和冷弯方管等；第三种是用型钢和钢板或钢板和钢板连接而成的组合截面，如图8-3-2(c)所示的实腹式组合截面和图8-3-2(d)所示的格构式组合截面等。

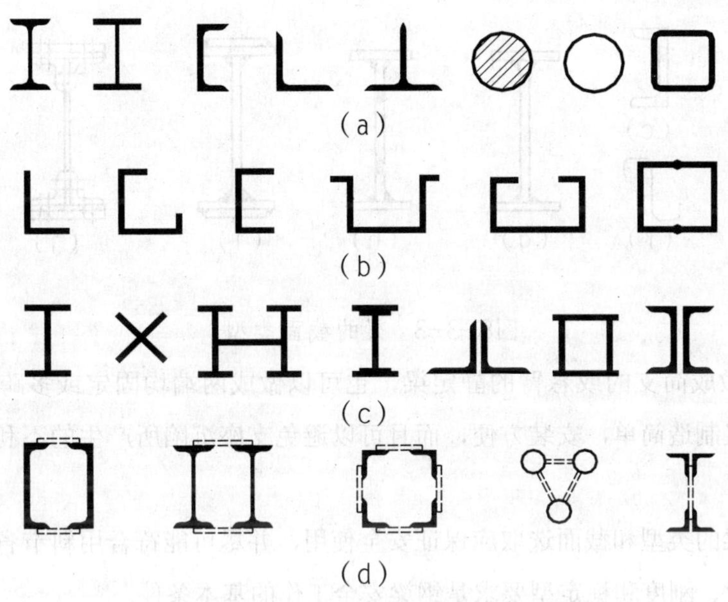

图8-3-2　轴心受力构件的截面形式

进行轴心受力构件设计时，轴心受拉构件应满足强度、刚度要求；轴心受压构件除应满足强度、刚度要求外，还应满足整体稳定和局部稳定要求。截面选型应满足用料经济、制作简单、便于连接、施工方便的原则。

8.3.2 受弯构件的构造

受弯构件是钢结构的基本构件之一，在建筑结构中应用十分广泛，最常用的是实腹式受弯构件。

钢梁按制作方法的不同可以分为型钢梁和组合梁两大类，型钢梁构造简单，制造省工，应优先采用。型钢梁有热轧工字钢、热轧H形钢和槽钢三种，其中H形钢的翼缘内外边缘平行，与其他构件连接方便，应优先采用。宜选用窄翼缘型（HN形）。

荷载较大或跨度较大时，由于轧制条件的限制，型钢的尺寸、规格不能满足梁承载力和刚度的要求，就必须采用组合梁。

当荷载和跨度较大时，型钢梁受到尺寸和规格的限制，常不能满足承载能力或刚度的要求，此时应考虑采用组合梁。组合梁一般采用三块钢板焊接而成的工字形截面（见图8-3-3(g)），或由T型钢中间加板的焊接截面（见图8-3-3(h)）。当焊接组合梁翼缘需要很厚时，可采用两层翼缘板的截面（见图8-3-3(i)）。受动力荷载的梁如钢材质量不能满足焊接结构的要求时，可采用高强度螺栓或铆钉连接而成的工字形截面（见图8-3-3(j)）。荷载很大而高度受到限制或梁的抗扭要求较高时，可采用箱形截面（见图8-3-3(k)）。组合梁的截面组成比较灵活，可使材料在截面上的分布更为合理，节省钢材。

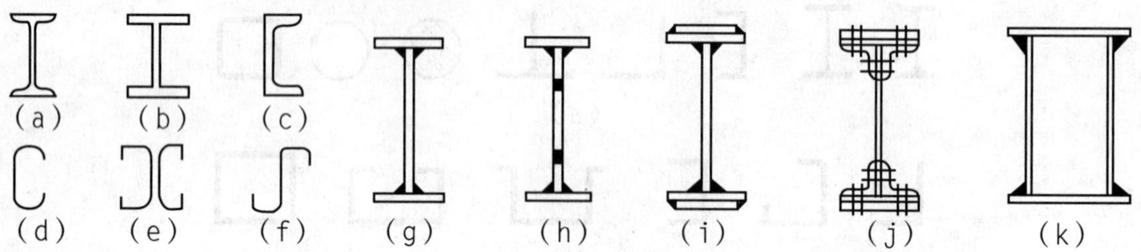

图8-3-3　梁的截面类型

钢梁可以做成简支的或悬臂的静定梁，也可以做成两端均固定或多跨连续的超静定梁。简支梁不仅制造简单，安装方便，而且可以避免支座沉陷所产生的不利影响，故应用最为广泛。

总之，钢梁的类型和截面选取应保证安全使用，并尽可能符合用料节省、制造安装简便的要求，强度、刚度和稳定型要求是钢梁安全工作的基本条件。

8.3.3 拉弯、压弯构件的构造

构件同时承受轴心压（或拉力）和绕截面形心主轴的弯矩作用，称为压弯（或拉弯）构件。弯矩可能由轴心力的偏心作用、端弯矩作用或横向荷载作用等因素产生（见图8-3-4、图8-3-5），弯矩由偏心轴力引起时，也称为偏心受压构件（偏心受拉构件）。当弯矩作用在截面的一个主轴平面内时称为单向压弯（或拉弯）构件，同时作用在两个主轴平面内时称为双向压弯（或拉弯）构件。由于压弯构件是受弯构件和轴心受压构件的组合。

在钢结构中压弯和拉弯构件的应用十分广泛，例如有节间荷载作用的桁架上下弦杆、受风荷载作用的墙架柱、工作平台柱、支架柱、单层厂房结构及多高层框架结构中的柱等大多是压弯（或拉弯）构件。

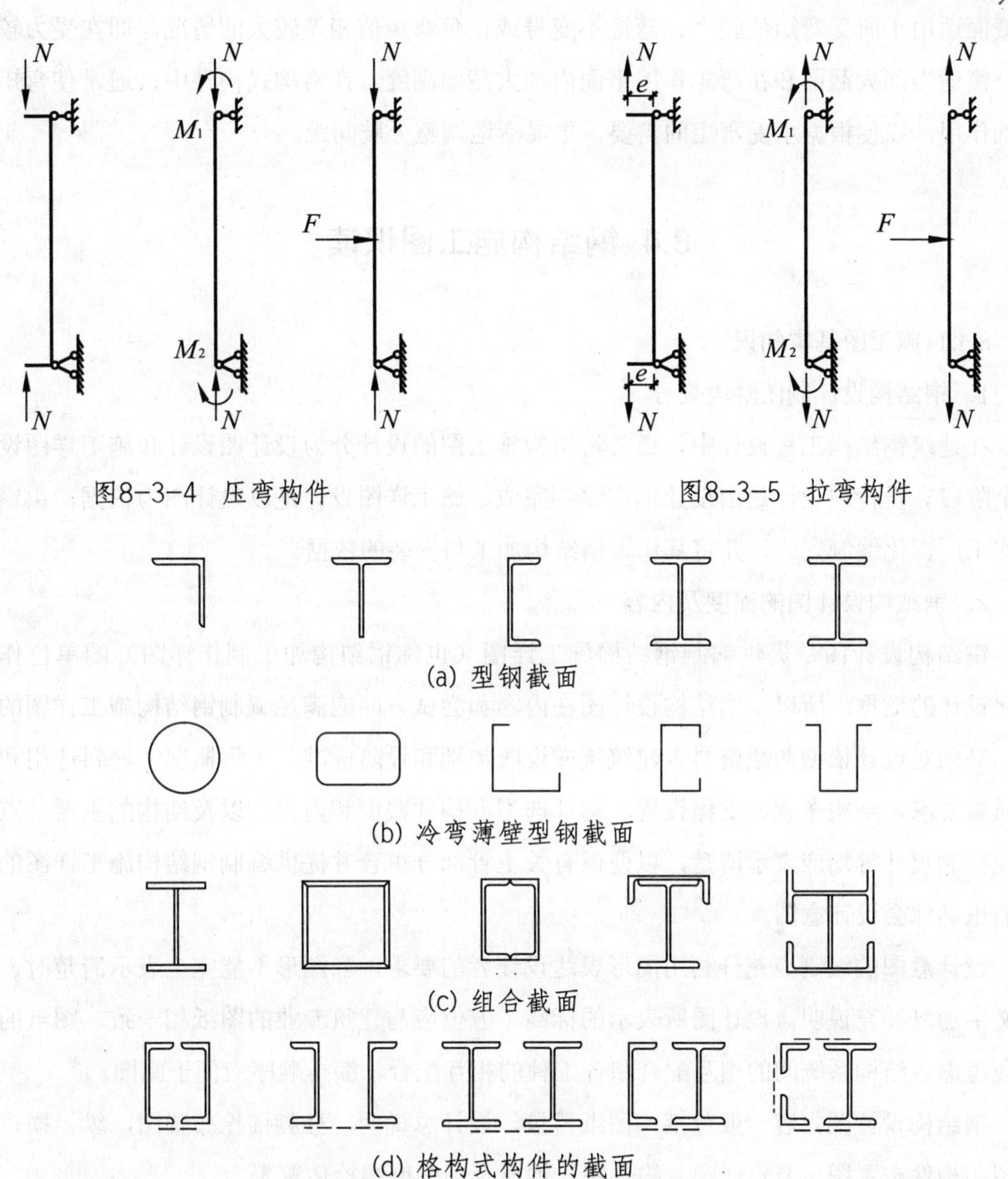

图8-3-4 压弯构件　　　　图8-3-5 拉弯构件

(a) 型钢截面

(b) 冷弯薄壁型钢截面

(c) 组合截面

(d) 格构式构件的截面

图8-3-6 拉弯、压弯构件截面形式

与轴心受力构件一样，拉弯和压弯构件也可按其截面形式分为实腹式构件和格构式构件两种，常用的截面形式有热轧型钢截面、冷弯薄壁型钢截面和组合截面（见图8-3-6）。当受力较小时，可选用热轧型钢或冷弯薄壁型钢(见图8-3-6(a)、(b))。当受力较大时，可选用钢板焊接组合截面或型钢与型钢、型钢与钢板的组合截面(见图8-3-6(c))。除了实腹式截面(见图8-3-6(a)、(b)、(c))外，当构件计算长度较大且受力较大时，为了提高截面的抗弯刚度，还常常采用格构式截面(见图8-3-6(d))。

图8-3-6中对称截面一般适用于所受弯矩值不大或正负弯矩值相差不大的情况；非对

称截面适用于所受弯矩值较大、弯矩不变号或正负弯矩值相差较大的情况，即在受力较大的一侧适当加大截面和在弯矩作用平面内加大截面高度。在格构式构件中，通常使弯矩绕虚轴作用，以便根据承受弯矩的需要，更灵活地调整分肢间距。

8.4 钢结构施工图识读

8.4.1 施工图基本知识

1．钢结构设计制图阶段划分

在建筑钢结构工程设计中，通常将结构施工图的设计分为设计图设计和施工详图设计两个阶段。设计图设计是由设计单位编制完成，施工详图设计是以设计图为依据，由钢结构加工厂深化编制完成，并将其作为钢结构加工与安装的依据。

2．钢结构设计图的深度及内容

钢结构设计图是提供编制钢结构施工详图（也称钢结构加工制作详图）的单位作为深化设计的依据。所以，钢结构设计图在内容和尝试方面应满足编制钢结构施工详图的要求。必须对设计依据荷载资料、建筑抗震设防类别和设防标准、工程概况、材料选用和材料质量要求、结构布置、支撑设置、构件选型、构件截面和内力，以及结构的主要节点构造和控制尺寸等均应表示清楚，以便供有关主管部分审查并提供编制钢结构施工详图的人员能正确体会设计意图。

设计意图的编制应充分利用图形表达设计者的要求，当图形不能完全表示清楚时，可用文字加以补充说明。设计图所表示的标高、方位应与建筑专业的图纸相一致。图纸的编制应考虑各结构系统间的相互配合和各工种的相互配合，编排顺序应便于阅图。

钢结构设计图内容一般包括：图纸目录，设计总说明，柱脚锚栓布置图，纵、横、立面图，构件布置图，节点详图，构件图，钢材及高强度螺栓估算表。

（1）设计总说明

1）设计依据包括：工程设计合同书有关设计文件，岩土工程报告、设计基础资料及有关设计规范、规程等。

2）设计荷载资料：

①各种荷载的取值。

②抗震设防烈火度和抗震设防类别。

3）设计简介：简述工程概况，设计假定、特点和设计要求以及使用程序等。

4）材料的选用：对各部分构件选用的钢材应按主次分别提出钢材质量等级和牌号以

及性能的要求。相应钢材等级性能选用配套的焊条和焊丝的牌号及性能要求。选用高强度螺栓和普通螺栓性能级别等。

5）制作安装：

①制作的技术要求及允许偏差。

②螺栓连接精度和施拧要求。

③焊缝质量要求和焊缝检验等级要求。

④防腐和防火措施。

⑤运输和安装要求。

6）需要作试验的特殊说明。

（2）柱脚锚栓布置图

先要按一定比例绘制柱网平面布置图。在该图上标注出各个钢柱柱脚锚栓的位置，即相对于纵横轴线的位置尺寸，并在基础剖面上标出锚栓空间位置标高，标明锚栓规格数量及埋设深度。

（3）纵、横、立面图

当房屋钢结构比较高大或平面布置比较复杂，柱网不太规则，或立面高低错落，为表达清楚整个结构体系的全貌，宜绘制纵、横、立面图，主要表达结构的外形轮廓、相关尺寸和标高、纵横轴线编号及跨度尺寸和高度尺寸，剖面宜选择具有代表性的或需要特殊表示的地方。

（4）结构布置图

结构布置图主要表达各个构件在平面中所处的位置，并对各种构件选用的截面进行编号，如：

1）屋盖平面布置图，包括屋架布置图（或刚架布置图）、屋盖檩条布置科和屋盖支撑布置图。屋盖檩条布置图主要表明檩条间距和编号以及檩条之间设置的直拉条、斜拉条布置和编号；屋盖支撑布置图主要表示屋盖水平支撑，纵向刚性支撑、屋面梁的隅撑等的布置及编号。

2）柱子平面布置图主要表示钢柱（或门式刚架）和山墙柱的布置及编号，其纵剖面表示柱间支撑及墙梁布置与编号，包括墙梁的直拉条和斜拉条布置与编号，柱隅撑布置与编号。横部面重点表示山墙柱间支撑、墙梁及拉条面布置与编号。

3）吊车梁平面布置表示吊车梁、车挡及其支撑布置与编号。

4）高层钢结构的结构布置图：

①高层钢结构的各层平面应分别绘制结构平面布置图，若有标准屋则可合并绘制，对

于平面布置较为复杂的楼层，必要时可增加剖面以便表示清楚各构件关系。

②当高层结构采用钢与混凝土的组合的混合结构或部分混合结构时，则可仅表示型钢部分及其连接，而混凝土结构部分另行出图与其配合使用（包括构件截面与编号，两种材料转换处宜画节点详图）。

③除主要构件外，楼梯结构系统构件上开洞、局部加强、围护结构等可根据不同内容分别编制专门的布置图及相关节点图，与主要平、装门面布置图配合使用。

④对于双向受力构件，至少应将柱子脚底的双向内力组合值及其方向写清楚，以便于基础详图设计。

⑤布置图应注明柱网的定位轴线编号、跨度和柱距，在剖面图中主要构件在有特殊连接或特殊变化处（如柱子上的牛腿或支托处、安装接头、柱梁接头或柱子变截面面处）应标注标高。

⑥构件编号：首先必须按"建筑结构制图标准"规定的常用构件代号作为构件编号构件代号，在实际工程中，在同一个项目里，可能会有名称相同而材料不同的构件。为了便于区分，可在构件代号关加注材料代号，但要在图纸中加以说明。一些特殊构件代号未作出规定，可参照规定的编制方法用汉语拼音字头编代号，在代号后面可用阿拉伯数字按构件主次顺序进行编号，一般来说只在构件的主要投影面上标注一次，不要重复编写，以防出错。

⑦结构布置图中的构件，除钢与砼组合截面构件外，可用单线条绘制，并明确表示构件间连接点的位置。粗实线为有编号数字的构件，细实线为有关联但非主要表示的其他构件，虚线可用来表示垂直支撑和隅撑等。

（5）节点详图

1）节点详图在设计阶段就表示清楚各构件间的相互连接关系及及其构造特点，节点上应标明在整个结构物的相关位置，即应标出轴线编号、相关尺寸、主要控制标高、构件编号或截面规格、节点板厚度及加劲肋做法。构件与节点板采用焊接连接时，应标明焊脚尺寸及焊缝符号。构件采用螺栓连接时，应标明螺栓种类、螺栓直径、数量。设计阶段的节点详图具体构造作法必须交代清楚。

2）绘制那些节点图，主要为相同构件的拼接处、不同构件的连接处、不同结构材料连接处、需要特殊交代清楚的部位。

3）节点的圈法。应根据设计者要表达其设计意图来圈定范围，重要的部位或连接较多的部分可圈大范围，以便看清楚其全貌，如屋脊与山墙部分、纵横墙及柱与山墙部位等。一般是在平面布置图或立面图上圈节点，重要的典型安装拼接点应绘制节点详图。

（6）构件图

格式构件包括平面桁件和立体桁架以及截面较为复杂的组合构件等需要绘制构件图。

3．钢结构施工详图设计的深度及内容

钢结构施工详图（也称加工制作详图）原则上是由具有钢结构专项设计资质的加工制作企业完成，或委托具有该项资质的设计单位完成，其编制的依据是设计图样。钢结构施工详图的深度要遵照“钢结构设计规范”对构件的构造予以完善，通过设计图提供的内力进行焊缝计算或螺栓连接计算确定杆件长度和连接板尺寸。根据便于施工的原则，并考虑运输和安装的能力确定构件的分段。

通过制图将构件的整体形象、构件中各零件的加工尺寸和要求、零件间的连接方法等详尽地介绍给构件制作人员。将构件所处的平面和立面位置，以及构件之间、构件与外部其他构件之间的连接方法等详尽地介绍给构件的安装人员。绘制钢结构施工详图必须对钢结构加工制作、生产程序和安装方法有所了解，才能使绘制的施工详图实用。

钢结构施工详图的设计内容包括：

（1）根据设计单位提供的设计图样对构件的构造进行完善；

（2）进行钢结构施工详图的图纸绘制。

4．钢结构设计图与施工详图的区别

表8–4–1

	设 计 图	施 工 详 图
1.设计依据	根据工艺、建筑要求及初步设计等，并经施工设计方案与计算等工作而编制的较高阶段施工设计图	直接根据设计图编制的工厂制造及现场安装详图（可含有少量连接、构造等计算），只对深化设计负责
2.设计要求	表达设计思想，为编制施工详图提供依据	直接供制造、加工及安装的施工用图
3.编制单位	目前一般由设计单位编制	一般应由制造厂或施工单位编制，也可委托设计单位或详图公司编制
4.内容及深度	图样表示较简明，图样数量少；其内容一般包括：设计总说明、结构布置图、构件图、节点图、钢材订货表等	图样表示详细，数量多；其内容除包括设计图内容外，着重满足制造、安装要求编制详图总说明、构件安装布置图、构件及节点详图、材料统计表等
5.适用范围	具有较广泛的适用性	体现本企业特点，只适宜本企业使用

5．施工详图识图

阅读钢结构施工详图步骤：从上往下看、从左往右看、由外往里看、由大到小看、由粗到细看、图样与说明对照看、布置详图结合看。

（1）线型

在结构施工图中图线的宽度b通常为2.0mm、1.4mm、0.7mm、0.5mm、0.35mm，当选定基本线宽度为b时，则粗实线为b、中实线为$0.5b$、细实线为$0.25b$。在同一张图纸中，相同比例的各种图样，通常选用相同的线宽组。各种线型及线宽所表示的内容如表8-4-2所示。

表8-4-2

名称		线型	线宽	表示的内容
实线	粗	▬▬▬▬▬▬	b	螺栓、结构平面图中单线结构构件线、支撑及系杆线，图名下横线、剖切线
	中	——————	$0.5b$	结构平面图及详图中剖到或可见的构件轮廓线、基础轮廓线
	细	——————	$0.25b$	尺寸线、标注引出线、标高符号、索引符号
虚线	粗	▬ ▬ ▬ ▬ ▬ ▬	b	不可见的螺栓线、结构平面图中不可见的单线结构构件及钢结构支撑线
	中	– – – – – – – –	$0.5b$	结构平面图中的不可见构件轮廓线
	细	- - - - - - - - -	$0.25b$	基础平面图中的管沟轮廓线
单点长画线	粗	▬ · ▬ · ▬	b	柱间支撑、垂直支撑、设备基础轴线图中的中心线
	细	— · — · —	$0.25b$	定位轴线、对称线、中心线

（2）螺栓、孔、电焊铆钉的表示方法

螺栓、孔、电焊铆钉的表示方法如表8-4-3所示。

表8-4-3　螺栓、孔、电焊铆钉的表示方法

符号	名称	图例	说明
1	永久螺栓	M Φ	1.细“+”表示定位线 2.M表示螺栓型号 3.Φ表示螺栓孔直径 4.采用引出线表示螺栓时，横线上标注螺栓规格，横线下标注螺栓孔直径
2	高强螺栓	M Φ	
3	安装螺栓	M Φ	
4	胀锚落栓	d	d表示膨胀螺栓、电焊铆钉的直径
5	圆形螺栓孔	Φ	
6	长圆形螺栓孔	Φ b	
7	电焊铆钉	d	

（3）焊缝符号的表示

焊缝符号表示的方法及有关规定：

1）焊缝的引出线是由箭头和两条基准线组成的，其中一条为实线，另一条为虚线。线型均为细线，如图8-4-1所示。

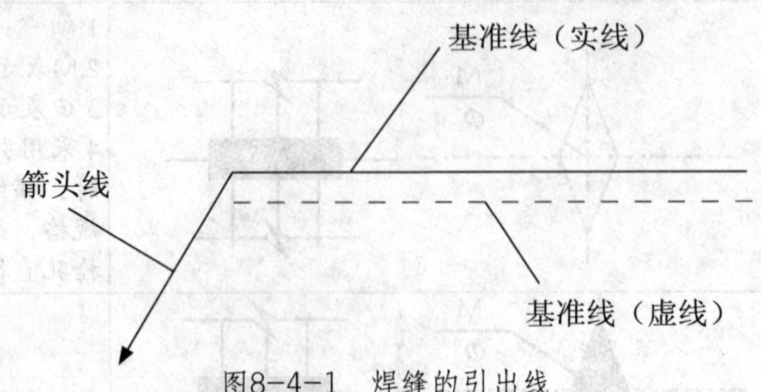

图8-4-1　焊缝的引出线

2）基准线的虚线可以画在基准线实线的上侧，也可画在下侧，基准线一般应与图样的标题栏平行，仅在特殊条件下才与标题栏垂直。

3）若焊缝处在接头的箭头侧，则基本符号标注在基准线的实线侧；若焊缝处在接头的非箭头侧，则基本符号标注在基准线的虚线侧，如图8-4-2所示。

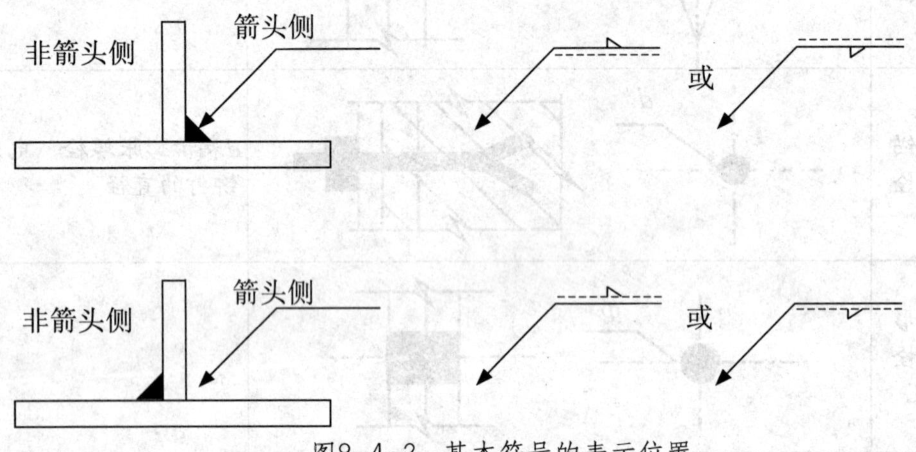

图8-4-2　基本符号的表示位置

4）当为双面对称焊缝时，基准线可不加虚线，如图8-4-3所示。

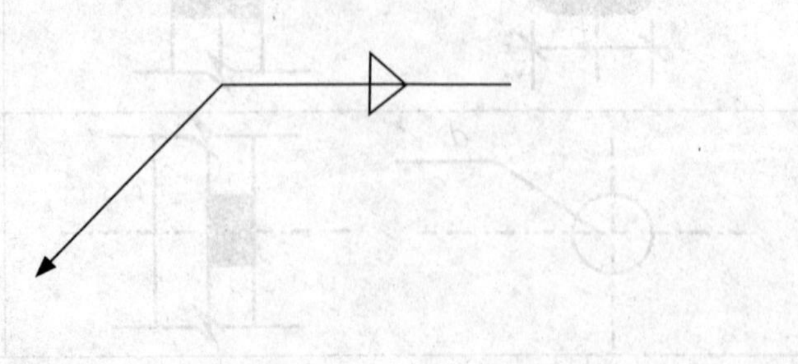

图8-4-3　双面对称焊缝的引出线及符号

5）箭头线相对焊缝的位置一般无特殊要求，但在标注单边形焊缝时箭头线要指向带有坡口一侧的工件，如图8-4-4所示。

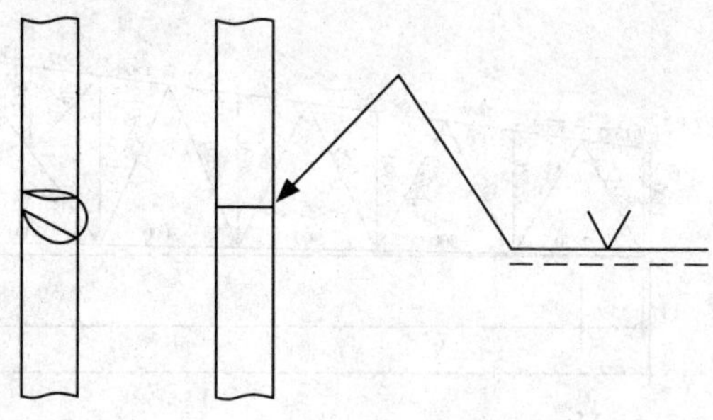

图8-4-4　单边形焊缝的引出线

6）基本符号、补充符号与基准线相交或相切，与基准线重合的线段，用粗实线表示。

7）焊缝的基本符号、辅助符号和补充符号(尾部符号除外)一律为粗实线，尺寸数字原则上亦为粗实线，尾部符号为细实线，尾部符号主要是标注焊接工艺、方法等内容。

8）在同一图形上，当焊缝形式、断面尺寸和辅助要求均相同时，可只选择一处标注焊缝的符号和尺寸，并加注“相同焊缝的符号”，相同焊缝符号为3／4圆弧，画在引出线的转折处，如图8-4-5(a)所示。

在同一图形上，有数种相同焊缝时，可将焊缝分类编号，标注在尾部符号内，分类编号采用A、B、C在同一类焊缝中可选择一处标注代号，如图8-4-5(b)所示。

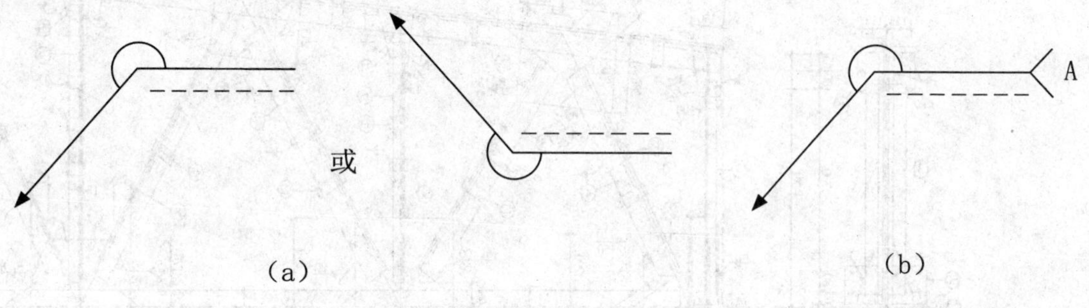

（a）　（b）

图8-4-5　相同焊缝的引出线及符号

8.4.2 钢结构屋架施工图实例

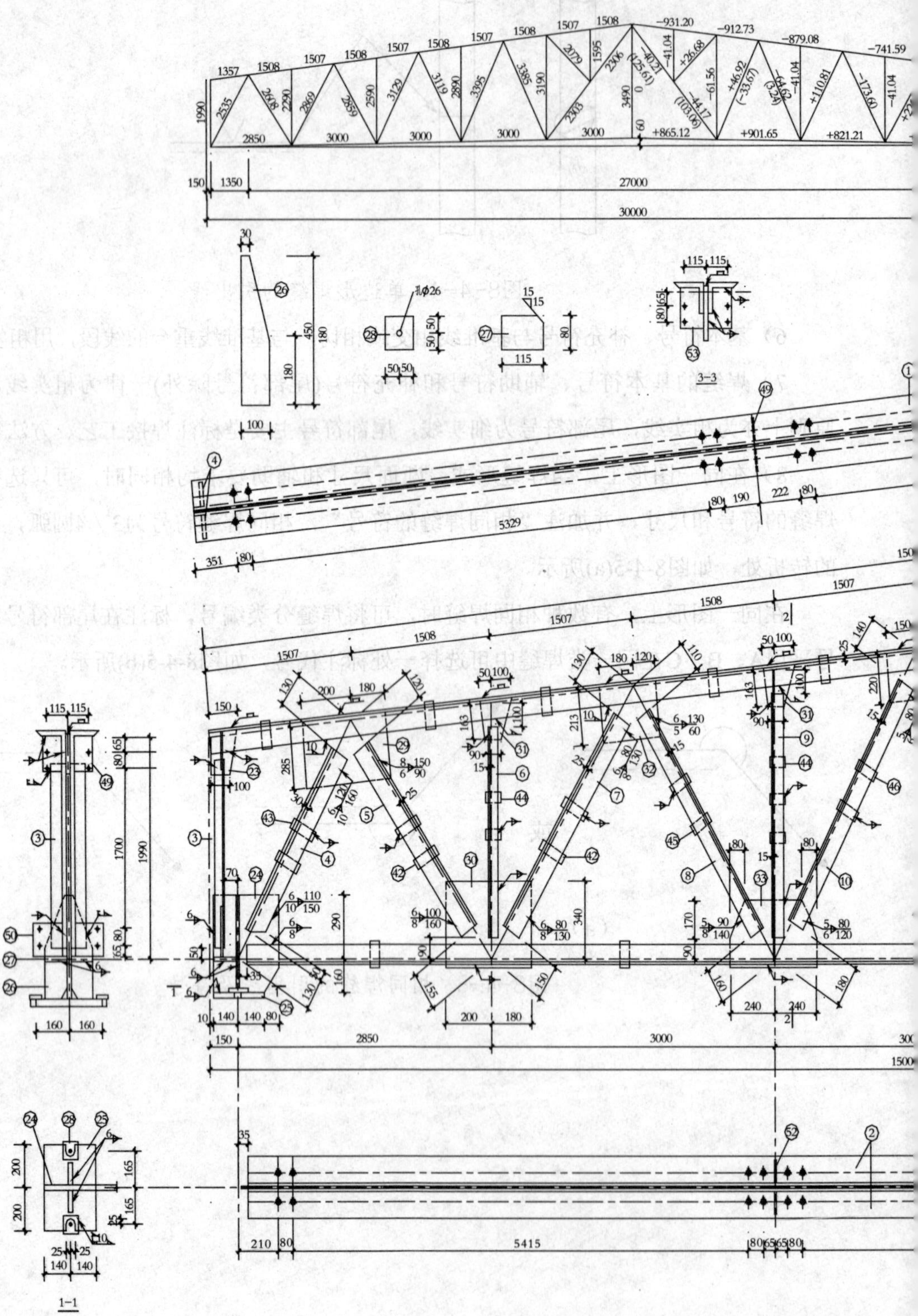

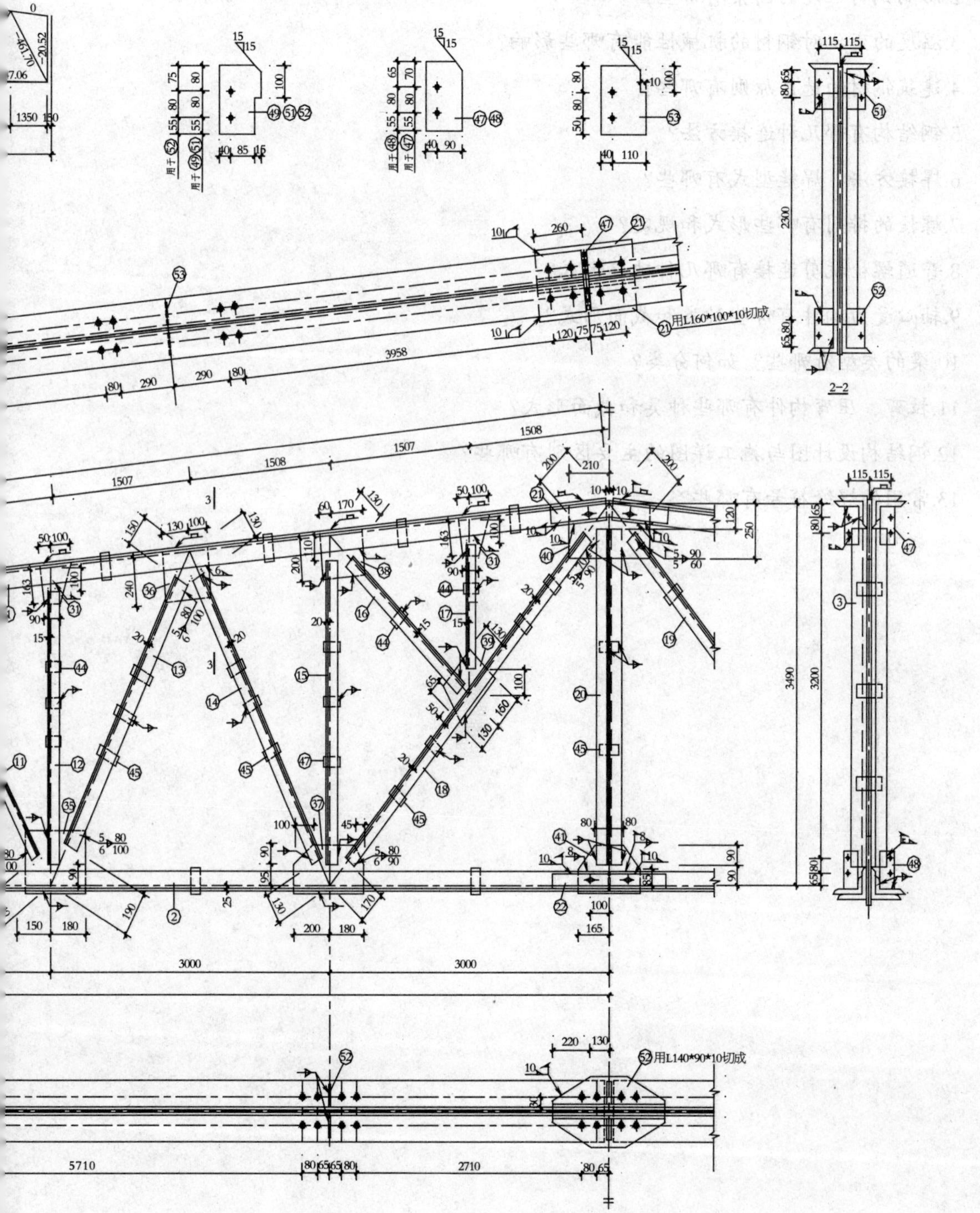

用L160*100*10切成

2-2

用L140*90*10切成

思考题

1.建筑钢材有哪几项主要机械性能指标？各项指标用来衡量钢材哪些方面的机械性能？

2.影响钢材性能的因素有哪些？

3.温度的变化对钢材的机械性能有哪些影响？

4.建筑钢材的选用原则有哪些？

5.钢结构有哪几种连接方法？

6.焊接方法、焊缝型式有哪些？

7.螺栓的排列有哪些形式和规定？

8.普通螺栓抗剪连接有哪几种破坏形式？

9.轴心受力构件有哪些种类和截面形式？

10.梁的类型有哪些？如何分类？

11.拉弯、压弯构件有哪些种类和截面形式？

12.钢结构设计图与施工详图的主要区别有哪些？

13.常用的焊缝符号有哪些？

第 9 章　建筑基础基本知识

9.1 基础的类型与构造

基础按其埋置深度不同，可分为浅基础和深基础两大类。一般埋置深度在5m左右，且能用一般方法施工的基础属于浅基础；当需要埋置在较深的土层上，采用特殊方法施工的基础属于深基础，如桩基础、沉井和地下连续墙等。一般在天然地基上修筑浅基础技术简单，施工方便，不需要复杂的施工设备，因而可以缩短工期、降低工程造价；而人工地基及深基础往往施工比较复杂，工期较长，造价较高。因此在保证建筑物安全和正常使用的前提下，应优先采用天然地基上的浅基础设计方案。

基础可以按使用的材料和结构形式分类，目的是为了更好地了解各种类型基础的特点及适用范围。

基础按使用材料可分为：砖基础、毛石基础、混凝土和毛石混凝土基础、灰土和三合土基础、钢筋混凝土基础等；按结构形式可分为：无筋扩展基础、扩展基础、柱下条形基础、柱下十字交叉基础、筏形基础、箱形基础、桩基础等。

9.1.1 无筋扩展基础

无筋扩展基础系指由砖、毛石、混凝土或毛石混凝土、灰土或三合土等材料组成的，且不需要配置钢筋的墙下条形基础或柱下独立基础。这些基础具有就地取材、价格低、施工方便等优点，广泛应用于层数不多的民用建筑和轻型厂房。

1．无筋扩展基础受力及构造

无筋扩展基础所用材料有共同的特点，就是材料的抗压强度较高，而抗拉、抗剪、抗弯强度较低。在地基反力作用下，基础下部的扩大部分像悬挑梁一样向上弯曲，若悬臂过长，则易发生弯曲破坏。如图9-1-1所示，墙（或柱）传来的压力沿一定角度扩散，若基础的底面宽度在压力扩散范围之内，则基础只受压力；若基础的底面宽度大于扩散范围b_1，则b_1范围以外部分会被拉断、剪断而不起作用。因此需要用台阶宽高比的允许值来限制其悬臂长度（见表9-1-1）。

表9-1-1 无筋扩展基础台阶宽高比的允许值

基础材料	质量要求	台阶宽高比的允许值		
		$p_k \leqslant 100$	$100 < p_k \leqslant 200$	$200 < p_k \leqslant 300$
混凝土基础	C15混凝土	1:1.00	1:1.00	1:1.25
毛石混凝土基础	C15混凝土	1:1.00	1:1.25	1:1.50
砖基础	砖不低于MU10、砂浆不低于M5	1:1.50	1:1.50	1:1.50
毛石基础	砂浆不低于M5	1:1.25	1:1.50	—
灰土基础	体积比为3:7或2:8的灰土，其最小干密度： 粉土1550kg/m³ 粉质黏土1550kg/m³ 黏土1450kg/m³	1:1.25	1:1.50	—
三合土基础	体积比1:2:4～1:3:6（石灰：砂：骨科），每层约虚铺220mm，夯至150mm	1:1.50	1:2.00	—

注：1. p_k为荷载效应标准组合时基础底面处的平均压力值（kPa）；

2. 阶梯形毛石基础的每阶伸出宽度，不宜大于200mm；

3. 当基础由不同材料叠合组成时，应对接触部分作抗压验算；

4. 基础底面处的平均压力值超过300kPa的混凝土基础，还应进行抗剪验算。

无筋扩展基础设计时应先确定基础埋深，按地基承载力条件计算基础底面宽度，再根据基础所用材料，按宽高比允许值确定基础台阶的宽度和高度。从基底开始向上逐步缩小尺寸，使基础顶面至少低于室外地面0.1m，否则应修改设计。

基础高度，应符合下式要求：

$$H_0 \geqslant (b-b_0)/2\tan\alpha \quad (9\text{-}1\text{-}1)$$

式中：b——基础底面宽度；

b_0——基础顶面的墙体宽度或柱脚宽度；

H_0——基础高度；

b_2——基础台阶宽度；

$\tan\alpha$ ——基础台阶宽高比$b_2 : H_0$，其允许值可按表9-1-1选用。

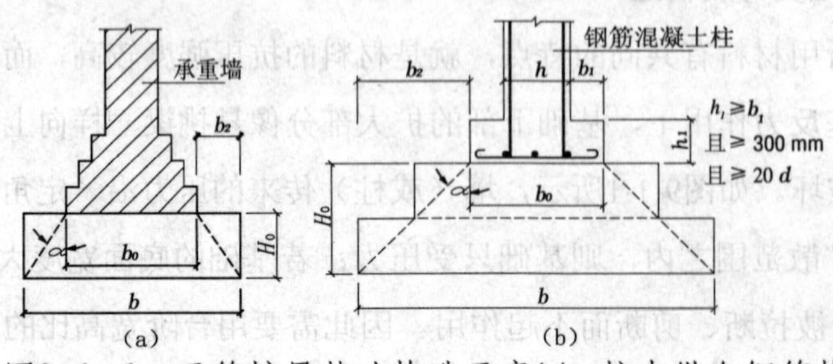

图9-1-1 无筋扩展基础构造示意(d—柱中纵向钢筋构造)

采用无筋扩展基础的钢筋混凝土柱，其柱脚高度h_1不得小于b_1（见图9-1-1），并不应小于300mm且不小于20*d*（*d*为柱中的纵向受力钢筋的最大直径）。当柱纵向钢筋在柱脚内的竖向锚固长度不满足锚固要求时，可沿水平方向弯折，弯折后的水平锚固长度不应小于10*d*，也不应大于20*d*。

2．无筋扩展基础的构造要求

(1)砖基础

砖基础的剖面为阶梯形，成为大放脚。各部分的尺寸应符合砖的模数，其砌筑方式有“两皮一收”和“二一间隔收”两种。两皮一收是指每砌两皮砖，收进1/4砖长（60mm）；二一间隔收是指底层砌两皮砖，收进1/4砖长，再砌一皮砖，收进1/4砖长，以上各层依次类推。

砖基础所采用的材料强度应符合《砌体结构设计规范》（GB50003-2001）规定。基础底面以下虚设垫层，垫层材料可选用灰土、混凝土等，每边扩出基础底面50mm（见图9-1-2）。

(2)毛石基础

毛石基础是用强度等级不低于MU30的毛石和不低于M5的砂浆砌筑而成。为保证砌筑质量，毛石基础每台阶高度和基础的宽度不宜小于400mm，每阶两边各伸出宽度不宜大于200mm。石块应错缝搭砌，缝内砂浆应饱满，且每步台阶不应少于两批毛石。

毛石基础的抗冻性较好，在寒冷潮湿地区可用于6层以下的建筑物基础（见图9-1-3）。

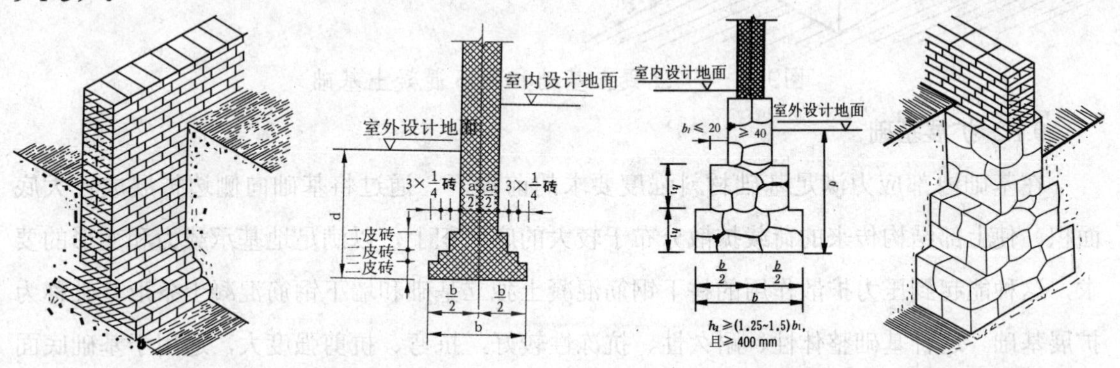

图9-1-2　砖基础　　　　图9-1-3　毛石基础

(3)灰土基础和三合土基础

灰土是用石灰和黏性土混合而成。石灰经熟化1~2d后，过5~10mm筛即可使用。土料应以有机质含量低的粉土和黏性土为宜，使用前也应过10~20mm的筛。灰土和土按其体积比为3：7或2：8加适量水拌匀，每层虚铺220~250mm，夯至150mm为一步，一般可铺2~3步。压实后的灰土应满足设计对压实系数的质量要求。灰土基础一般适用于地下水位较低、层数较少的建筑。

三合土是由石灰、砂、碎砖或碎石按体积比为1：2：4或1：3：6加适量水配置而成的。一般每层虚铺约220mm，夯至150mm。我国南方地区常用三合土基础。

(4)混凝土基础和毛石混凝土基础

混凝土基础的强度、耐久性、抗冻性都较好，适用于荷载较大或地下水位以下的基少于基础体积30%的毛石做成毛石混凝土基础。掺入的毛石尺寸不得大于300mm，使用前须冲洗干净（见图9-1-4）。

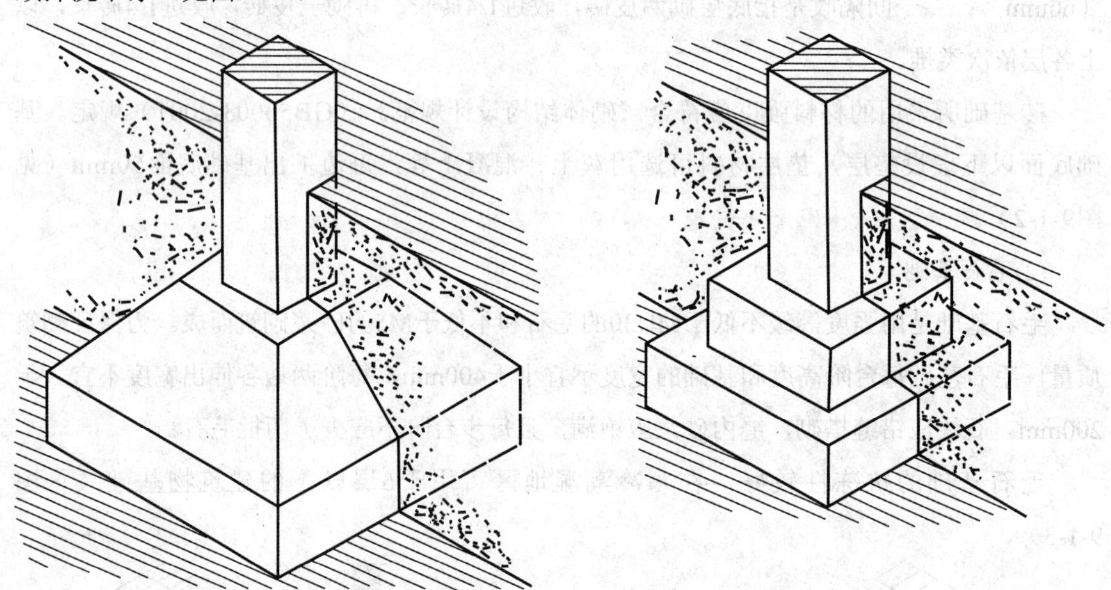

图9-1-4　混凝土基础和毛石混凝土基础

9.1.2 扩展基础

在基础内部应力满足基础材料强度要求的前提下，通过将基础向侧边扩展成较大底面积，使上部结构传来的荷载扩散分布于较大的底面积上，以满足地基承载力和变形的要求，这种能起到压力扩散作用的柱下钢筋混凝土独立基础和墙下钢筋混凝土条形基础称为扩展基础。这种基础整体性、耐久性、抗冻性较好，抗弯、抗剪强度大，适用于基础底面积大而又必须浅埋时，在基础设计中经常被使用。

墙下钢筋混凝土条形基础一般做成无肋式，当地基土的压缩性不均匀时，为了增加基础的刚度和整体性，减少不均匀沉降，可采用带肋的条形基础（见图9-1-5）。

现浇柱下常采用钢筋混凝土锥形或阶梯形独立基础，预制柱下一般采用杯形独立基础（见图9-1-6）。

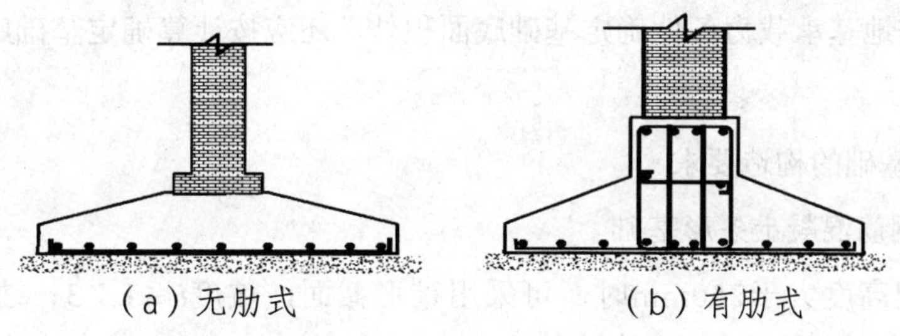

图9-1-5 墙下钢筋混凝土条形基础

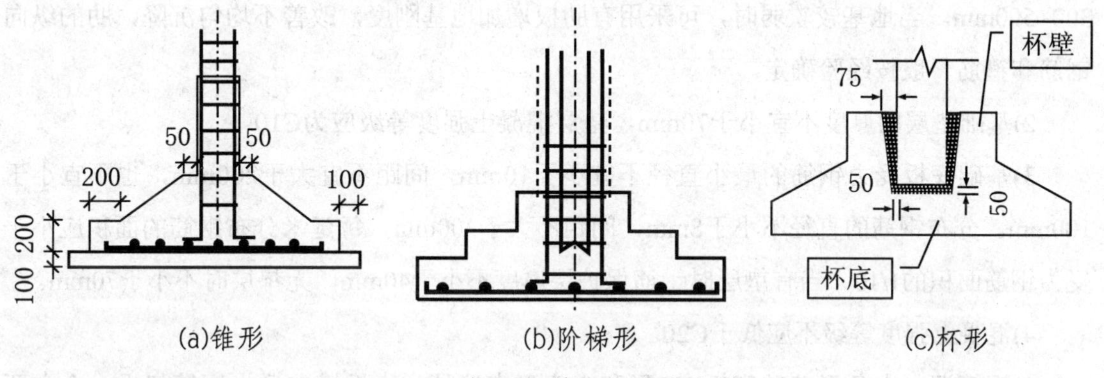

图9-1-6 柱下钢筋混凝土独立基础

1. 扩展基础的受力特点

(1)墙下钢筋混凝土条形基础

基础底板的受力情况如同受地基净反力作用的倒置悬挑板,在地基净反力的作用下(基础自重和基础上的土重所产生的均布压力与其相应的地基反力相抵消),将在基础底板内产生弯矩和剪力。

墙下钢筋混凝土条形基础通常受均布线荷载作用，计算时沿墙长度方向取1m为计算单元。基础底板宽度应满足地基承载力的相关规定，高度应满足混凝土抗剪强度要求，基础底板配筋按危险截面的抗弯计算确定。基础底板的受力钢筋沿基础宽度b方向设置，沿墙长度方向设分布钢筋，放在受力钢筋上面。

(2)柱下钢筋混凝土独立基础

由试验可知，柱下钢筋混凝土独立基础有两种破坏形式：

1）在地基净反力作用下，基础底板在两个方向均发生向上的弯曲，相当于固定在柱边的梯形悬臂板，下部受拉，上部受压。若危险截面内的弯矩值超过底板的抗弯强度，底板就会发生弯曲破坏。为了防止发生这种破坏，需在基础底板下部配置足够的钢筋。

2）当基础底面积较大而厚度较薄时，基础将发生冲切破坏。挤出从柱的周边开始沿45°斜面拉裂（当基础为阶梯形时，还可能从变阶处45°开始斜面拉裂），形成冲切角锥体。为了防止发生这种破坏，基础底板要有足够的高度。因此，柱下钢筋混凝土独立基础

的设计，除按地基承载力条件确定基础底面积外，还应按计算确定基础底板高度和基础底板配筋。

2．扩展基础的构造要求

(1)墙下钢筋混凝土条形基础

1)当基础高度大于250mm时，可采用锥形截面，坡度$i\leqslant 1:3$，边缘高度不易小于200mm；当基础高度小于250mm时，可采用平板式；若为阶梯形基础，每阶高度宜为300~500mm。当地基较软弱时，可采用有肋板增加地基刚度，改善不均匀沉降，肋的纵向钢筋和箍筋一般按经验确定。

2)基础垫层的厚度不宜小于70mm，垫层混凝土强度等级应为C10。

3)基础底板受力钢筋的最小直径不宜小于10mm，间距不宜大于200mm，也不宜小于100mm。分布钢筋的直径不小于8mm，间距不大于300mm，每延米分布钢筋的面积应小于受力钢筋面积的1/10。当有垫层时钢筋保护层厚度不小于40mm，无垫层时不小于70mm。

4)混凝土强度等级不应低于C20。

5)钢筋混凝土条形基础底板在T形和十字形交接处，底板横向受力钢筋仅沿一个主要受力方向通长布置，另一方向的横向受力钢筋可布置到主要受力方向底板宽度1/4处；在拐角处底板横向受力钢筋应沿两个方向布置（见图9-1-7）。

(2)柱下钢筋混凝土独立基础

柱下钢筋混凝土独立基础，除应满足柱下钢筋混凝土条形基础的一般构造要求外，还应满足如下要求:

1)当基础边长大于等于2.5m时，底板受力钢筋长度可取长边的9/10倍，并宜交错布置（见图9-1-8）。

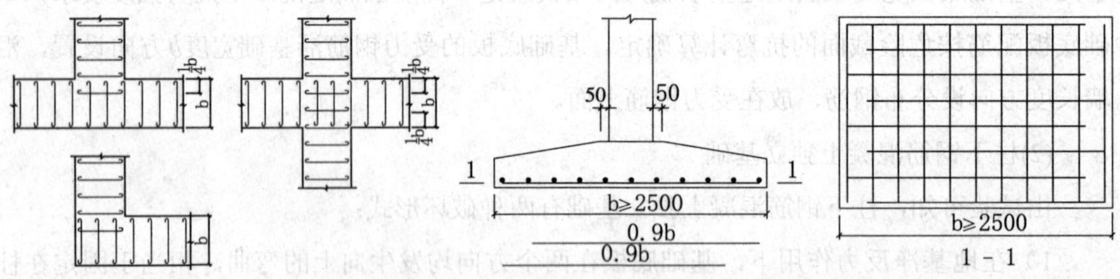

图9-1-7　墙下钢筋混凝土条形基础纵横交叉处底板受力钢筋构造

图9-1-8　柱下钢筋混凝土独立基础底板受力钢筋构造

锥形基础的顶部为安装柱模板，需每边放出50mm。对于现浇柱基础，若基础与柱不同时浇筑，在基础内需预留插筋，插筋的数量、直径以及钢筋种类应与柱内纵向钢筋相同。插筋伸入基础内的锚固长度见《建筑地基基础设计规范》（GB50007-2002）有关规定，一般伸至基础底板钢筋网上，端部弯直钩上下至少有两道箍筋固定。插筋与柱筋的接头位置、连接方式等应符合有关规定要求。

2)预制钢筋混凝土柱与杯口基础的连接，应符合《建筑地基基础设计规范》（GB50007-2002）。

9.1.3 柱下条形基础

当地基较软弱而荷载较大时，若采用柱下单独基础，基础底面积必然很大，易造成基础之间互相靠近和重叠，或地基土不均匀、各柱荷载相差较大，需增强基础的整体性；而为防止过大的不均匀沉降时，可将同一排柱基础连通，就成为柱下条形基础（见图9-1-9）。柱下条形基础常在框架结构中采用，一般设在房屋的纵向。若荷载较大且土质较弱时，为了增强基础的整体刚度，减小不均匀沉降，可在柱网下纵横方向均设置条形基础，形成柱下十字形基础（见图9-1-10）。

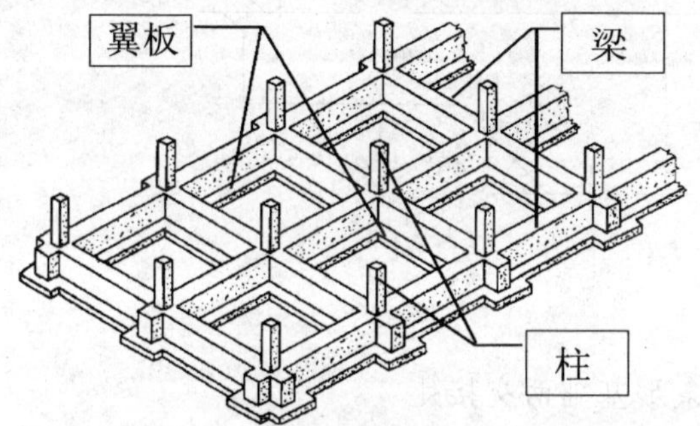

图9-1-9 柱下钢筋混凝土条形基础

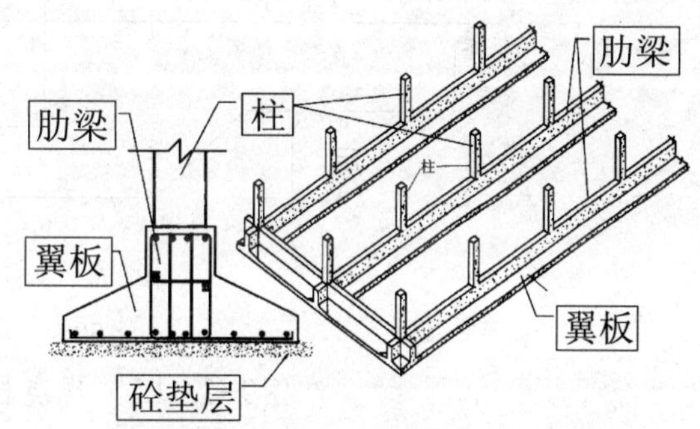

图9-1-10 柱下十字交叉基础

1. 柱下条形基础的受力特点

柱下条形基础由肋梁和翼板组成，其截面呈倒T形。肋梁的截面相对较大且配一定数量的纵筋和腹筋，具有较强的抗弯及抗剪能力；翼板的受力特点与墙下钢筋混凝土条形基础相似。

柱下条形基础在上部结构传来的荷载作用下产生地基反力，由于沿梁全长作用的墙重及基础自重与其产生的相应地基反力相抵消，故作用在基础梁上的的地基净反力只有由柱传来的轴向力产生。在比较均匀的地基上，上部结构刚度较好，荷载分布较均匀，且条形基础梁的高度不小于1/6柱距时，地基反力可按直线分布，条形基础梁的内力可按连续梁计算（倒梁法）；当不满足上述条件时，宜按弹性地基梁计算。对交叉条形基础，交叉点上的柱荷载可按交叉梁刚度或变形协调的要求进行分配。

倒梁法即近似法，是以柱作为基础梁的不动铰支座，在地基净反力作用下按倒置的普通连续梁计算内力。其计算结果与实际情况略有差异，故在设计计算时需作必要的调整。

2．柱下条形基础的构造要求

柱下条形基础的构造除满足前述扩展基础的构造要求外，还应符合下述规定：

（1）柱下条形基础梁高度宜为柱距的1/4~1/8，翼板厚度不应小于200mm。当翼板厚度大于250mm时，宜采用变厚度翼板。其坡度宜小于或等于1∶3。

（2）条形基础的端部宜向外伸出，其长度宜为第一跨距的1/4倍。

（3）现浇柱与条形基础梁的交接处，其平面尺寸不应小于图9-1-11所示的规定。

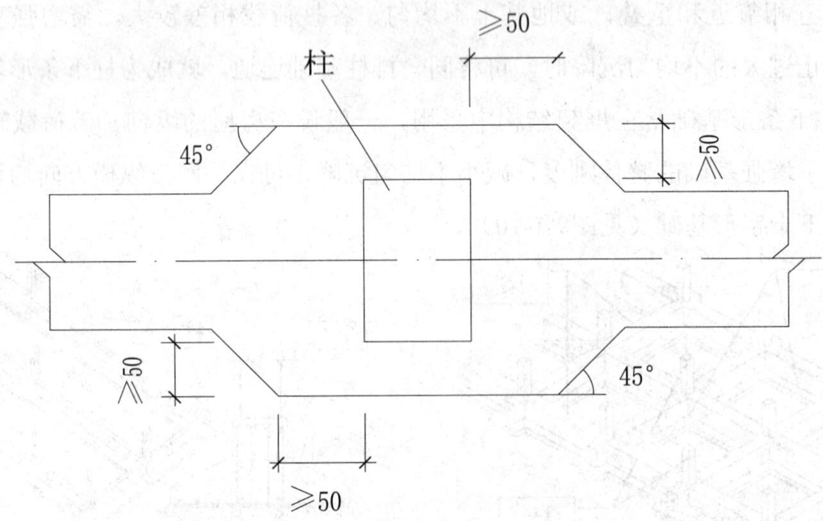

图9-1-11　现浇柱与条形基础两交接处

（4）条形基础梁顶部和底部的纵向受力钢筋除满足计算要求外，顶部钢筋按计算配筋全部贯通，底部通长钢筋不应少于底部受力钢筋截面总面积的1/3。

（5）柱下条形基础的混凝土强度等级不应低于C20。

9.1.4 筏形基础

当地基软弱而荷载较大，采用十字形基础仍不能满足要求，或者十字交叉基础宽度较大而相互较近时，可将基础底板连成一片而成为筏形基础。筏形基础的整体性好，能调整基础各部位的不均匀沉降（见图9-1-12）。

筏形基础分为平板式和梁板式两种类型，其选型应根据工程地质、上部结构体系、柱距、荷载大小以及施工条件等因素确定。平板式筏基是在地基上做一整块钢筋混凝土底板，柱子直接支立在底板上（柱下筏基）或在底板上直接砌墙（墙下筏板）。梁板式筏基如倒置的肋形楼盖，若梁在底板的上方则成为上梁式，在底板的下方则成为下梁式。

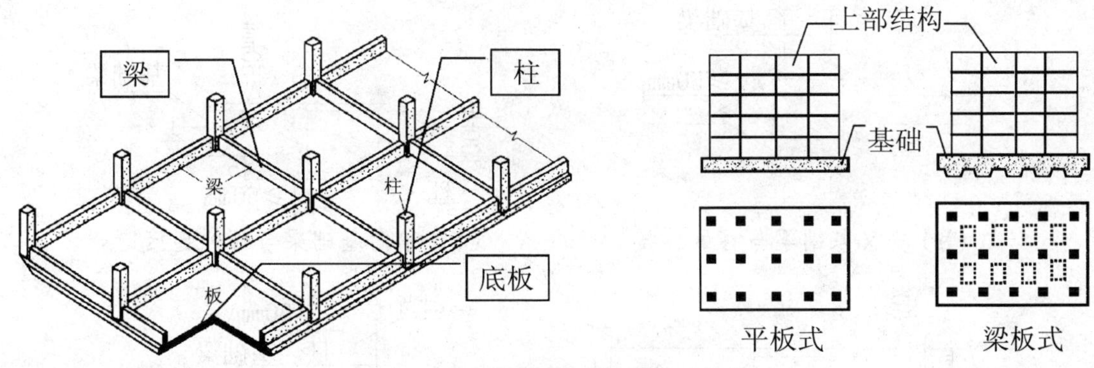

图9-1-12　钢筋混凝土筏板基础

1．筏形基础的受力特点

2.当地基土比较均匀，上部结构刚度较好，梁板式筏基梁的高跨比或平板式筏基板的厚跨比不小于1/6，且相邻柱荷载及柱间距的变化不超过20%时，筏形基础可不考虑整体弯曲而仅考虑局部弯曲破坏。其内力可按基底反力直线分布进行计算，计算时基底范力应扣除底板自重及其上填土的自重，即将地基净反力作为荷载，按"到楼盖法"计算。当不能满足上述要求时，筏基内力应按弹性地基梁板方法进行分析计算。

按基底反力直线分布计算的梁板式筏基，其基础梁的内力可按连续梁分析，除满足正截面受弯和斜截面受剪承载力外，尚应满足底层柱下基础梁顶面的局部受压承载力的要求；基础底板除满足正截面受弯承载力外，其厚度尚应满足受冲切承载力和受剪承载力的要求。

按基底反力直线分布计算的平板式筏基，对柱下筏板可按柱下板带和跨中板带分别进行内力分析，对墙下筏板可按连续单向板或双向板计算。平板式筏基的板厚应满足受冲切承载力和受剪承载力的要求，当筏板变厚度时，还应验算变厚度处筏板的受剪承载力。当有抗震设防要求时，还应符合现行规范有关规定的要求。

2．筏形基础的构造要求

（1）筏形基础的混凝土强度等级不应低于C30。当有地下室时应采用防水混凝土。防水混凝土的抗渗等级应按《地下工程防水技术规范》规定选用，但不应小于0.6MPa。

（2）采用筏形基础的地下室，其钢筋混凝土外墙厚度不应小于250mm，内墙厚度不应小于200mm。墙体内应设置双向钢筋，竖向和水平钢筋的直径不应小于12mm，间距不应大于300mm。

（3）对12层以上建筑的梁板式筏基，其底板厚度与最大双向板格的短边净跨之比不应小于1/14，且板厚不应小于400mm。

（4）地下室底层柱、剪力墙与梁板式筏基的基础梁连接的构造应符合图9-1-13所示的要求。

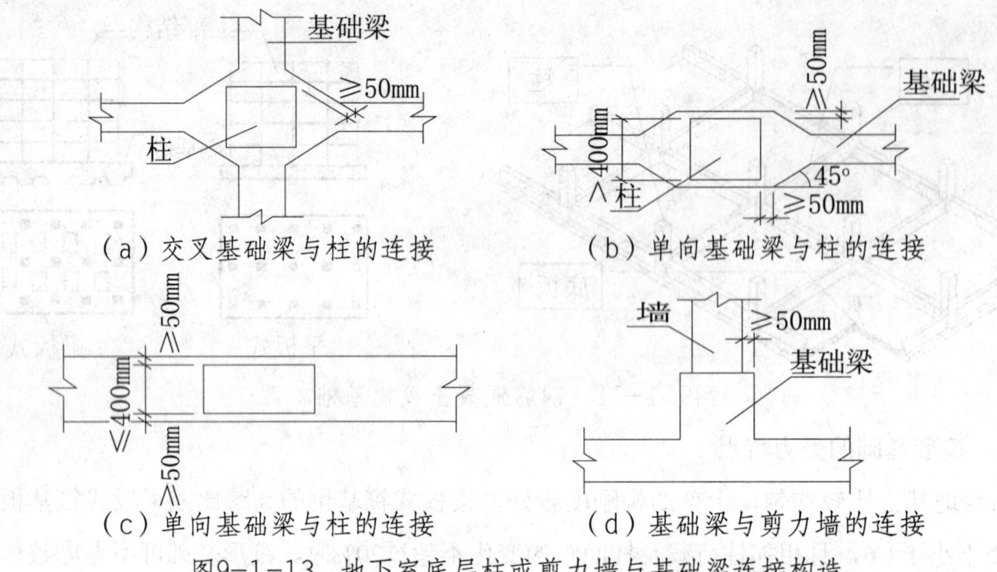

图9-1-13 地下室底层柱或剪力墙与基础梁连接构造

(5) 梁板式筏基的底板和基础梁配筋除满足计算要求外，纵横方向的底部钢筋还应有1/3~1/2贯通全跨，且其配筋率不应小于0.15%，顶部钢筋按计算配筋全部贯通。

(6) 平板式筏基的柱下板带中，柱宽及其两侧各1/2倍板厚且不大于1/4板跨的有效宽度范围内，其钢筋配筋量不应小于柱下板带钢筋数量的一半。柱下板带和跨中板带的底部钢筋应有1/3~1/2贯通全跨，且配筋率不应小于0.15%，顶部应按计算配筋全部贯通。

(7) 筏板的厚度一般不宜小于400mm。当筏板的厚度大于2000mm时，亦在板厚中间部位设置直径不小于12mm、间距不大于300mm的双向钢筋网。

(8) 筏板与地下室外墙的接缝、地下室外墙沿高度处的水平接缝应严格按施工缝要求施工，必要时可设通长止水带。

(9) 筏形基础地下室施工完毕后，应及时进行基坑回填工作。回填基坑时，应先清除基坑中的杂物，并应在相对的两侧或四周同时回填并分层夯实。

9.1.5 箱形基础

箱形基础是由现浇钢筋混凝土底板、顶板、纵横外墙与内墙组成的整体结构。根据建筑物高度对地基稳定性的要求和使用功能的需要，箱形基础的高度可为一层或多层，并可利用中空部分构成地下室，用作人防、停车场、地下商场、储藏室、设备层等。这种基础刚度大、整体性好，适用于地基软弱、上部结构荷载大的高层建筑。

1. 箱形基础的受力特点

箱形基础的受力是个比较复杂的问题，理论研究和实测资料表明，上部结构的刚度对基础内力有较大影响。当上部结构为现浇剪力墙结构体系时，上部结构刚度大，箱基变形以局部变形为主，顶板和底板均按局部弯曲的内力设计。顶板按普通楼盖实际荷载，分别计算跨中和支座弯距；底板按倒楼盖计算。当上部结构为框架结构体系时，上部结构刚度较差，箱基的整体弯曲和局部弯曲同时存在，应将整体弯曲和局部弯曲两种应力叠加对顶板和底板进行设计。

2．箱形基础的构造要求

(1)箱形基础的墙体水平截面总面积不宜小于箱基外墙外包尺寸水平投影面积的1/10。对基础平面长宽比大于4的箱形基础，纵横水平截面面积不应小于箱基外墙外包尺寸水平投影面积的1/8。

(2)箱形基础的高度应满足结构承载力、刚度和使用功能的要求，一般不宜小于箱基长度的1/20，且不宜小于3m。

(3)箱形基础的顶板、底板及墙体的厚度，应满足受力情况、整体刚度和防水的要求。无人防设计要求的箱基，底板不应小于300mm，顶板不应小于200mm，外墙厚度不应小于250mm，内墙厚度不应小于200mm。

(4)箱形基础的顶板和底板钢筋除符合计算要求外，纵横方向支座钢筋应有1/3~1/2的钢筋连通，且连通钢筋的配筋率分别不小于0.15%（纵向）、0.10%（横向）；跨中钢筋按实际需要的配筋全部连通。

(5)箱形基础的顶板、底板及墙体均应采用双层双向配筋。墙体的竖向和水平钢筋直径不应小于10mm，间距均不应小于200mm。除上部为剪力墙外，内、外墙的墙顶处宜配置两根直径不小于200mm的通长构造钢筋。

(6)箱形基础上部结构底层柱纵向钢筋伸入箱形基础墙体的长度：对柱下三面或四面有箱形基础墙的内柱，除柱四角纵向钢筋直通到基底外，其余钢筋可伸入顶板底面以下40倍纵向钢筋直径处；对外柱、与剪力墙相连的柱及其他内柱的纵向钢筋应直通到基底。

(7)箱形基础对混凝土强度等级的要求同筏形基础。

9.1.6 桩基础

桩基础是一种承载性能好，适用范围广的深基础。但桩基础的造价一般都比较高，工期较长，施工比一般浅基础复杂。就房屋建筑工程而言，桩基础适用于上部土层软弱而下部土层坚实的场所。桩基础由承台和桩身两部分组成，通过承台把上部结构荷载传递到各根桩，再传至深层较坚实的土层中。

1. 桩基础的类型

(1)按承载性能分类

1)摩擦型桩

摩擦桩：桩顶荷载主要由桩侧阻力承受，桩端阻力很小可以忽略不计的桩。其适用于较厚的弱土层，桩端无较硬的土层作为持力层，见图9-1-14（a）。

端承摩擦桩：桩顶荷载由桩侧阻力和桩端阻力共同承受，但大部分荷载由桩侧阻力承受的桩，见图9-1-14（b）。

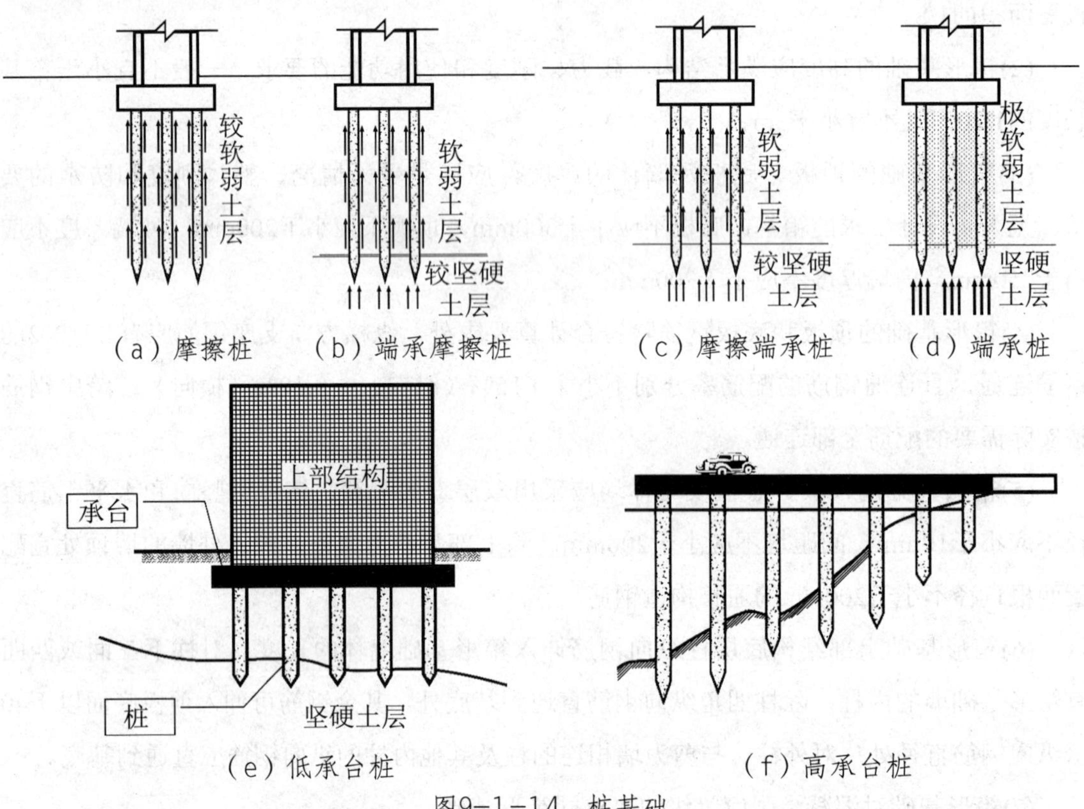

图9-1-14 桩基础

2）端承型桩

端承桩：桩顶荷载主要由桩端阻力承受，桩侧阻力很小可以忽略不计的桩，适用于桩通过软弱土层，桩端支承在坚硬土层或岩层上，见图9-1-14（d）。

摩擦端承桩：桩顶荷载由桩侧阻力和桩端阻力共同承受，但大部分荷载由桩端阻力承受的桩，见图9-1-14（c）。

（2）按桩身材料分类

1）混凝土桩

混凝土桩按桩的制作方法又可分为预制混凝土桩和灌注混凝土桩两类，是目前工程上

普遍采用的桩。

2)钢桩

钢桩常见的是型钢和钢管两类中，常用的有直径250~1200mm的钢管桩和宽翼工字形钢桩。钢桩的承载力较大，起吊、运输、沉桩、接桩都较方便，但消耗钢材多，造价高。我国目前只在少数重点工程中使用，如上海宝山钢铁总厂工程中，重要的和高速运转的设备基础和柱基础使用了大量的直径914.4mm和600mm，长60mm左右的钢管桩。

3）组合材料钢

组合材料钢是指用两种不同材料组合而成的桩。如钢管内填充混凝土或上部为钢桩、下部为混凝土等形式。

（3）按桩的制作方法、分类

1）预制桩

预制桩是指将预先制作成型，通过各种机械设备把它沉入地基至设计标高的桩。常见的沉桩方法有锤击法、振动法、静压法等，

2）灌注桩

灌注桩是指在建筑工地现场成孔，并在现场向孔内灌注混凝土的桩。常见的成孔方法有沉管灌注桩、钻孔灌注桩、冲孔灌注桩、扩底灌注桩等。

（4）按成孔方法分类

成桩方法是指将桩置入土中的方法，按成桩过程的挤土效应可分为以下几种。

1）挤土桩

挤土桩是指成桩过程中，桩孔中的土未取出，全部挤压到桩的四周，使桩周土的工程性质发生变化的桩。如打入或压入的预制混凝土桩、沉管灌注桩、爆扩灌注桩等。

2）部分挤土桩

部分挤土桩是指成桩过程中，对桩周土的挤压作用轻微，桩周土的工程性质变化不大的桩。如预钻孔打入式非预制桩、开口钢管桩、型钢桩等。

3）非挤土桩

非挤土桩是指成桩过程中，将桩孔的土取出，对桩周土无挤压作用的桩。如钻孔灌注桩、人工挖孔灌注桩等。

（5）按桩的使用功能分

1）竖向抗压桩

竖向抗压桩是指主要承受上部结构传来垂直荷载的桩。

2）竖向抗拔桩

竖向抗拔桩是指主要承受上拔荷载的桩。

3）水平荷载桩

水平荷载桩主要承受水平荷载的桩。

4）复合受力桩

复合受力桩是指承受竖向、水平荷载均较大的桩。

（6）按承台位置的高低分类

1）低承台桩基础

低承台桩基础是指承台底面低于地面，一般用于房屋建筑工程中，见图9-1-14（e）。

2）高承台桩基础

高承台桩基础是指承台底面高于地面，它的受力和变形不同于低承台桩基础。一般应用在桥梁、码头工程中，见图9-1-14（f）。

（7）按桩直径大小分类

1）小直径桩$d \leq 250$mm

2）中等直径桩250mm<d<800mm

3）大直径桩$d \geq 800$mm

（8）按截面形式分类

1）方形截面桩

方形截面桩制作、运输和堆放比较方便，截面边长一般为250~550mm。

2）圆形空心桩

圆形空心桩是用离心旋转法在工厂中预制，它具有用料省、自重轻、表面积大等特点。国内铁道部门已有定型产品，其直径有300mm、450mm和550mm，管壁厚80mm，每节长度为2~12m不等。

2．桩基础的受力特点

（1）单桩的受力特点

单桩在上部结构传来竖向荷载作用下，桩顶竖向荷载由桩侧阻力或桩端阻力承受。地基土将产生附加应力，导致地基土压缩变形，引起桩体沉降；桩体本身在桩顶竖向荷载和土体阻力的共同作用下，将产生轴向压缩变形。因此设计时，除满足单桩承载力的要求外，还应对桩身材料进行强度验算（对预制桩，还应进行运输、起吊、打桩等过程的强度验算）。单桩竖向承载力特征值应通过现场静荷载试验或其他原位测试等方法确定。

单桩的水平承载力特征值取决于桩的材料强度、截面刚度、入土深度、土质条件、桩顶水平位移允许值和桩顶嵌固情况等因素，应通过现场水平荷载试验确定。当作用于桩顶的外力主要为水平力时，应根据使用要求对桩顶位移的限制，对桩基的水平承载力进行验算。当桩基承受拔力时，应对桩基进行抗拔验算及桩身抗裂验算。

（2）群桩的受力特点

当建筑物上部荷载远大于单桩竖向承载力时，通常由多根桩组成群桩，共同承受上部荷载，对两根以上桩组成的桩基础均可称为群桩。

在高层建筑基础设计时不能不考虑的就是群桩效应。群桩效应是指群桩基础受竖向荷载后，由于承台、桩、土的相互作用使其桩侧阻力、桩端阻力、沉降等性状发生变化而与单桩明显不同，承载力往往不等于各单桩承载力之和的现象。

(3)承台的受力特点

桩承台的作用包括以下3个方面：

1）把多根桩连接成整体，共同承受上部荷载；

2）把上部结构荷载传递到各根桩的顶部；

3）桩承台为现浇钢筋混凝土结构，相当于一个浅基础，其本身具有类似于浅基础的承载能力（桩承台效应）。

桩承台在上部结构与桩顶荷载作用下，受到弯曲、剪切、冲切及局部受压作用。其内力可按简化计算方法计算，并按《建筑地基基础设计规范》（GB50007—2002）要求进行抗剪、抗弯、抗冲切及局部受压的强度计算。

3. 桩基础的构造要求

（1）摩擦型桩的中心距不宜小于桩身直径的3倍；扩底灌注桩的中心距不宜小于扩底直径的1.5倍，当扩底直径大于2m时，桩端净距不宜小于1m。在确定桩距时还应考虑施工工艺中挤土等效应对邻近桩的影响。

（2）扩底灌注桩的扩底直径，不应大于桩身直径的3倍。

（3）桩底进入持力层的深度，根据地质条件、荷载及施工工艺确定，宜为桩身直径的1～3倍。在确定桩底进入持力层深度时，还应考虑特殊土、岩溶以及液化震陷等的影响。嵌岩灌注桩周边嵌入完整和较完整的未风化、微风化、中风化硬质岩体的最小深度，不宜小于0.5m。

（4）布置桩位时宜使桩基承载力合力点与竖向永久荷载合力作用点重合。

（5）桩身混凝土强度应经计算确定。设计使用年限不少于50年的桩时，非腐蚀环境中预制桩的混凝土强度等级不应低于C30，预应力桩不应低于C40，灌注桩的混凝土强度等级不应低于C25；二类环境以及三类、四类和五类微腐蚀环境中不应低于C30。在腐蚀环境中的桩，桩身混凝土的强度等级应符合《混凝土结构设计规范》（GB50010）的有关规定。设计使用年限为100年的桩时，桩身混凝土的强度等级宜适当提高。水下灌注混凝土的桩身混凝土强度等级不宜高于C40。

（6）桩身混凝土的材料、最小水泥用量、水灰比、抗渗等级等应符合《混凝土结构设计规范》（GB50010）等相关规范的有关规定。

（7）桩的主筋配置应经计算确定。预制桩的最小配筋率不宜小于0.8%(锤击沉桩)、0.6%(静压沉桩)，预应力桩不宜小于0.5%；灌注桩最小配筋率不宜小于0.2%～0.65%(小直径桩取大值)。根据桩的工作性状，桩顶以下3～5倍桩身直径范围内，箍筋宜适当加强加密。

（8）桩身纵向钢筋配筋长度应符合下列规定：

1)受水平荷载和弯矩较大的桩，配筋长度应通过计算确定。

2)桩基承台下存在淤泥、淤泥质土或液化土层时，配筋长度应穿过淤泥、淤泥质土层或液化土层。

3)坡地岸边的桩、8度及以上地震区的桩、抗拔桩、嵌岩端承桩应通长配筋。

4)桩径大于等于600mm的钻孔灌注桩，构造钢筋的长度不宜小于桩长的2/3。

（9）桩身配筋可根据计算结果及施工工艺要求，沿桩身纵向不均匀配筋。腐蚀环境中的灌注桩主筋直径不宜小于16mm，非腐蚀性环境中灌注桩主筋直径不应小于12mm。

（10）桩顶嵌入承台内的长度不应小于50mm。主筋伸入承台内的锚固长度不宜小于钢筋直径(HPB235)的30倍和钢筋直径(HRB335和HRB400)的35倍。对于大直径灌注桩，当采用一柱一桩时，可设置承台或将桩和柱直接连接。桩和柱的连接可按桩基础规范中高杯口基础的要求选择截面尺寸和配筋，柱纵筋插入桩身的长度应满足锚固长度的要求。

（11）灌注桩主筋混凝土保护层厚度不应小于50mm，预制桩不应小于45mm，预应力管桩不应小于35mm；腐蚀环境中的灌注桩不应小于55mm。

（12）桩基承台的构造（见图9-1-15），除满足抗冲切、抗剪切、抗弯承载力和上部结构的要求外，还应符合下列要求：

1)承台的宽度不应小于500mm。边桩中心至承台边缘的距离不宜小于桩的直径或边长，且桩的外边缘至承台边缘的距离不小于150mm。对于条形承台梁，桩的外边缘至承台梁边缘的距离不小于75mm。

2)承台的最小厚度不应小于300mm。

3)承台的配筋(见图9-1-15)，对于矩形承台其钢筋应按双向均匀通长布置，钢筋直径不宜小于10mm，间距不宜大于200mm；对于三桩承台，钢筋应按三向板带均匀布置，且最里面的3根钢筋围成的三角形应在柱截面范围内。承台梁的主筋除满足计算要求外还应

符合现行《混凝土结构设计规范》（GB50010）关于最小配筋率的规定，主筋直径不宜小于12mm，架立筋不宜小于10mm，箍筋直径不宜小于6mm。

4)承台混凝土强度等级不应低于C20，纵向钢筋的混凝土保护层厚度不应小于70mm，当有混凝土垫层时，不应小于40mm。

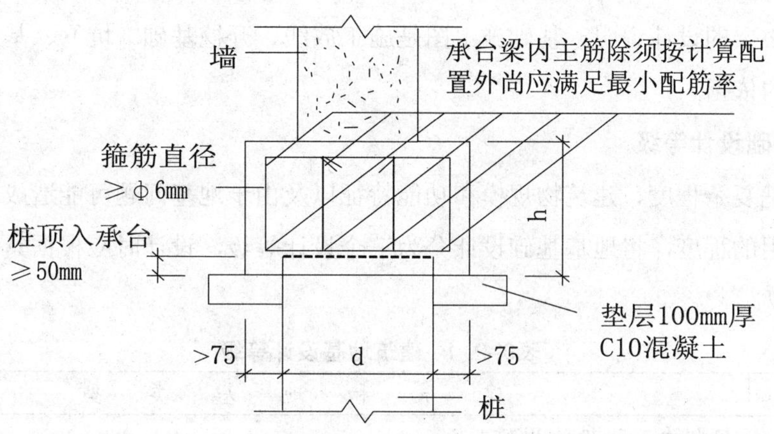

图9-1-15 承台钢筋构造

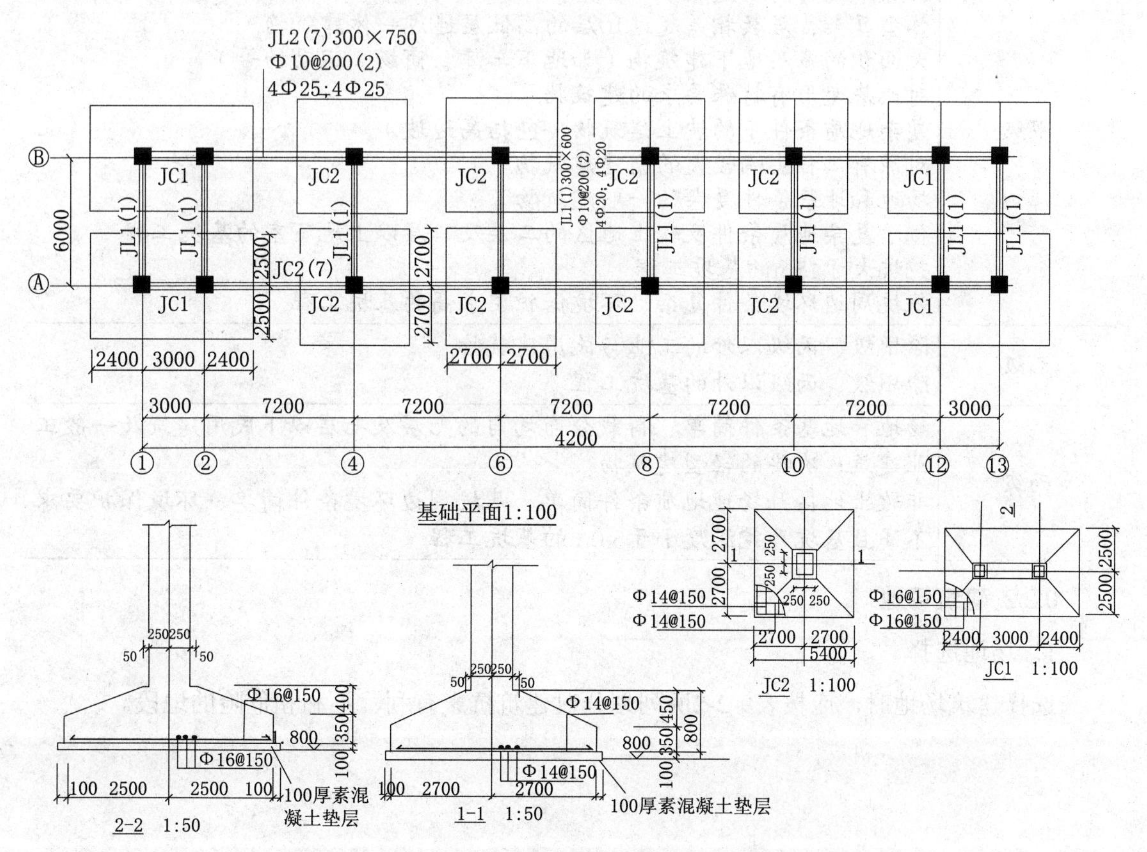

图9-1-16 某宿舍楼的基础平面图、基础配筋图

（说明：基础梁顶标高为-0.200）

9.2 基础施工图

基础图是建筑物地下部分承重结构的施工图，包括基础平面图和表示基础构造的基础详图，以及必要的设计说明。基础施工图是施工放线、开挖基础（坑）、基础施工、计算基础工程量的依据。

9.2.1 基础设计等级

根据地基复杂程度、建筑物规模和功能特征以及由于地基问题可能造成建筑物破坏或影响正常使用的程度，将地基基础设计分为三个设计等级，设计时应根据具体情况，按表9-2-1选用所列。

表9-2-1 建筑地基设计等级

设计等级	建　筑　和　地　基　类　型
甲级	重要的工业与民用建筑 30层以上的高层建筑 体型复杂，层数相差超过10层的高低层连成一体建筑物 大面积的多层地下建筑物（如地下车库、商场、运动场等） 对地基变形有特殊要求的建筑物 复杂地质条件下的坡上建筑物（包括高边坡） 对原有工程影响较大的新建建筑物 场地和地基条件复杂的一般建筑物 位于复杂地质条件及软土地区的二层及二层以上地下室的基坑工程 挖坑大于15m的基坑工程 基坑周边环境条件复杂、环境保护要求高的基坑工程
乙级	除甲级、丙级以外的工业与民用建筑物 除甲级、丙级以外的基坑工程
丙级	场地和地基条件简单、荷载分布均匀的七层及七层以下民用建筑及一般工业建筑；次要的轻型建筑物 非软土地区且场地地质条件简单、基坑周边环境条件简单、环境保护要求不高且基坑开挖深度小于5.0m的基坑工程

9.2.2 建筑场地

1．场地选择

选择建筑场地时，应按表9-2-2所列划分对建筑抗震有利、不利和危险的地段。

表9-2-2 地段类别

地段类别	地质、地形、地貌
有利地段	稳定基岩，坚硬土，开阔、平坦、密度、均匀的中硬土等
不利地段	软弱土，液化土，条状突出的山嘴，高耸孤立的山丘，非岩志的陡坡，河岸和边坡的边缘，平面分布上成因、岩性、状态明显不均匀的土层（如故河道、疏松的断层破碎带、暗埋的塘浜沟谷和半填半挖地基）等
危险地段	地震时可能发生滑坡、崩塌、地陷、地裂、泥石流等及发震断裂带上可能发生地表位错的部位

2．场地类别

建筑场地的类别划分，应以土层等效剪切波速和场地覆盖层厚度为准（见表9-2-3和表9-2-4）。

表9-2-3 土的类型

土的类型	岩土名称和性状	土层剪切波速范围（m/s）
坚硬土或岩石	稳定岩石，密度的碎石土	$500 < v_s$
中硬土	中密、稍密的碎石土，密度、中密的砾、粗、中砂，$f_{ak} > 200$的黏性土和粉土，坚硬黄土	$250 < v_s \leqslant 500$
中软土	稍密的砾、粗、中砂，除松散外的细、粉砂，$f_{ak} \leqslant 200$的黏性土和粉土，$f_{ak} > 130$的填土，可塑黄土	$140 < v_s \leqslant 250$
软弱土	淤泥和淤泥质土，松散的砂，新近沉积的黏性土和粉土，$f_{ak} \leqslant 130$的填土，流塑黄土	$v_s \leqslant 140$

注：f_{ak}为由载荷试验等方法得到的地基承载力特征值（kPa）；v_s为岩土剪切波速。

表9-2-4 场地类别

等效剪切波速（m/s）	场地类别			
	Ⅰ	Ⅱ	Ⅲ	Ⅳ
$v_{记} > 500$	0			
$500 \geqslant v_{记} > 250$	<5	≥5		
$250 \geqslant v_{记} > 140$	<3	3～50	>50	
$v_{记} \leqslant 140$	<3	3～15	>15～80	>80

9.2.3 基础施工图内容

1．基础设计说明

设计说明一般是说明难以用图式表达的内容和易用文字表达的内容，如材料的质量要求、施工注意事项等，由设计人员根据具体情况编写。一般包括以下内容：

（1）对地基土质情况提出注意事项和相关要求，概述地基承载力、地下水位和持力层土质情况；

（2）地基处理措施，并说明注意事项和质量要求；

（3）对施工方面提出验槽、钎探等事项的设计要求；

（4）垫层、砌体、混凝土、钢筋等所有材料的质量要求；

（5）防潮层（防水）的位置、做法，构造柱的截面尺寸、材料、构造，混凝土保护层厚度等。

2．基础平面图

基础平面图的剖视位置在室内地面（正负零）处，一般不得因对称而只画一半。被剖切的墙身（或柱）用粗实线表示。其主要内容如下：

（1）图名、比例，表示建筑朝向的指北针；

（2）与建筑平面图一致的纵横定位轴线与编，一般外部尺寸只标注定位轴线的间隔尺寸和总尺寸；

（3）基础的平面布置图和内部尺寸，即基础墙、基础梁、柱、基础底面的形状、尺寸及其与轴线的位置关系；

（4）以虚线表示暖气、电缆等沟道的路线位置，穿墙管洞应分别标明其尺寸、位置与洞底标高；

（5）剖面图的剖切线及其编号，对基础梁、柱等注写基础代号，以便查找详图。

3．基础详图

不同类型的基础，其详图的表示方法有所不同。如条形基础的详图一般为基础的垂直平面图；独立基础的详图一般应包括平面图和剖面图。基础详图的主要内容如下：

（1）图名、比例；

（2）基础剖面图中的轴线及其编号，若为通用剖面图，则轴线圆圈内可不编号；

（3）基础剖面的形状及详细尺寸；

（4）室内地面积基础底面的标高，外墙基础还需注明室外地坪之相对标高，如有沟槽者还应标明其构造关系；

（5）钢筋混凝土基础应标注钢筋直径、间距及钢筋编号，现浇基础还应预留插筋、搭接长度与位置及箍筋加密等，对桩基础应表示承台、配筋及桩尖埋深等；

（6）防潮层的位置及做法、垫层材料等（也可用文字说明）。

4．基础施工图的识读

（1）看设计说明，了解基础所用材料，挤出承载力以及施工要求等；

（2）看基础平面图与建筑平面图的定位轴线及尺寸标注是否一致，基础平面图与基础详图是否一致；

（3）看基础平面图要注意基础平面图布置与内部尺寸关系，以及预留洞口的位置及尺寸等；

（4）看基础详图要注意竖向尺寸关系，基础的形状、做法与详细尺寸，钢筋的直径、间距与位置以及地圈梁、防潮层的位置、做法等。

5．基础施工图

示例见图9-1-16。

思考题

1.浅基础的类型有哪些？它的特点是什么？

2.为什么无筋扩展基础需满足台阶高宽比允许值的要求？

3.钢筋混凝土条形基础底板在T形交接处，底板受力钢筋应如何布置？在拐角处应如何布置？

4.柱下基础通常为独立基础，在何种情况下采用柱下条形基础？

5.筏形基础有何特点？适用于什么范围？

6.桩基础由几部分组成？桩按承载性状分为哪几类？摩擦桩和端承桩受力情况有什么不同？

第 10 章　结构施工图识读

10.1 概　述

10.1.1 结构施工图的基本内容

结构施工图是表示结构设计的内容和相关工种(建筑、给排水、暖通、电气)对结构的要求，作为施工放线，基槽开挖，绑扎钢筋，浇筑混凝土，安装梁、板、柱等各类构件以及计算工程造价，编制施工组织设计的依据。结构施工图的基本内容包括：结构设计说明、结构布置图及构件详图。

1. 结构设计说明

结构设计说明是结构施工图的纲领性文件，它结合现行规范的要求，针对工程结构的特殊性，将设计的依据、对材料的要求、选用的标准图和对施工的特殊要求，用文字的表述方式形成的设计文件。它一般要表述以下内容：

（1）工程概况，如建设地点、抗震设防烈度、结构抗震等级、荷载选用、结构形式、结构设计使用年限、砌体结构质量控制等级等；

（2）选用材料的情况，如混凝土的强度等级、钢筋的级别以及砌体结构中块材和砌筑砂浆的强度等级等，钢结构中所选用的结构用钢材的情况及焊条的要求或螺栓的要求等；

（3）上部结构的构造要求，如混凝土保护层厚度、钢筋的锚固、钢筋的接头、钢结构焊缝的要求等；

（4）地基基础的情况，如地质情况，不良地基的处理方法和要求，对地基持力层的要求，基础的形式，地基承载力特征值或桩基的单桩承载力设计值以及地基基础的施工要求等；

（5）施工要求，如对施工顺序、方法、质量标准的要求，与其他工种配合施工方面的要求等；

（6）选用的标准图集；

（7）其他必要的说明。

2．结构平面布置图

结构平面布置图包括：

（1）基础平面图，桩基础详图还包括桩位平面图，工业建筑还有设备基础布置图；

（2）楼层结构平面布置图，工业建筑还包括柱网、吊车梁、柱间支撑布置图；

（3）屋顶结构平面布置图，工业建筑还包括屋面板、天沟、屋架、屋面支撑系统布置图。

3．结构详图

结构详图包括：梁、板、柱及基础详图；楼梯详图；屋架详图；模板、支撑、预埋件详图以及构件标准图等。

10.1.2 结构施工图的图示方法

1．常用图例

结构施工图中常用图例见表10-1-1至表10-1-4。

2．常用构件代号

在结构施工图中，常按汉语拼音标注结构构件的代号，常用构件代号见表10-1-4。

表10–1–1 普通钢筋的强度、代号和规格

种类		符号	d/mm	f_{yk}
热轧钢筋	HPB335	Φ	8～20	235
	HPB335	Φ	6～50	335
	HPB400	Φ	6～50	400
	HPB400	Φ^R	8～40	400

表10–1–2 预应力钢筋的表示

序号	名称	图例
1	预应力钢筋或钢绞线	——··——··——
2	张拉端锚具	▶——··——··——
3	固定端锚具	▷——··——··——
4	可连接件	——··═╪═··——
5	固定连接件	——··—┼—··——
6	后张法预应力钢筋断面 无黏结预应力钢筋断面	⊕

续表

序号	名称	图例
7	单根预应力钢筋断面	╋
8	锚具的端视图	⊕

表10-1-3 钢筋接头的表示

序号	名称	图例	说明
1	无弯钩的钢筋搭接		
2	带半圆弯钩钢筋的搭接		
2	带直钩的钢筋搭接		
3	花篮螺丝钢筋接头		
4	机械连接的钢筋接头		用文字说明连接方式

表10-1-4 常用构件代号

名称	代号	名称	代号	名称	代号
板	B	吊车梁	DL	基础	J
屋面板	WB	圆梁	QL	设备基础	SJ
空心板	KB	过梁	GL	桩	ZH
槽形板	CB	连系梁	LL	柱间支撑	ZC
折板	ZB	基础梁	JL	垂直支撑	CC
密助板	MB	楼梯梁	TL	水平支撑	SC
楼梯板	TB	檩条	LT	梯	T
盖板或沟盖板	GB	屋架	WJ	雨篷	YP
挡雨板或檐口板	YB	托架	TJ	阳台	YT
吊车安全走道板	DB	天窗架	CJ	梁垫	LD
墙板	QB	框架	KJ	预埋件	M
天沟板	TGB	刚架	GJ	天窗端壁	TD
梁	L	支架	ZJ	钢筋网	W

3．基础图的图示方法

基础图包括基础平面图和基础详图。基础平面图是将建筑从正负零以下剖切，向下看形成的图样。为了突出表现基础的位置和形状，将基础上部的构件和土看作透明体。

基础布置图以表示基础部位构件的平面位置为主要目的，结合基础详图表示基础和基础部位构件的标高和详细尺寸及做法。

独立基础详图包括基础平面图和剖面图，条形基础详图为剖面图。

4．结构平面布置图的图示方法

结构平面布置图是假想沿楼板面将房屋水平剖切后所作的水平投影图。为了突出重点，将混凝土看作透明体。

结构平面图主要表示该楼层的梁、板、柱、预埋件、预留洞的位置，如果采用的是现浇板，则应表明钢筋的配置情况。为了表示清楚构件的详细内容，除了能选用标准图以外，都需增加必要的剖面来表示节点和配筋以及具体的尺寸。结构平面图中的剖面、断面详图的编号顺序，宜按下列规定编排：外墙按顺时针方向从左下角开始编号；内横墙从左至右，从上至下编号；内纵墙从上至下，从左至右编号。

5．结构详图的图示方法

在构件详图中，应详细表达构件的标高、截面尺寸、材料规格、数量和形状、构件的连接方式、材料用量等。

在混凝土构件详图中包括配筋图和模板图，在配筋图中，应有构件的立面图、断面图和钢筋详图，着重表示构件内钢筋的配置形状、数量和规格，必要时还要画构件的平面图。对于复杂的混凝土构件需要给出模板图，模板图着重表示预留洞、预埋件的位置及数量和形状，必要时增加轴测图。

10.1.3 结构施工图的识读方法

1．结构施工图的识读要领

在阅读结构施工图前，必须先阅读建筑施工图，由此，建立起建筑物的轮廓，并且在识读结构施工图期间，还应反复核查对结构与建筑同一部位的表示，这样才能准确地理解结构图中所表示的内容。

识读结构施工图是一个由浅入深、由粗到细的渐进过程，当然对于简单的结构图例外。与建筑施工图一样，结构施工图的表示方法遵循投影关系，其区别在于，结构施工图用粗线条表示要突出的重点内容，为了使图面清晰常常利用代号代表所表示的构件和做法。

在阅读施工图时，要养成作记录的习惯，为以后的工作提供技术资料。当然，由于各自分工的不同，每个人的侧重点也不同，但应避免只见树木不见森林，要学会纵览全局，这样才能促进自己不断进步。

2.．结构施工图的识读方法

（1）结构设计说明的阅读

了解对结构的特殊要求，了解说明中强调的内容，掌握材料、质量以及要采取的技术措施的内容，了解所采用的技术标准和构造，了解所采用的标准图。

（2）基础布置图的识读

基础布置图一般由基础平面图和基础详图组成，阅读时要注意基础的标高和定位轴线的数值，了解基础的形式和区别，注意其他工种在基础上的预埋件和留洞。

1）查阅建筑图，核对所有的轴线是否和基础一一对应，了解是否有的墙下无基础而用基础梁替代，基础的形式有无变化，有无设备基础。

2）对照基础的平面和剖面，了解基底标高和基础顶面标高有无变化，有变化时是如何处理的。如果有设备基础时，还应了解设备基础与设备标高的相对关系，避免因标高有误造成严重的责任事故。

3）了解基础中预留洞和预埋件的平面位置、标高、数量，必要时应与需要这些预留洞和预埋件的工种进行核对，落实其相互配合的操作方法。

4）了解基础的形式和做法。

5）了解各个部位的尺寸和配筋。

6）反复以上的过程，解决没有看清楚的问题。对遗留问题进行整理并作好记录。

（3）结构布置图的识读

结构布置图，一般由结构平面图和剖面图或标准图组成。

1）了解结构的类型，了解主要构件的平面位置与标高，并与建筑图结合了解各构件的位置和标高的对应情况。因为设计时，结构的布置必须满足建筑上使用功能的要求，所以结构布置图与建筑施工图存在对应的关系，比如，墙上有洞口时就设有过梁，对于非砖混结构，建筑上有墙的部位墙下就设有梁。

2）结合剖面图、标准图和详图对主要构件进行分类，了解它们的相同之处和不同点。

3）了解各构件节点构造与预埋件的相同之处和不同点。

4）了解整个平面内，洞口、预埋件的做法与相关专业的连接要求。

5）了解各主要构件的细部要求和做法，反复以上步骤，逐步深入了解，遇到不清楚的地方在记录中标出，进一步详细查找相关的图纸，并结合结构设计说明认定核实。

6）了解其他构件的细部要求和做法，反复以上步骤，消除记录中的疑问，确定存在的问题，整理、汇总、提出图纸中存在的遗漏和施工中存在的困难，为技术交底或会审图

纸提供资料。

（4）结构详图的识读

1）首先应将构件对号入座，即：核对结构平面上，构件的位置、标高、数量是否与详图相吻合，有无标高、位置和尺寸的矛盾。

2）了解构件与主要构件的连接方法，看能否保证其位置或标高，是否存在与其他构件相抵触的情况。

3）了解构件中配件或钢筋的细部情况，掌握其主要内容。

4）结合材料表核实以上内容。

（5）结构施工图汇总

经过以上几个循环的阅读，基本上对结构图已经有了一定的了解，但还应对记录中的疑问，有针对性地从设计说明到结构平面至构件详图相互对应，尤其是对结构说明和结构平面以及构件详图同时提到的内容，要逐一核对，查看其是否相互一致，最后还应和各个工种有关人员核对与其相关部分，如洞口、预埋件的位置、标高、数量以及规格，并协调配合的方法。

10.2 结构施工图平面整体表示方法

为提高设计效率、简化绘图、改革传统的逐个构件表达的繁琐设计方法，我国推出了国家标准图集《混凝土结构施工图平面整体设计方法制图规则和构造详图》（G101）。目前最新的图集包括11G101-1《混凝土结构施工图平面整体表示方法制图规则与构造详图（现浇混凝土框架、剪力墙、梁、板）》、11G101-2《混凝土结构施工图平面整体表示方法制图规则与构造详图（现浇混凝土板式楼梯）》、11G101-3《混凝土结构施工图平面整体表示方法制图规则与构造详图（独立基础、条形基础、筏形基础、桩基承台）》。

建筑结构施工图平面整体表示方法（简称平法）的表达方式是把结构构件的尺寸和配筋等，按照平面整体表示方法制图规则，整体直接表达在各类构件的结构平面布置图上，并与标准构造详图相配合，即构成一套完整的结构设计。

本系列图集包括常用的现浇混凝土柱、墙、梁、楼面与屋面板、板式楼梯、独立基础、条形基础、筏形基础和桩承台等构件的平法制图规则和标准构造详图两大部分，其中平法制图规则是为了规范使用平法，确保施工质量，实现全国统一。它既是设计者完成平法施工图的依据，也是施工监理人员准确理解和实施平法施工图的依据。标准构造详图是施工人员必须与平法施工图配套使用的正式设计文件。为了确保施工人员准确无误地按平法施工图进行施工，在具体工程的结构设计说明中必须写明所选用的标准图集号，以免图集升版后在施工中用错版本。

10.2.1 柱的平法施工图表示方法

1．列表注写方式

平法柱的注写方式分为列表注写方式(见图10-2-1)和截面注写方式(见图10-2-2)。一般施工图都采用列表注写方式。

列表注写方式，是在主平面布置图上，分别在同一编号的柱中选择一个截面标注几何参数代号，在柱表中注写柱号、柱段起止标高、几何尺寸（含柱截面对轴线的偏心情况）与配筋的具体数值，并配以各种柱截面形状及配筋类型图的方式表达柱平法施工图。

列表注写方式通常把各种柱的编号、截面尺寸、偏心情况、角部纵筋、*b*边一侧中部筋和*h*边一侧中部筋、箍筋类型和箍筋规格间距注写在一个柱表中，着重反映同一个柱在不同楼层上“变截面”的情况，同时在结构平面图上标注每个柱的编号。

2．柱表及其内容

（1）柱编号

柱编号由类型代号和序号组成，见表10-2-1。

表10-2-1 柱子的编号

柱类型	代号	序号
框架柱	KZ	XX
框支柱	KZZ	XX
芯柱	XZ	XX
梁上柱	LZ	XX
剪力墙柱	QZ	XX

（2）各段柱的起止标高

各段柱的起止标高自柱根部往上依变截面处或截面未变但钢筋改变处为分段注写。

（3）柱纵筋

当柱纵筋直径相同，各边根数也相同时，将纵筋注写在“全部纵筋”一栏中，柱纵筋分角筋、截面*b*边中部筋和*h*边中部筋三项分别注写(对于采用对称配筋的矩形截面柱，可仅注写一侧中部筋，对称边省略不注)。

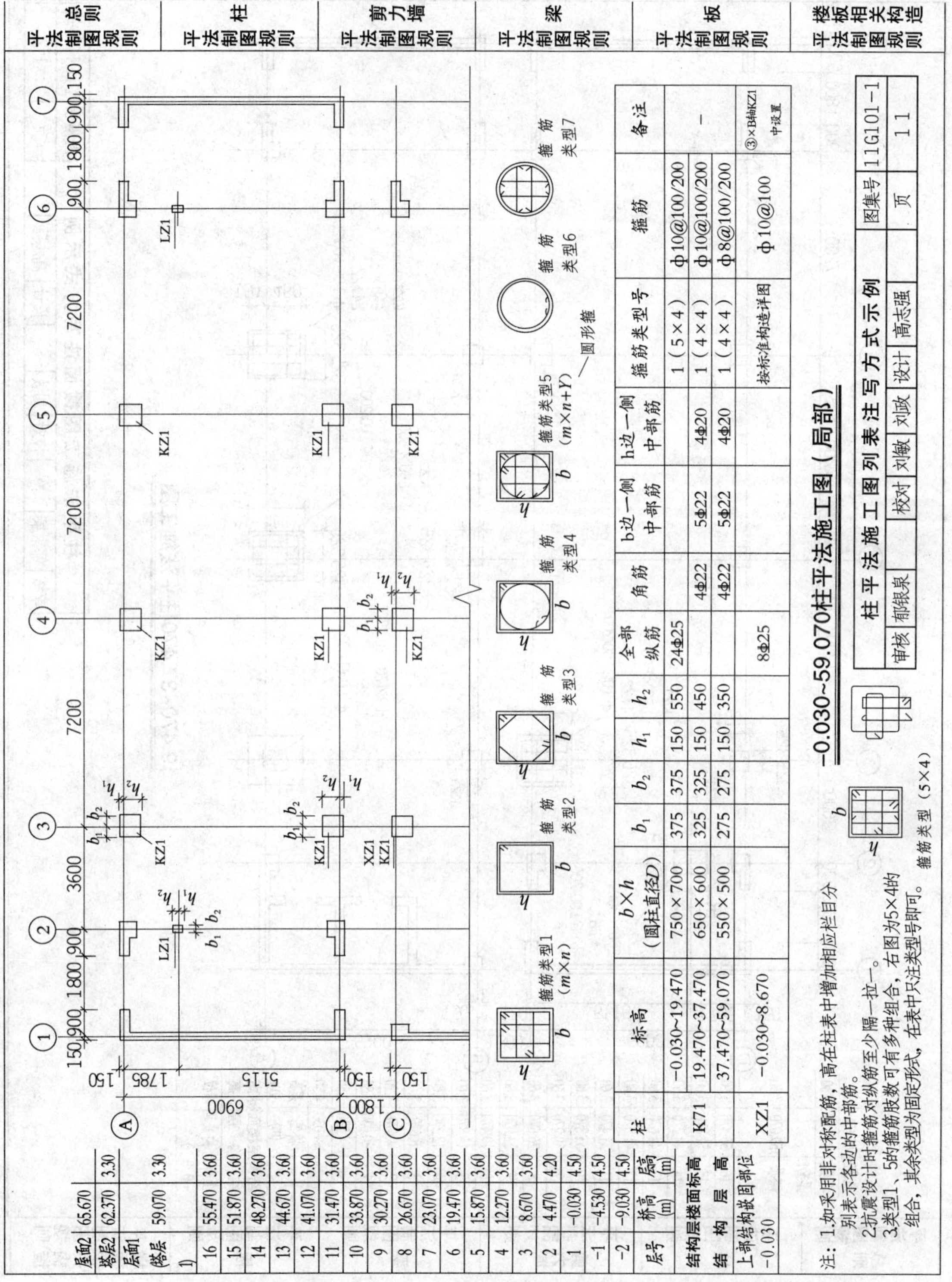

层号	标高(m)	层高(m)
屋面2	65.670	
塔层2	62.370	3.30
屋面1(塔层1)	59.070	3.30
16	55.470	3.60
15	51.870	3.60
14	48.270	3.60
13	44.670	3.60
12	41.070	3.60
11	31.470	3.60
10	33.870	3.60
9	30.270	3.60
8	26.670	3.60
7	23.070	3.60
6	19.470	3.60
5	15.870	3.60
4	12.270	3.60
3	8.670	3.60
2	4.470	4.20
1	-0.030	4.50
-1	-4.530	4.50
-2	-9.030	4.50

结构层楼面标高
结构层高
上部结构嵌固部位 -0.030

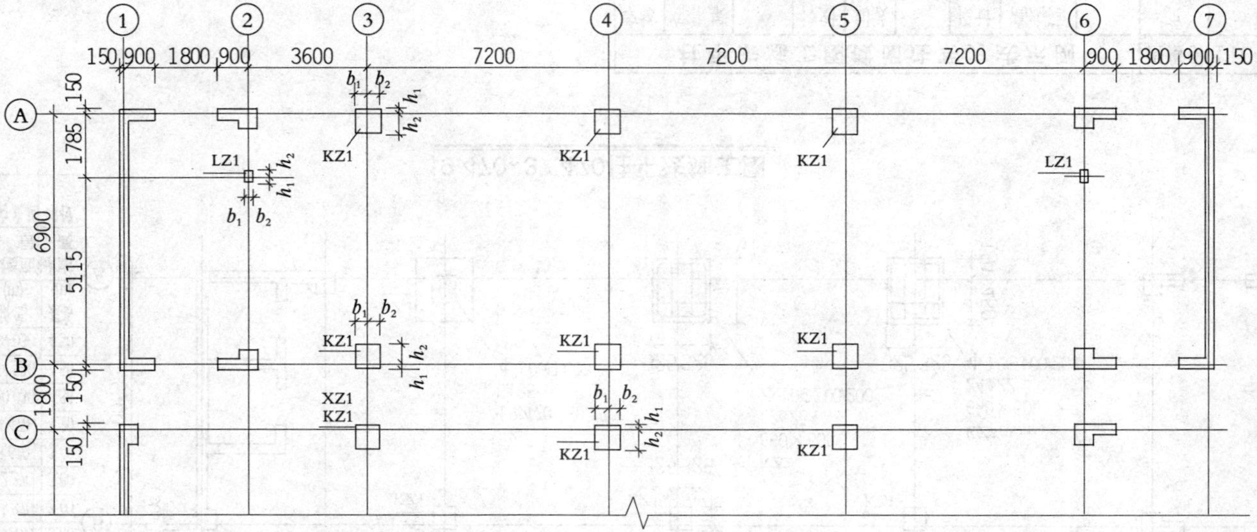

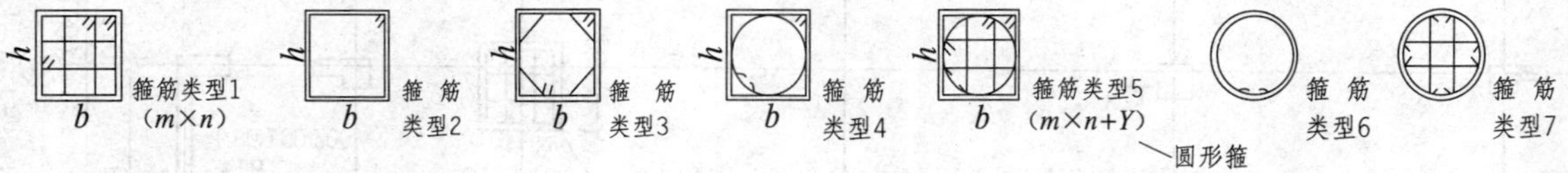

箍筋类型1 ($m \times n$)　箍筋类型2　箍筋类型3　箍筋类型4　箍筋类型5 ($m \times n+Y$)　圆形箍　箍筋类型6　箍筋类型7

柱	标高	$b \times h$ (圆柱直径D)	b_1	b_2	h_1	h_2	全部纵筋	角筋	b边一侧中部筋	h边一侧中部筋	箍筋类型号	箍筋	备注
K71	-0.030~19.470	750×700	375	375	150	550	24⌀25				1（5×4）	φ10@100/200	-
	19.470~37.470	650×600	325	325	150	450		4⌀22	5⌀22	4⌀20	1（4×4）	φ10@100/200	
	37.470~59.070	550×500	275	275	150	350		4⌀22	5⌀22	4⌀20	1（4×4）	φ8@100/200	
XZ1	-0.030~8.670						8⌀25				按标准构造详图	φ10@100	③×B轴KZ1中设置

注：1.如采用非对称配筋，高在柱表中增加相应栏目分别表示各边的中部筋。
2.抗震设计时箍筋对纵筋至少隔一拉一。
3.类型1、5的箍筋肢数可有多种组合，右图为5×4的组合，其余类型为固定形式，在表中只注类型号即可。

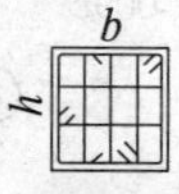

箍筋类型（5×4）

-0.030~59.070柱平法施工图（局部）

柱平法施工图列表注写方式示例							图集号	11G101-1
审核	郁银泉	校对	刘敏	刘政	设计	高志强	页	11

平法制图规则 总则　平法制图规则 柱　平法制图规则 剪力墙　平法制图规则 梁　平法制图规则 板　平法制图规则 楼板相关构造

图10-2-1　柱平法施工图列表注写方式

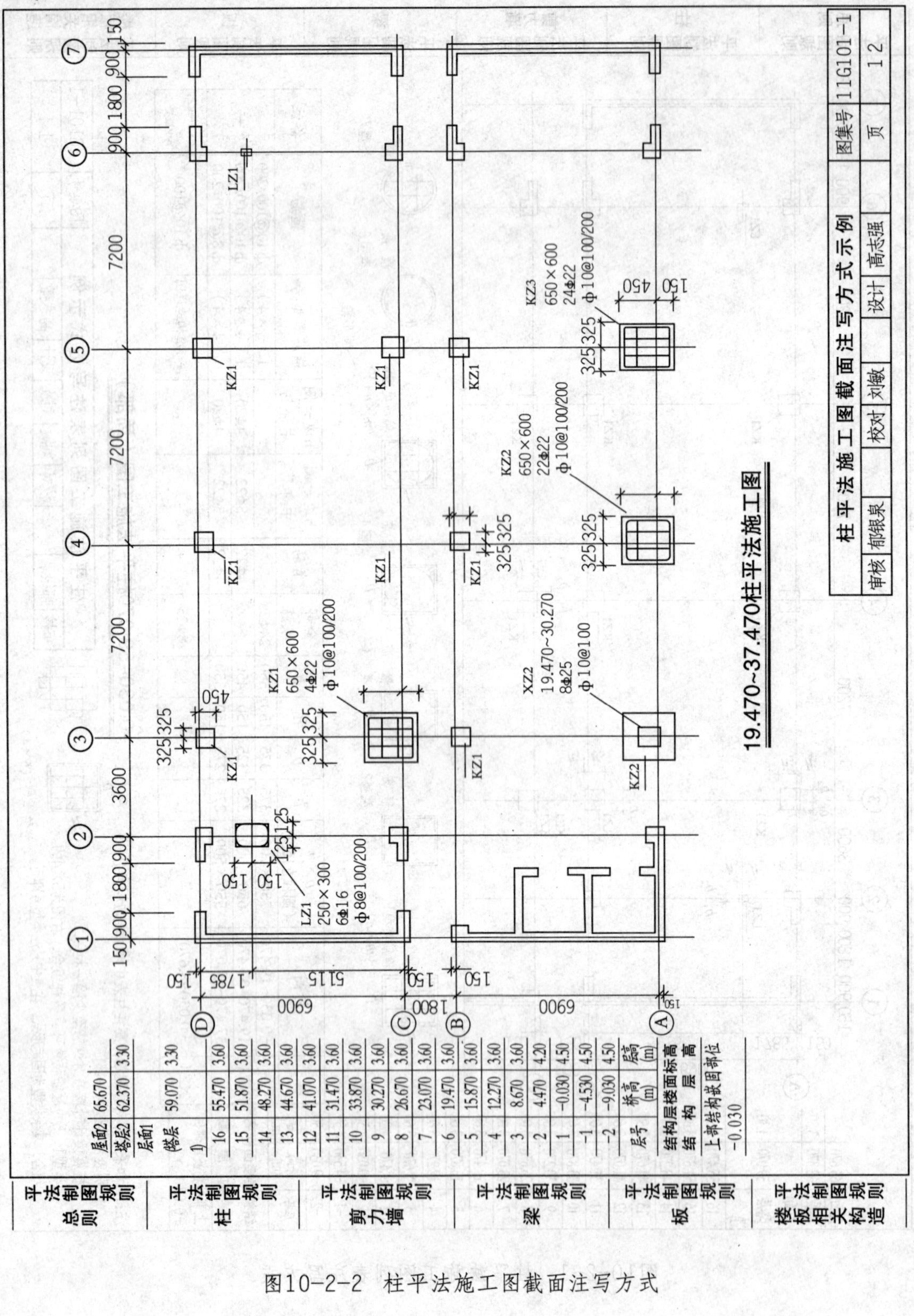

图10-2-2 柱平法施工图截面注写方式

（4）箍筋类型（见图10-2-3）

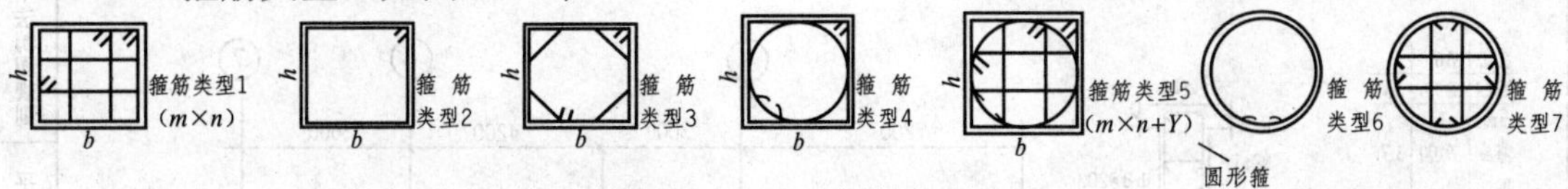

图10-2-3　箍筋类型

（5）箍筋注写

箍筋注写包括箍筋直径、级别、间距。

（6）箍筋图形

具体工程所设计的各种箍筋类型图以及箍筋复合的具体方式，需画在表的上部或图中的适当位置，并在其上标注与表中对应的*b*、*h*和编上类型号。

当为抗震设计时，确定箍筋肢数时要满足对柱纵筋至少“隔一拉一”以及箍筋肢数的要求。

10.2.2 梁平法施工图的表示方法

梁平法的注写方式分为平面注写方式（见图10-2-4）和截面注写方式（见图10-2-5）。梁平法注写方式与传统注写方式的区别(见图10-2-6)。

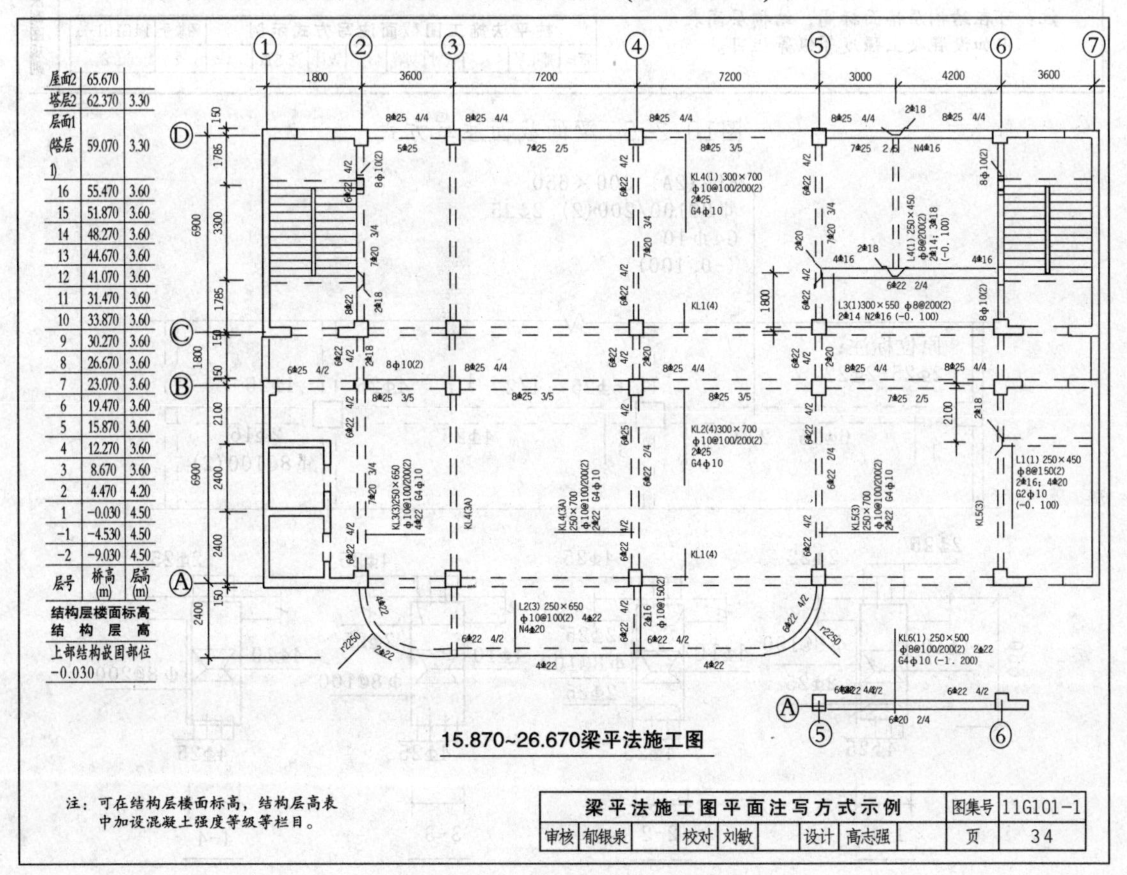

层号	标高(m)	层高(m)
屋面2	65.670	
塔层2	62.370	3.30
屋面1(塔层1)	59.070	3.30
16	55.470	3.60
15	51.870	3.60
14	48.270	3.60
13	44.670	3.60
12	41.070	3.60
11	31.470	3.60
10	33.870	3.60
9	30.270	3.60
8	26.670	3.60
7	23.070	3.60
6	19.470	3.60
5	15.870	3.60
4	12.270	3.60
3	8.670	3.60
2	4.470	4.20
1	-0.030	4.50
-1	-4.530	4.50
-2	-9.030	4.50

结构层楼面标高
结构层高
上部结构嵌固部位
-0.030

15.870~26.670梁平法施工图

注：可在结构层楼面标高，结构层高表中加设混凝土强度等级等栏目。

梁平法施工图平面注写方式示例						图集号	11G101-1
审核	郁银泉	校对	刘敏	设计	高志强	页	34

图10-2-4　梁的平面注写方式

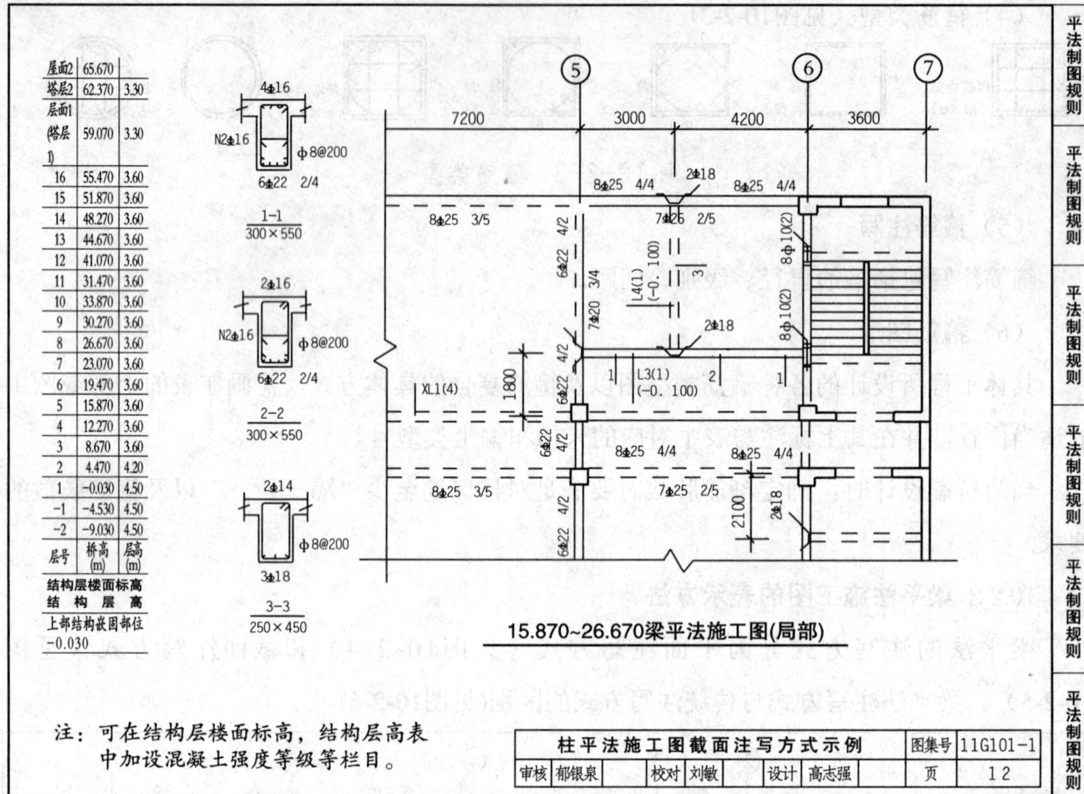

图10-2-5 梁的截面注写方式

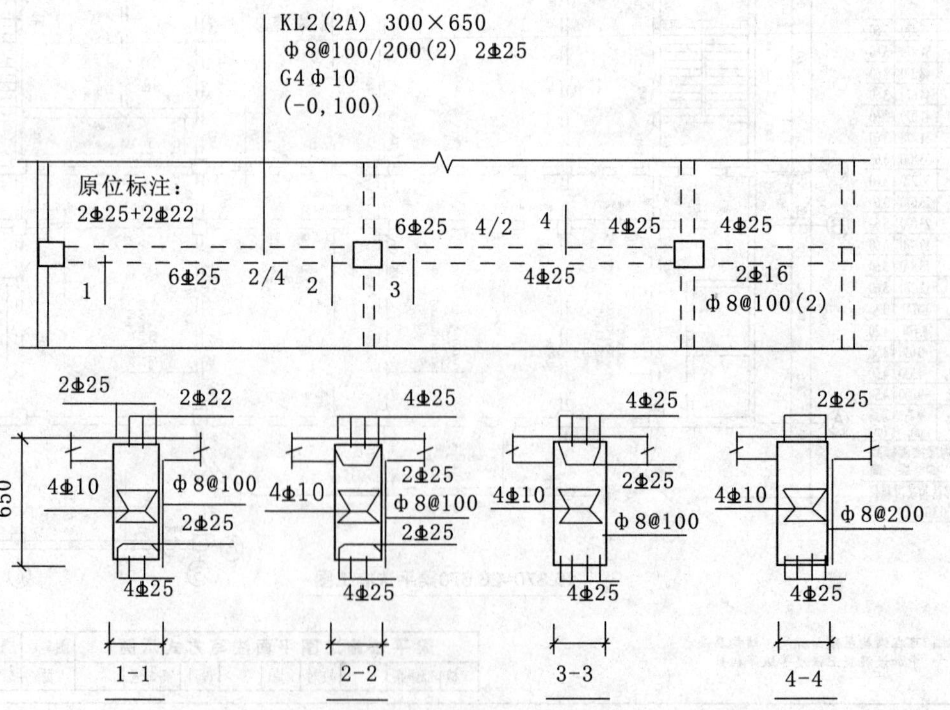

图10-2-6 梁平法注写方式与传统注写方式对比

平面注写方式，系在梁平面布置图上，分别在不同编号的梁中各选一根梁，在其上注写截面尺寸和配筋具体数值的方式来表达梁平法施工图。

平面注写包括集中标注和原位标注。集中标注表达梁的通用数值，原位标注表达梁的特殊数值。施工时，原位标注取值优先。

1．平面注写方式

(1)梁的集中标注

1）梁的编号标注(见表10-2-2)

表10-2-2　梁编号

梁类型	代号	序号	跨数及是否带有悬挑	备注
楼层框架梁	KL	XX	(XX).(XXA)或(XXB)	（XXA）为一端悬挑，（XXB）为两端悬挑。如KL7(5A)表示7号框架梁，5跨一端有悬挑梁。悬挑梁不计入跨数
屋面框架梁	WKL	XX	(XX).(XXA)或(XXB)	
框支梁	KZL	XX	(XX).(XXA)或(XXB)	
非框架梁	L	XX	(XX).(XXA)或(XXB)	
悬挑梁	XL			
井字梁	JZL	XX	(XX).(XXA)或(XXB)	

[例]

KL1（4）——表示框架梁1号，4跨，无悬挑

WKL1（4A）——表示屋面框架梁1号，4跨，一端悬挑

L3（2）——非框架梁3号，2跨，无悬挑。

XL（1）——纯悬挑梁1号。

KL4（3B）——框架梁4号，3跨，两端悬挑。

2）梁截面尺寸标注

梁截面尺寸标注的一般规格式：$b\times h$或$b\times h$　$Yc_1\times c_2$(见图10-1-7和图10-1-8)或$b\times h_1/h_2$（见图10-1-9）。其中，b为梁宽，h为梁高，c_1为腋长，c_2为腋高，h_1为悬挑梁根部高，h_2为悬挑梁端部高。

[例]

300×700表示截面宽度300mm，截面高度700mm。

300×700Y500×250表示腋长500mm，腋高250mm。

300×700/500表示梁根部截面高度700mm，端部截面高度500mm。

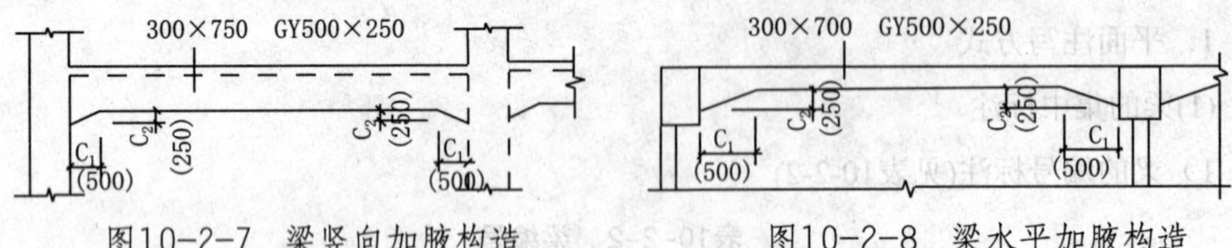

图10-2-7 梁竖向加腋构造　　图10-2-8 梁水平加腋构造

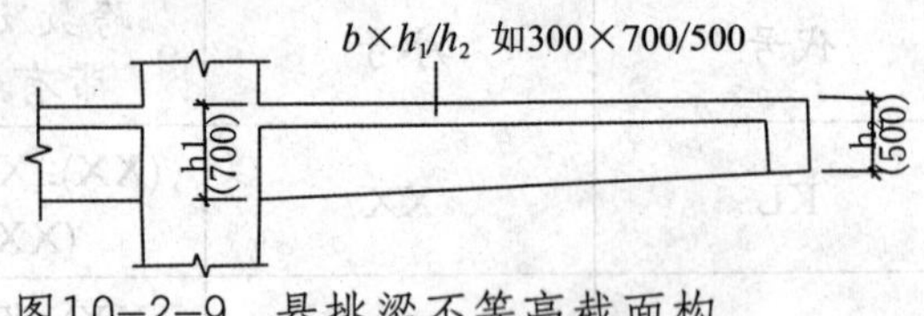

图10-2-9 悬挑梁不等高截面构

3)梁箍筋标注

梁箍筋标注格式：Φd——$n(z)$或Φd——$m/n(z)$或Φd——$m(z_1)/n(z_2)$或sΦd——$m/n(z)$或sΦd——$m(z_1)/(z_2)$。其中，d为钢筋直径；m、n为箍筋间距；z、z_1、z_2为箍筋肢数；s为梁两端的箍筋根数。

[例]

Φ10@100/200(2)表示箍筋采用Φ10，加密区间距为100，非加密区间距为200，均为双肢箍。

Φ10@150(2)表示箍筋采用Φ10，双肢箍，间距为150，不分加密区和非加密区。

Φ8@100(4)/150(2)表示箍筋采用Φ8，加密区间距100，四肢箍；非加密区间距为150，双肢箍。

13Φ10@150/200(2)表示箍筋采用Φ10，梁的两端各有13个四肢箍间距为50，梁跨中部分间距为200，双肢箍。

4）梁上部通长筋标注

梁上部通长筋标注格式:sΦd或s_1Φd_1+s_2Φd_2或s_1Φd_1+（s_2Φd_2）或s_1Φd_1；s_2Φd_2

其中：d、d_1、d_2为钢筋直径，

s、s_1、s_2为钢筋根数。

[例]

2Φ25表示梁上部通长筋（用于双肢箍）。

2Φ25+2Φ22表示梁上部通长筋（两种规格，其中加号前面的钢筋放在箍筋角部）。

6Φ254/2表示梁上部通长筋（两排钢筋：第一排4根，第二排2根）。

2Φ25+（4Φ12）表示梁上部钢筋：2Φ25为通长筋，4Φ12为架立筋。

3Φ22；4Φ20表示梁上部通长筋3Φ22，梁下部通常筋4Φ20。

5）梁的架立筋标注

架立筋是梁上部的构造钢筋。

抗震框架梁的架立筋标注格式：$s_1\Phi d_1$+（$s_2\Phi d_2$），“+”号后面圆括号里面的是架立筋。其中，d、d_1、d_2为钢筋直径；s、s_1、s_2为钢筋根数。

非抗震框架梁或非框架梁的架立筋的标注格式：$s_1\Phi d_1$+（$s_2\Phi d_2$）或者（$s_2\Phi d_2$）

6）梁下部通长筋标注

梁下部通长筋标注格式：$s_1\Phi d_1$；$s_2\Phi d_2$，“；”号后面的$s_2\Phi d_2$是下部通长筋。其中，d_1、d_2为钢筋直径；s_1、s_2为钢筋根数。

7）梁侧面构造筋标注

梁侧面构造筋标注格式：G$s\Phi d$(G表示侧面构造钢筋)。其中，d为钢筋直径；s为钢筋根数。

[例]

G4Φ12表示梁的两侧共配置4Φ12的纵向构造钢筋，每侧各2Φ12。

8）梁受扭钢筋构造

梁侧面抗扭筋标注格式：N$s\Phi d$(N表示侧面抗扭钢筋)。其中，d为钢筋直径；s为钢筋根数。

[例]

N6Φ22表示梁的两侧共配置6Φ22的纵向抗扭钢筋，每侧各3Φ22。

9）梁顶面标高高差

当梁顶比板顶低的时候，注写“负标高高差”；

当梁顶比板顶高的时候，注写“正标高高差”。

[例]

（－0.100）表示梁顶面比楼板顶面低0.100m。

如果此项标注缺省，表示梁顶面与楼板顶面一平。

(2)原位标注

1) 梁支座上部纵筋

梁支座上部纵筋的原位标注就是进行梁支座上部全部纵筋的原位标注，分别设置左支座标注和右支座标注。

钢筋标注格式：$s\Phi d$或$s\Phi dm/n$或$s_1\Phi d_1+s_2\Phi d_2$。其中，d、d_1、d_2为钢筋直径；s、s_1、s_2为钢筋根数；m、n为上下排的纵筋根数。

[例]

6Φ254/2表示上部纵筋为4Φ25，下排纵筋为2Φ25

2Φ25+2Φ22表示一排纵筋：2Φ25放在角部；2Φ22放在中间。

2）梁跨中下部筋的原位标注钢筋标注形式：$s\Phi d$或$s\Phi dm/n$或$s_1\Phi d_1+s_2\Phi d_2$或$s\Phi dm$（$-k$）$/n$或$s_1\Phi d_1+s_2\Phi d_2(-k)/s\Phi d$。其中，$d$、$d_1$、$d_2$为钢筋直径；$s$、$s_1$、$s_2$为钢筋根数；$m$、$n$上下排的纵筋根数。

[例]

6Φ252(－2)/4表示上排纵筋为2Φ25且不伸入支座，下排纵筋为4Φ25全部伸入支座。

2Φ25+3Φ22(－3)/5Φ25表示上排纵筋为2Φ25和3Φ22，其中3Φ22不伸入支座，下排钢筋为5Φ25全部伸入支座。

3）梁侧面构造钢筋原位标注

钢筋标注格式同集中标注时一样：G$s\Phi d$（G表示侧面构造钢筋）。

其意义与集中标注是不一样的：

当在集中标注中进行注写时，为全梁设置。

当在原位标注中进行注写时，为当前跨设置。

4）梁侧面抗扭钢筋原位标注

钢筋标注格式同集中标注时一样：N$s\Phi d$（N表示侧面抗扭钢筋）。

其意义与集中标注是不一样的：

当在集中标注中进行注写时，为全梁设置。

当在原位标注中进行注写时，为当前跨设置。

5）梁箍筋原位标注

梁箍筋原位标注的格式同集中标注，当某跨梁原位标注的箍筋格式或间距与集中标注不同时，以原位标注的数值为准。

6）梁截面信息原位标注

当梁截面尺寸的集中标注为矩形截面$b\times h$时，如果在某跨梁对矩形截面进行改变尺寸的原位标注：

$b_1\times h_1$（梁截面宽度改变、或截面高度改变）则表示在该跨梁进行变截面。

7）梁附加钢筋和吊筋原位标注（见图10-2-10）

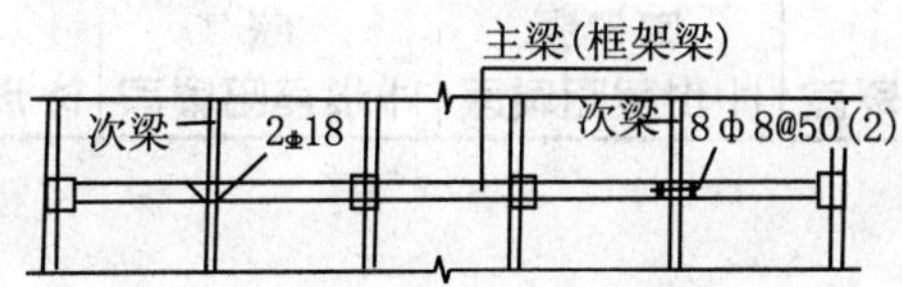

图10-2-10 附加箍筋和吊筋构造示例

梁附加钢筋和吊筋的原位标注将直接画在平面图中的主梁上，用线引注总配筋值（附加箍筋的肢数标在括号内）。

2．梁的截面注写方式

梁的截面注写方式是在按层绘制的梁平面布置图上分别在不同编号的梁中各选择一根梁用剖面号引出配筋图，并在剖面上注写截面尺寸和配筋的具体数值表示梁的施工图。采用这种表达方式，适用于表达异形截面梁的尺寸与配筋，或平面图上梁距较密的情况。截面注写方式可以单独使用，也可以与平面注写方式结合使用，当然当梁距较密时也可以将较密的部分按比例放大采用平面注写方式。

10.2.3 板平法施工图的表示方法

板的平法标注包括集中标注和原位标注两部分内容（见图10-2-11）。

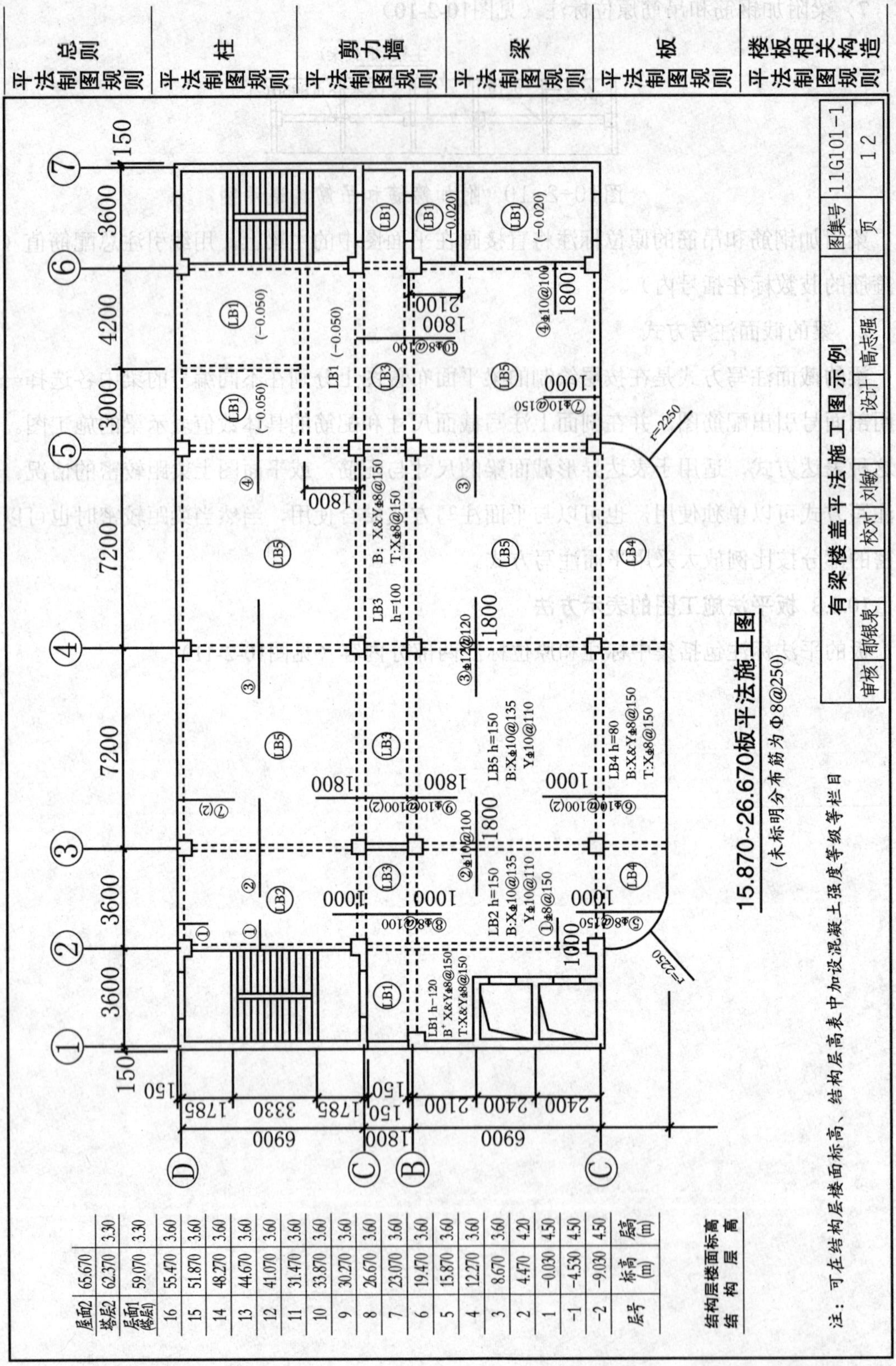

平法制图规则 总则	平法制图规则 柱	平法制图规则 剪力墙	平法制图规则 梁	平法制图规则 板	平法制图规则 楼板相关构造

15.870~26.670板平法施工图

(未标明分布筋为Φ8@250)

层号	标高(m)	层高(m)
屋面2	65.670	
塔层2	62.370	3.30
屋面1(塔层1)	59.070	3.30
16	55.470	3.60
15	51.870	3.60
14	48.270	3.60
13	44.670	3.60
12	41.070	3.60
11	31.470	3.60
10	33.870	3.60
9	30.270	3.60
8	26.670	3.60
7	23.070	3.60
6	19.470	3.60
5	15.870	3.60
4	12.270	3.60
3	8.670	3.60
2	4.470	4.20
1	-0.030	4.50
-1	-4.530	4.50
-2	-9.030	4.50

结构层楼面标高
结构层高

注：可在结构层楼面标高、结构层高表中加设混凝土强度等级等栏目

有梁楼盖平法施工图示例						图集号	11G101-1
审核	郁银泉	校对	刘敏	设计	高志强	页	12

图10-2-11　板平法施工图示例

1．集中标注

（1）板块编号(见表10-2-3)

表10-2-3 板块编号

板类型	代号	序号
楼面板	LB	××
屋面板	WB	××
悬挑板	XB	××

（2）板厚

板厚注写为h=***（为垂直于板面的厚度）。

（3）贯通纵筋

贯通纵筋按板块的下部贯通纵筋和上部贯通纵筋分别注写（当板块上部不设贯通纵筋时则不注）。

以B代表下部，T代表上部，X代表X向贯通筋,Y代表Y向贯通筋，其中自左往右为X向,自下往上为Y向。

(4)板面标高高差

板面标高高差系指相对于结构层楼面标高的高差，应将其注写在括号中，且有高差则注，无高差则不注。

[例]

LB3h=100(－0.100)

B:XΦ12@120,YΦ10@110

T:XΦ12@150,YΦ10@150

表示3号楼面板；下部贯通筋X向布置Φ12@120、YΦ10@110，上部贯通筋X向布置Φ12@150、YΦ10@150；板面标高相对于结构层楼面标高低0.100m。

2．板支座原位标注

板支座原位标注为：板支座上部非贯通筋（即扣筋）和纯悬挑板上部受力钢筋。

（1）钢筋编号

（2）配筋值

（3）横向连续布置跨数（注写在括号中）

（4）自支座中线向跨内的延伸长度（见图10-2-12和图10-2-13）

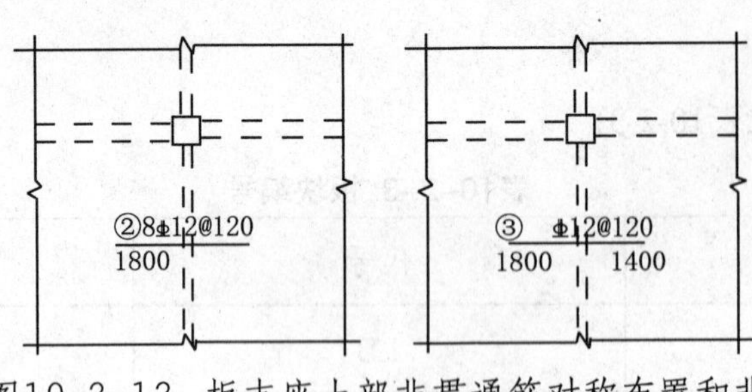

图10-2-12 板支座上部非贯通筋对称布置和非对称布

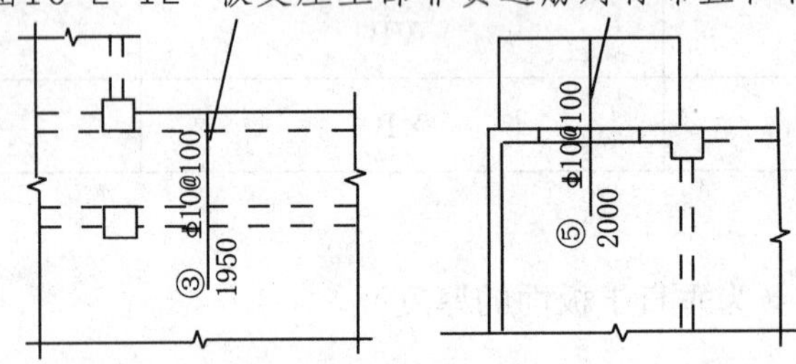

图10-2-13 板支座上部非贯通筋贯通全跨布置或伸出至悬挑端

10.2.4 现浇混凝土板式楼梯平法施工图表示方法

1．板式楼梯构件

板式楼梯包括的构件内容为：踏步段、层间梯梁、层间平板、楼层梯梁和楼层平板等。

2．楼梯类型及具备的特征

（1）楼梯类型（见表10-2-4）

表10-2-4 楼梯类型

梯板代号	适用范围		是否参与结构整体抗震计算	示意图所在页码
	抗震构造措施	适用结构		
AT	无	框架、剪力墙、砌体结构	不参与	11
BT				
CT	无	框架、剪力墙、砌体结构	不参与	12
DT				
ET	无	框架、剪力墙、砌体结构	不参与	13
FT				
GT	无	框架结构	不参与	14
HT		框架、剪力墙、砌体结构		
ATe	有	框架结构	不参与	15
ATb			不参与	
ATc			参与	

注：1. ATa低端设滑动支座支承在梯梁上；ATb低端设滑动支座支承在梯梁的挑板上。

2. ATa、ATb、ATc均用于抗震设计，设计者应指定楼梯的抗震等级。

（2）基本特征

1）AT~ET型板式楼梯代表一段带上下支座的梯板。梯板的主体为踏步段，除踏步段外，楼梯可包括低端平板、高端平板以及中位平板。

AT型梯板全部由踏步段构成；

BT型梯板由低端平板和踏步段构成；

CT型梯板由踏步段和高端平板构成；

DT型梯板由低端平板、踏步段和高端平板构成；

ET型梯板由低端踏步段、中位平板和高端踏步段构成。

2）FT~HT型板式楼梯代表两跑踏步段和连接它们的楼层平板及层间平板。

FT型梯板一端的层间平板采用三边支承，另一端的楼层平板也采用三边支承；

GT型梯板一端的层间平板采用单边支承，另一端的楼层平板则采用三边支承；

HT型梯板一端的层间平板采用三边支承，另一端的楼层平板则采用单边支承。

3）ATa、ATb型板式楼梯具备以下特征：

ATa、ATb型为带滑动支座的板式楼梯，梯段全部由踏步段构成，其支承方式为楼板高端均支承在梯梁上，ATa型梯板低端带滑动支座支承在梯梁上，ATb型梯板低端带滑动支座支承在梯梁的挑板上。

滑动支座做法可由设计指定。滑动支座垫板可选用聚四氯乙烯板（四氟板），也可选用其他能起到有效滑动的材料，其连接方式由设计者另行处理。

ATa、ATb型梯板采用双层双向配筋。梯梁支承在梯柱上时，其构造做法同框架梁；支承在梁上时，其构造做法同非框架梁。

4）ATc型板式楼梯具备以下特征：

ATc型梯板全部由踏步段构成，其支承方式为梯板两端均支承在梯梁上。

ATc楼梯休息平台与主体结构可整体连接，也可脱开连接。

ATc型楼梯梯板厚度应按计算确定，且不宜小于140mm；梯板采用双层配筋。

ATc型梯板两侧设置边缘构件(暗梁)，边缘构件的宽度取1.5倍板厚；边缘构件纵筋数量，当抗震等级为一二级时不少于6根，当抗震等级为三四级时不少于4根；纵筋直径为Φ12且不小于梯板纵向受力钢筋的直径；箍筋为Φ6@200。

3．楼梯平法施工图表示方法

（1）平面注写方式

1）集中标注包括楼梯代号和序号，梯板厚度，踏步段总高度和踏步级数，梯板支座上部纵筋、下部纵筋，梯板分布筋。

[例]

AT1h=120表示楼梯类型及编号、梯板厚度。

1800/12表示踏步段的总高度/踏步级数。

Φ10@120；Φ12@150表示上部纵筋；下部纵筋。

FΦ8@250表示梯板分布筋（可统一说明）。

2）楼梯外围标注内容，包括楼梯面的平面尺寸、楼层结构标高、层间结构标高、楼梯的上下方向、楼梯的平面几何尺寸、平台板配筋、梯梁及梯柱配筋等。

（2）剖面注写方式

剖面注写方式需在楼梯平法施工图中绘制楼梯平面布置图和楼梯剖面图，注写方式分平面注写、剖面注写两部分。

1）平面布置图注写内容：包括楼梯间的平面尺寸、楼层结构标高、层间结构标高、楼梯的上下方向、楼梯的平面几何尺寸、平台板配筋、梯梁及梯柱配筋等。

2）剖面图注写内容：包括梯板集中标注、梯梁梯柱编号、梯板水平及竖向尺寸、楼层结构标高、层间结构标高等。

3）梯板集中标注内容：包括梯板类型及编号、梯板厚度、梯板配筋、梯板分布筋。

（3）列表注写方式

列表注写方式系用列表方式注写梯板截面尺寸和配筋具体数值的方式来表达楼梯施工图。列表注写方式的具体要求同剖面注写方式，仅将剖面注写方式中梯板配筋注写项改为列表注写项即可。

4．板式楼梯截面形状与支座位置示意图(见图10-2-14)

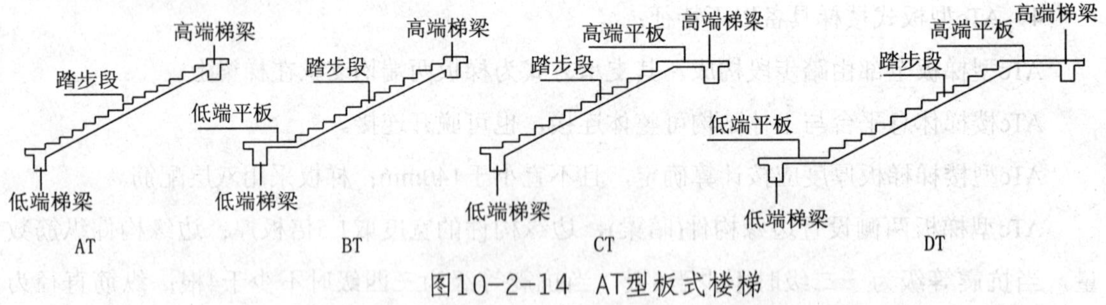

图10-2-14 AT型板式楼梯

5．平面注写方式示例（见图10-2-15）

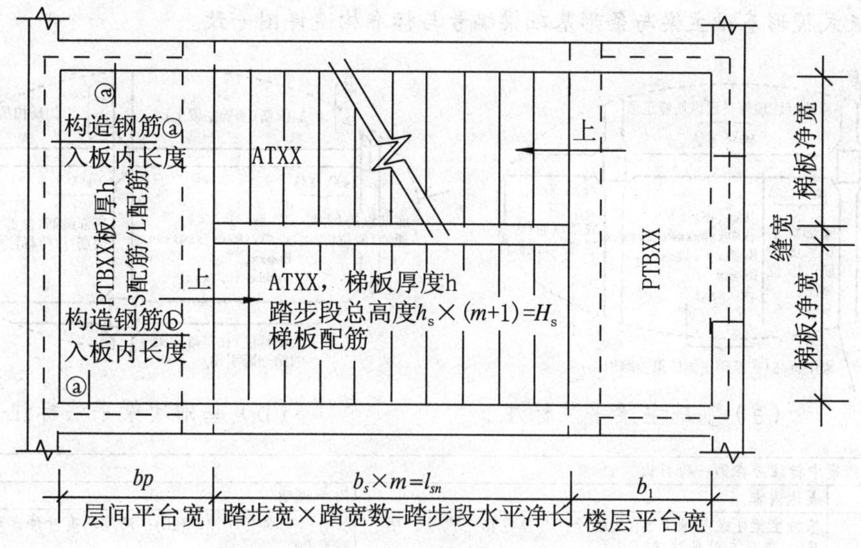

图10-2-15 AT型楼梯平面注写方式

10.2.5 梁板式筏板基础平法施工图表示方法

筏板基础见图10-2-16。

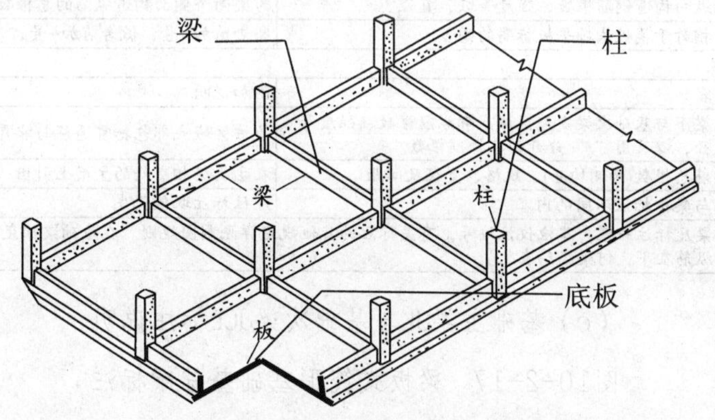

图10-2-16筏板基础示例

1．基础主梁、基础次梁标注(见图10-2-17)

（1）集中标注

1）基础编号（见表10-2-5）

表10-2-5 梁板式筏形基础构件编号

构件类型	代号	序号	跨数及有无外伸
基础主梁（柱下）	JL	××	（××）或(××A)或（××B）
基础次梁	JCL	××	（××）或(××A)或（××B）
梁板筏基础平板	LPB	××	

注：1. (××A)为一端有外伸，（××B）为两端有外伸，外伸不计入跨数。

【例】JZL7（5B）表示第7号基础主梁，5跨，两端有外伸。

2. 梁板式筏形基础平板跨数及是否有外伸分别在X、Y两向的贯通纵筋之后表达。图画从左至右为X向，从下向上为Y向。

3. 梁板式筏形基础主梁与条形基础梁编号与标准构造详图一致。

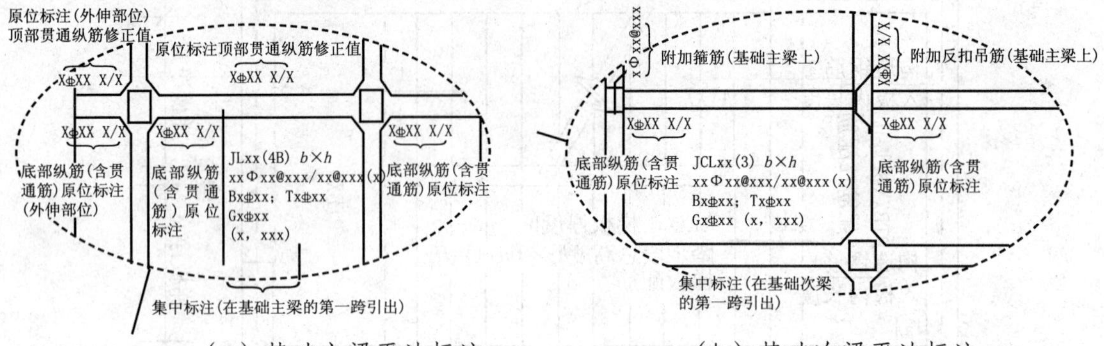

(a) 基础主梁平法标注　　(b) 基础次梁平法标注

集中标注说明：集中标注应在第一跨引出		
注写形式	表达内容	附加说明
JLxx(xB)或JCLxx(xB)	基础主梁JL或基础次梁JCL编号，具体包括：代号、序号、(跨数及外伸状况)	(xA)：一端有外伸；(xB)：两端均有外伸；无外伸则仅注跨数(x)
b×h	截面尺寸，梁宽×梁高	当加腋时，用b×h Yc_1×c_2表示，其中c_1为腋长，c_2为腋高
xxΦxx@xxx/Φxx@xxx(x)	第一种箍筋道数、强度等级、直径；间距/第二种箍筋(肢数)	Φ–HPB300，ⱷ–HRB335，ⱷ–HRB400，ⱷR–HRB400，下同.
Bxⱷxx Txⱷxx	底部(B)贯通纵筋根数，强度等级、直径；顶部(T)贯通纵筋根数，强度等级、直径	底部纵筋应有不少于1/3贯通全跨，顶部纵筋全部连通
Gxⱷxx	梁侧面纵向构造钢筋根数、强度等级、直径	为梁两个侧面构造纵筋的总根数
(x，xxx)	梁底面相对于筏板基础平板标高的高差	高者前加+号，低者前加−号，无高差不注
原位标注(含贯通筋)的说明：		
注写形式	表达内容	附加说明
xⱷxx x/x	基础主梁下与基础次梁支座区域底部纵筋根数、强度等级、直径，以及用“/”分开的各操筋根数	为该区域底部包括贯通筋与非贯通筋在内的全部纵筋
xxΦxx@xxx	附加箍筋总根数(两侧均分)、规格、直径及间距	在主次梁相交处的主梁上引出
其他原位标注	某部位与集中标注不同的内容	原位标注取值优先
注：相同的基础主梁或次梁尺标注一根，其他仅注编号，有关标注的其他规定详见制图规则。在基础梁相交处位于同一层面的纵筋相交叉时，设计应注明何梁纵筋在下，何梁纵筋在上。		

(c) 基础主梁JL与基础次梁JCL标注说明

图10-2-17　梁板式筏形基础基础梁标注

2）注写基础梁的截面尺寸

一般格式为：$b\times h$或$b\times h$ Y $c_1\times c_2$或$b\times h_1/h_2$。其中，b为梁宽，h为梁高，c_1为腋长，c_2为腋高，h_1为悬挑梁根部高，h_2为悬挑梁端部高。

3）注写基础梁的箍筋

当采用一种间距时，注写钢筋级别、直径、间距与肢数；当采用两种箍筋间距时，用“/”分隔不同箍筋，按照从基础梁两端向跨中的顺序注写。

[例]

9Φ16@100/Φ16@200(6)表示箍筋为Φ16，从梁端向跨内，间距100设置9道，其余间距为200，均为六肢箍。

4）注写基础梁的底部、顶部

以B打头注写梁的底部贯通筋，以T打头注写梁的顶部贯通筋。

[例]

B4Φ32；T7Φ32表示基础梁底部贯通筋为4Φ32，挤出梁顶部贯通筋为7Φ32。

T12Φ327/5表示基础梁顶部贯通筋为12Φ32，其中上排7根，下排5根。

5）注写梁侧面纵向钢筋

以大写字母G打头注写基础梁两侧对称设置的纵向构造钢筋的总配筋值（当梁腹板净高不小于450mm时，根据需要配置）。

[例]

G8Φ32表示梁每个侧面配置纵向构造钢筋4Φ32，共配置8Φ32。

6）注写基础梁底面标高

（2）原位标注

1）基础梁端或梁在柱下区域的底部全部纵筋（包括底部非贯通筋和已集中标注的贯通筋）。

2）基础梁的附加箍筋和（反扣）吊筋。

3）基础梁外伸部位的编截面尺寸。

4）原位注写修正内容。

2．基础平板标注（见图10-2-18）

（1）集中标注

1）基础平板编号。

2）基础平板截面尺寸。

3）基础平板的底部和顶部贯通纵筋及其总长度。

先注写X向底部（B打头）贯通筋与顶部（T打头）贯通纵筋及纵向长度范围；再注写Y向底部（B打头）贯通筋与顶部（T打头）贯通纵筋及纵向长度范围。

[例]

X：BΦ22@150；TΦ20@150；(5B)

Y：BΦ20@200；TΦ18@200；(7A)

表示基础平板X向底部贯通筋Φ22间距150，顶部贯通筋Φ20间距150，纵向总长度为5跨两端有外伸；Y向底部贯通筋Φ20间距200，顶部贯通筋Φ18间距200。

（2）原位标注

1）板底部附加非贯通筋

应在配置相同跨的第一跨表达，垂直于基础梁绘制一段中粗虚线，在虚线上注写编号、配筋值、横向布置的跨数及是否布置到外伸部位。

2）修正内容

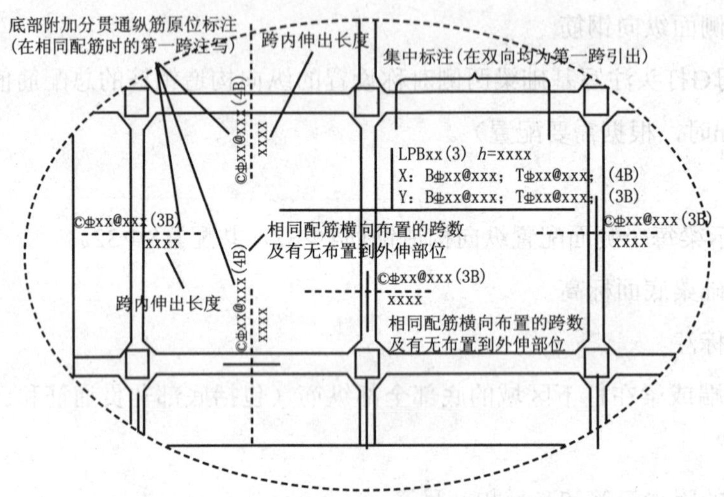

梁板式筏形基础基础平板LPB标注说明

集中标注说明：集中标注应在双向均为第一跨引出		
注写形式	表达内容	附加说明
LPBxx	基础平板编号，包括代号和序号	为梁板式基础的基础平板
h=xxxx	基础平板厚度	
X：B⌀xx@xxx；T⌀xx@xxx；(x、xA、xB) Y：B⌀xx@xxx；T⌀xx@xxx；(x、xA、xB)	X向底部与顶部贯通纵筋强度等级、直径、间距(总长度：跨数及有无外伸) Y向底部与顶部贯通纵筋强度等级、直径、间距(总长度：跨数及有无外伸)	底部纵筋应有不少于1/3贯通全跨，注意与非贯通纵筋组合设置的具体要求，详见制图规则，顶部纵筋应全跨连通，用B引导底部贯通纵筋；(xB)：两端均有外伸；无外伸则仅注跨数(x)，图面从左至右为X向，从下至上为Y向
板底部附加非贯通筋的原位标注说明：原位标注应在基础梁下相同配筋跨的第一跨下注写		
注写形式	表达内容	附加说明
⊗⌀xx@xxx (x、xA、xB) xxxx 基础梁	底部附加非贯通纵筋编号、强度等级、直径、间距(相同配筋横向布置的跨数及有无布置到外伸部位)；自梁中心线分别向向凉拌跨内的伸出长度值	当向两侧对称伸出时，可只在一侧注伸出长度值，外伸部位一侧的伸出长度与方式按标准构造，设计不注，相同非贯通纵筋可只注写一处，其他仅在中粗虚线上注写编号，与贯通纵筋组合设置时的具体要求详见相应制图规则
修正内容原位注写	某部位与集中标注不同的内容	原位标注的修正内容优先
注：图注中注明的其他内容见制图规则第4、6、2条；有关标注的其他规定详见制图规则		

图10-2-18　梁板式筏形基础基础平板标注

10.2.6 独立基础平法施工图

1．平面注写方式（见图10-2-19）

（1）集中标注

普通独立基础和杯口独立基础的集中标注，系在基础平面图上集中引注：基础编号、截面竖向尺寸、配筋三项必注内容，以及基础底面标高（与基础底面基准标高不同时）和必要的文字注解两项选注内容。素混凝土普通独立基础的集中标注，除无基础配筋内容外

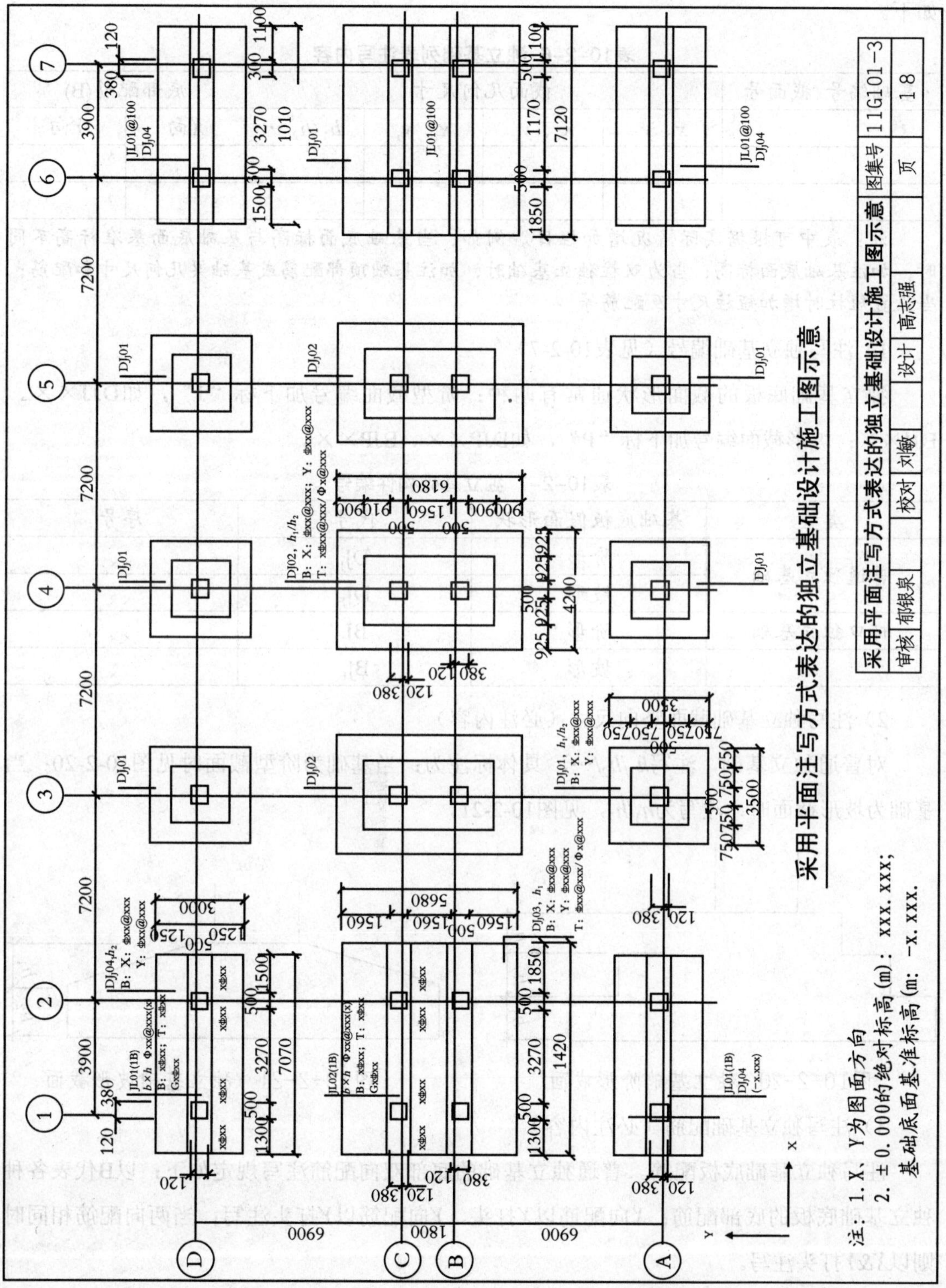

采用平面注写方式表达的独立基础设计施工图示意

注：1. X、Y为图面方向

2. ±0.000的绝对标高(m)：xxx.xxx；
基础底面基准标高(m)：-x.xxx.

采用平面注写方式表达的独立基础设计施工图示意						图集号	11G101-3
审核	郁银泉	校对	刘敏	设计	高志强	页	18

图10-2-19 独立基础平面注写方式

均与钢筋混凝土普通独立基础相同。独立基础集中标注的具体内容（见表10-2-6），规定如下。

表10-2-6 独立基础列表注写内容

基础编号/截面号	截面几何尺寸				底部配筋(B)	
	x、y	x_c、y_c	x_i、y_i	$h_1/h_2\cdots$	X向	Y向

注：表中可根据实际情况增加栏目。例如，当基础底面标高与基础底面基准标高不同时，加注基础底面标高；当为双柱独立基础时，加注基础顶部配筋或基础梁几何尺寸和配筋；当设置短柱时增加短柱尺寸及配筋等。

1）注写独立基础编号（见表10-2-7）

独立基础底板的截面形状通常有两种：阶型截面编号加下标“J”，如DJJ××、BJJ××；坡形截面编号加下标“P”，如DJP××、BJP××。

表10-2-7 独立基础构件编号

类型	基础底板假面形状	代号	序号
普通独立基础	阶形	DJ_J	××
	坡形	DJ_F	××
杯口独立基础	阶形	BJ_J	××
	坡形	BJ_F	××

2）注写独立基础截面竖向尺寸（必注内容）

对普通独立基础，注写$h_1/h_2/\cdots$，具体标注为：当基础为阶型截面时见图10-2-20；当基础为坡形截面时，注写为h_1/h_2，见图10-2-21。

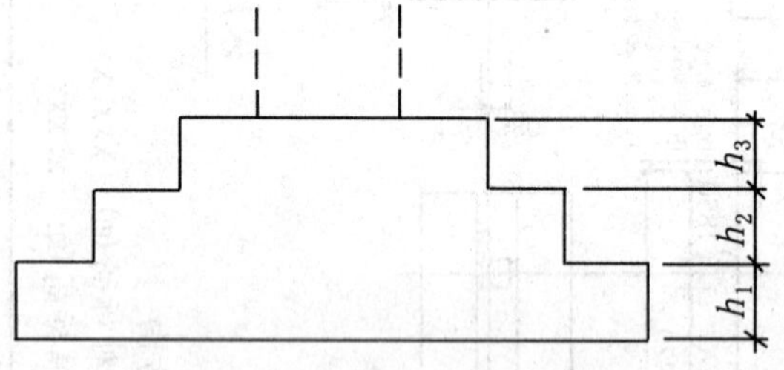

图10-2-20　独立基础阶形戒面

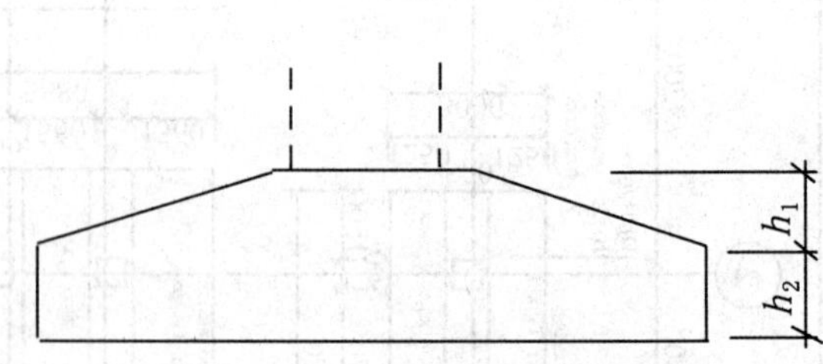

图10-2-21　独立基础坡形截面

3）注写独立基础配筋（必注内容）

注写独立基础底板配筋。普通独立基础的底部双向配筋注写规定如下：以B代表各种独立基础底板的底部配筋；X向配筋以X打头、Y向配筋以Y打头注写；当两向配筋相同时则以X&Y打头注写。

4）注写基础底面标高（选注内容）

当独立基础的底面标高与基础底面基准标高不同时，应将独立基础底面标高直接注写在“（）”内。

5）必要的文字注解（选注内容）

当独立基础的设计有特殊要求时，宜增加必要的文字注解。

（2）原位标注

钢筋混凝土和素混凝土独立基础的原位标注，系在基础平面布置图上标注独立基础的平面尺寸。对相同编号的基础，可选择一个进行原位标注；当平面图形较小时，可将所选定进行原位标注的基础按比例适当放大；其他相同编号者仅注编号。原位标注的具体内容规定如下：对于普通独立基础，原位标注x、y，x_c、y_c(或圆柱直径dc)，x_i、y_i，i=1,2,3…。其中，x、y为普通独立基础两向边长，x_c、y_c为柱截面尺寸，x_i、y_i为阶宽或坡形平面尺寸（当设短柱时，还应标注短柱的截面尺寸）

2．截面注写方式

独立基础的截面注写方式可分为截面标注和列表注写（结合截面示意图）两种表达方式。采用截面注写方式，应在基础平面布置图上对所有基础进行编号，如表10-2-5所示。

对单个基础进行截面标注的内容和形式，与传统的“单构件正投影表示方法”基本相同，对于已在基础平面布置图上原位标注清楚的该基础的平面几何尺寸，在截面图上可不再重复表达；对多个同类基础，可采用列表注写（结合截面示意图）的方式进行集中表达。

10.2.7 条形基础

1．条形基础平法施工图表示方法（见图10-2-22）

条形基础平法施工图表示方法分为平面注写与截面注写两种表达方式。条形基础整体上可分为两类：梁板式条形基础，板式条形基础。梁板式条形基础适用于钢筋混凝土框架结构、框架—剪力墙结构、部分框支剪力墙结构和钢结构。平法施工图将梁板式条形基础分解为基础梁和条形基础底板分别进行表达；板式条形基础适用于钢筋混凝土剪力墙结构和砌体结构，平法施工图仅表达条形基础底板。

2．基础梁的平面注写方式

（1）集中标注

基础梁的集中标注内容为：基础梁编号、截面尺寸、配筋三项必注内容，以及基础梁底面标高和必要的文字注解两项选注内容。具体规定如下：

1）注写基础梁编号（必注内容）。

2）注写基础梁截面尺寸（必注内容）。注写$b\times h$，表示梁截面宽度与高度。当为加腋梁时，用$b\times h$ Y $c_1\times c_2$表示，其中c_1为腋长，c_2为腋高。

3）注写基础梁配筋（必注内容）。注写基础梁箍筋，注写基础梁底部、顶部及侧面纵向钢筋。

4）注写基础梁底面标高（选注内容）。当条形基础的底面标高与基础底面基准标高不同时，将条形基础底面标高注写在“( )”内。

5）必要的文字注解(选注内容)。当基础梁的设计有特殊要求时，宜增加必要的文字注解。

（2）原位标注

1）原位标注基础梁端或梁在柱下区域的底部全部纵筋（包括底部非贯通纵筋和已集中注写的底部贯通纵筋）。

2）原位注写基础梁的附加箍筋或吊筋（反扣）。当两向基础梁十字交叉，但交叉位置无柱时，应根据抗力需要设置附加箍筋或吊筋（反扣）。

3）原位注写基础梁外伸部位的变截面高度尺寸。当基础梁外伸部位采用变截面高度时，在该部位原位注写$b\times h_1/h_2$，h_1为根部截面高度，h_2为尽端截面高度。

4）原位注写修正内容。当在基础梁上集中标注的某项内容（如截面尺寸、箍筋、底部与顶部贯通纵筋或架立筋、梁侧面纵向构造钢筋、梁底面标高等）不适用于某跨或某外伸部位时，将其修正内容原位标注在该跨或该外伸部位，施工时原位标注值优先。

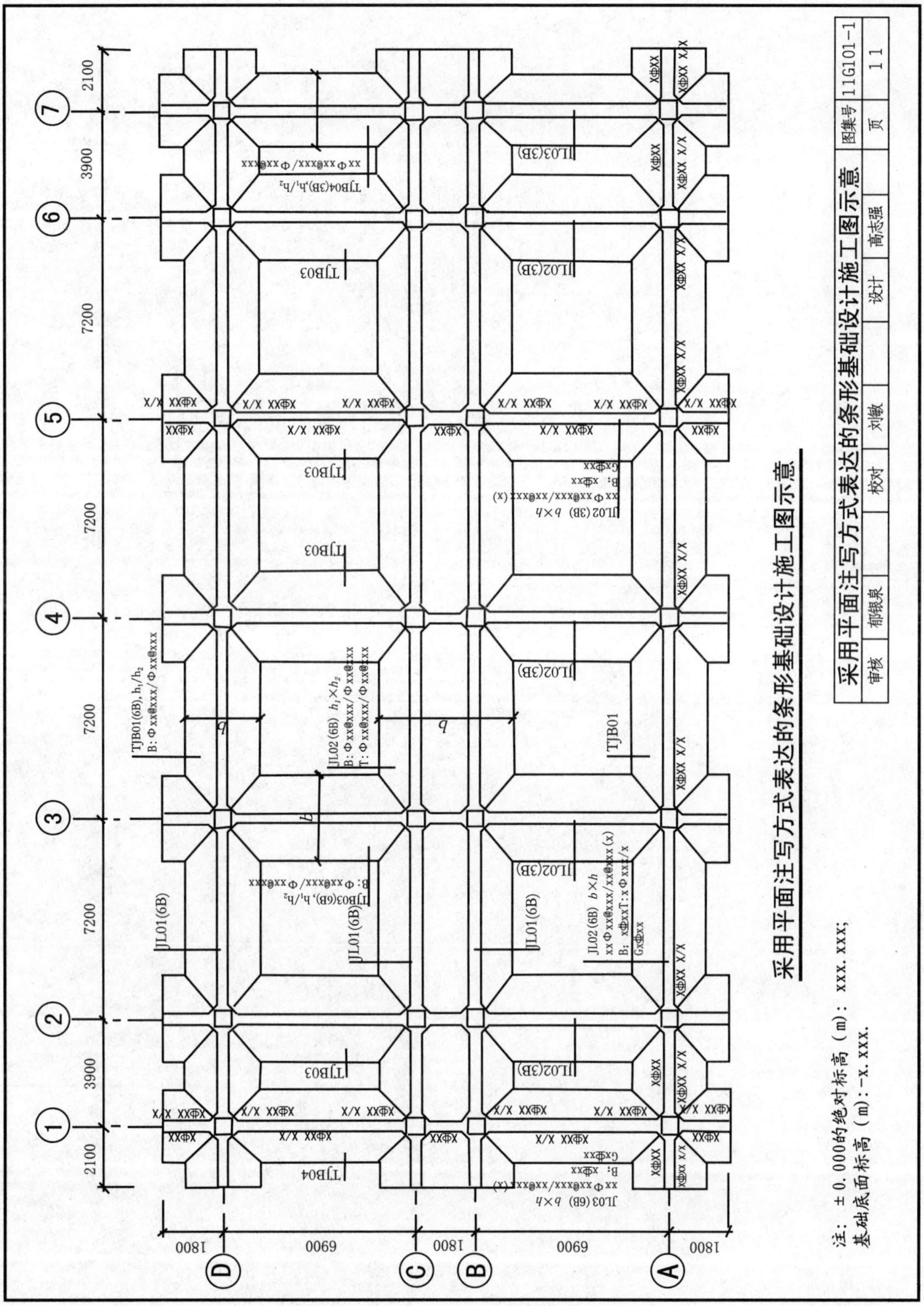

采用平面注写方式表达的条形基础设计施工图示意

注：±0.000的绝对标高（m）：xxx.xxx；
基础底面标高（m）：-x.xxx.

采用平面注写方式表达的条形基础设计施工图示意						图集号	11G101-1
审核	郁银泉	校对	刘敏	设计	高志强	页	11

图10-2-22　条形基础平面注写方式